PUTONG GAODENG YUANXIAO
JIXIELEI SHIERWU GUIHUA XILIE JIAOCAI

## 普通高等院校机械类"十二五"规划系列教材

# 设计方法学与创新设计

SHEJI FANGFAXUE YU CHUANGXIN SHEJI

主　编　王　霜

副主编　喻俊馨　张庆功　廖　敏

U0351108

西南交通大学出版社
·成都·

## 内容简介

本书紧密围绕机械产品设计,着重阐述了设计方法学理论与方法及创新设计的思维、原理、技法与具体步骤。内容博采众长,讲述深入浅出。本书提供了部分创新设计大赛参赛作品案例作为创造实例,特别给出了作品的创作思路以供借鉴。为帮助创新作品获得知识产权,本书还介绍了专利撰写与申报的内容,给出了申报示例。

本书为机械设计制造及其自动化专业本科生的教材,也可以作为相近专业本科生或研究生的自学参考书,还可作为从事机电产品设计的工程技术人员、科研人员和有关专业教师的参考书。

### 图书在版编目(CIP)数据

设计方法学与创新设计 / 王霜主编. —成都:西南交通大学出版社,2014.9(2016.1 重印)
普通高等院校机械类"十二五"规划系列教材
ISBN 978-7-5643-3444-4

Ⅰ. ①设… Ⅱ. ①王… Ⅲ. ①机械设计－高等学校－教材 Ⅳ. ①TH122

中国版本图书馆 CIP 数据核字(2014)第 208182 号

---

普通高等院校机械类"十二五"规划系列教材
**设计方法学与创新设计**
主编 王霜

\*

责任编辑 孟苏成
助理编辑 罗在伟
特邀编辑 李伟 顾飞
封面设计 何东琳设计工作室
西南交通大学出版社出版发行
四川省成都市二环路北一段 111 号西南交通大学创新大厦 21 楼
邮政编码:610031 发行部电话:028-87600564
http://www.xnjdcbs.com
成都中铁二局永经堂印务有限责任公司印刷
\*

成品尺寸:185 mm×260 mm 印张:14.25
字数:356 千字
2014 年 9 月第 1 版 2016 年 1 月第 2 次印刷
**ISBN 978-7-5643-3444-4**
定价:31.00 元

课件咨询电话:028-87600533
图书如有印装质量问题 本社负责退换
版权所有 盗版必究 举报电话:028-87600562

# 前　言

　　现代企业的竞争是品牌的竞争，也是设计的竞争，设计决定了整个产品开发 70%～80% 的成本，设计工作的质量直接影响产品的性能、可靠性、环保性、易用性、可制造性和经济效益。企业只有重视设计才能提高产品质量，创建自己的品牌，增强市场竞争力，从而获取更为丰厚的高额利润。因此，世界各国尤其是发达国家都非常重视对设计方法学的研究。中国更是从国家领导人层面提出"创新是一个民族进步的灵魂，是国家兴旺发达的不竭动力"。设计的目的就在于创造，我国设计人员应该提高自己的创造力，为用户和企业设计出更新、更好、更多的产品，为"中国制造"向"中国设计"转变贡献自己的力量。

　　设计方法学是研究产品设计的过程、规律及设计过程中的思维和工作方法的一门综合性学科。创新设计则是要求在设计中充分发挥设计者的创造力，利用最新科技成果，在现代设计理论和方法的指导下，设计出具有竞争力的新颖产品。

　　"设计方法学与创新设计"是机械设计制造及其自动化专业的一门重要课程，除了理论教学以外，还有相应的实践环节。因此，本书的教学需要理论联系实践，如果能和本科生的毕业设计结合起来效果会更好。

　　本书共分 10 章，主要内容包括绪论、设计类型与方法学、创新思维、创新原理与技法、原理方案设计、机构创新设计、结构创新设计、典型案例分析、TRIZ 理论简介、专利撰写与申报。本书从方法学、思维到技法、步骤、手段以及知识产权的保护等方面展开论述，内容丰富，案例翔实，可以帮助读者打开思路，了解创新产品设计的一般过程，便于读者理论联系实际。

　　本书由西华大学王霜担任主编，喻俊馨、张庆功、廖敏担任副主编，具体编写分工为：第 1、2、8、9、10 章由王霜编写，第 3、4、5 章由喻俊馨编写，第 6、7 章由张庆功编写。喻俊馨、廖敏提供了第 8 章的部分案例，王子懿为本书编写做了一些资料整理工作。在编写过程中，编者查阅了大量文献资料，汲取了许多院校教材中的精华，特向有关作者致以衷心的感谢。

　　鉴于设计方法学和创新设计方法正在蓬勃发展，加之编者水平有限，本书中如有不妥之处，敬请读者批评指正。

编　者

2014 年 6 月

# 目　录

# 1 绪 论

## 1.1 设计起源

在原始社会，人类迫于生存的压力，利用石块、树枝、兽骨、贝类等制作工具，认识并改造自然，这就是最初的设计活动。我国近代的考古发现证明了一些传说和记载，在浙江余姚河姆渡、河南新郑裴李岗等遗址中都发现了七八千年以前制造相当精致的农具，如石铲等。公元前 3500 年，古巴比伦的苏美尔诞生了带轮的车，是在橇板下面装上轮子而成。公元前 3000 年，美索不达米亚人和埃及人开始普及青铜器，青铜农具及用来修造金字塔的青铜工具在那时已广泛使用。公元前 2500 年，欧亚之间的地区就曾使用过两轮和四轮的木质马车。公元前 2500 年，伊拉克和埃及用失蜡法铸造青铜金属饰物。公元前 2400 年，埃及出现腕尺、青铜手术刀、滑轮等机械设备。埃及古代墓葬中曾发现公元前 1500 年前后的两轮战车。我国古代经书中，对于古代使用、制造机械的情况也有许多记载。《周易》"系辞下"中有"黄帝，尧，舜氏作，刳木为舟，剡木为楫，剡楫之力以济不通"，"服牛乘马，引以致远"，"断木为杵，掘地为臼"。《周易》第 47 卦"困"的卦辞中有"困于金车"（金车指用铜装饰起来的豪华马车）。由此可见，在 4 000 多年以前，我国古代已经发明了车、船、农具和许多生活用具。此外，我国古代在武器、纺织机械、农具、船舶等方面也有许多发明，到秦汉时期（公元前 221 至公元 220 年），我国机械设计和制造已经达到相当高的水平，在当时世界上处于领先地位，在世界机械工程史上占有十分重要的位置。

在古代，设计者与制造者是统一的。这一时期的设计多是凭设计者的经验完成的，缺乏必要的、有一定精度的理论计算。

17 世纪欧洲的航海、纺织、钟表等工业的兴起，提出了许多技术问题。1644 年，英国组成了"哲学学院"，德国成立了实验研究会和柏林学会；1666 年，法国、意大利也成立了研究机构。在这些机构中工作的意大利人伽利略（1564—1642）发表了自由落体定律、惯性定律、抛体运动，还进行过梁的弯曲实验；英国人牛顿提出了运动的三大定律，1688 年，他提出了计算流体黏度阻力的公式，奠定了古典力学的基础；英国人胡克建立了在一定范围内弹性体的应力-应变成正比的胡克定律；1705 年，瑞士人伯努利提出了梁弯曲的微分方程式，在古典力学的基础上建立和发展了近代机械设计的理论（也称常规机械设计理论），为 18 世纪产业革命中机械工业的迅速发展提供了有力的技术理论支持；1764 年，英国人瓦特发明了蒸汽机，为纺织、采矿、冶炼、船舶、铁路等工业提供了强大的动力，推动了多种行业对机械的需求，使机械工业得到迅速发展，从而使生产力迅速提高，进入了产业革命时代。这一时期，对机械设计提出了很多要求，各种机械的载荷、速度、尺寸精度都有很大的提高，因此，机械设计理论也在古典力学的基础上迅速发展。材料力学、弹性力学、流体力学、机械力学、疲劳

力学、疲劳强度理论、实验应力分析方法等都取得了大量的成果，建立了自己的学科体系。1854 年，德国学者劳莱克斯发表了著作《机械制造中的设计学》，把过去融在力学中的机械设计学独立出来，建立了以力学和制造为基础的新科学体系，由此产生了"机构学"、"机械零件设计"，成为机械设计中的基本内容。在这一基础上，机械设计学得到了很快的发展，在疲劳强度、接触应力、断裂力学、高温蠕变、流体动力润滑、齿轮接触疲劳强度计算、弯曲疲劳强度计算、滚动轴承强度理论等方面都取得了大量的成果，新工艺、新材料、新结构的不断涌现，机械设计的水平也取得了很大的发展。机器的尺寸减小、速度增加、性能提高，机械设计的计算方法和数据积累也相应有了很大的发展，充分反映了时代的特色。

第二次世界大战后，作为机械设计理论基础的机械学继续以迅猛的速度发展，摩擦学、可靠性分析、机械优化设计、有限元计算，尤其是计算机在机械设计中的迅速推广，使机械设计的速度和质量都有了大幅提高。在机械中广泛运用计算机和自动化程度的提高，使现代机械产品具有明显的特色。因此，机械设计在理论、内容和方法方面与过去相比都有了划时代的发展。而国际市场的激烈竞争，是现代机械设计的方法和发展的催化剂，世界各国逐渐认识到产品市场竞争对各国经济发展的重要作用。在产品竞争中，德国鉴于印有"MADE IN USA"的美国产品充斥德国市场，计划努力恢复德国产品的信誉，使"MADE IN GERMANY"风靡世界，提出了"关键在于设计"的口号。日本虽然在某尖端科学研究方面走在了一些国家的后面，但是在产品设计方面发展很快，迅速摆脱了第二次世界大战前"东洋货不好"的印象，大量生产各国市场上需要的产品，取得了巨大的经济效益。美国、英国也逐渐认识到产品设计的重要性，美国提出了"为竞争的优势而设计"（Designing for Competitive Advance）的口号。因此，机械产品设计在这一时期获得了空前的发展。

# 1.2  设计与设计方法学

## 1.2.1  设计的概念

设计（Design）包括两方面的含义：工业美术设计（Industrial Design）和工程技术设计（Engineering Design）。笼统地讲，"设计"往往是将两者都包容在内。"设计"的定义有三四十种之多，虽有矛盾冲突，但基本上是互补的。1966 年，英国人伍德森（Wooderson）指出"设计是一种反复决策、制订计划的活动，而这些计划的目的是把资源最好地转变为满足人类需求的系统或器件"。

设计概念趋于广义化，被认为是"一种始于辨识需要、终于满足需要的装置或系统的创造过程"。横向上，设计包括了设计对象、设计进程甚至设计思路的设计；纵向上，设计贯穿于产品孕育至消亡的全寿命周期，涵盖了需求辨识、概念设计、总体设计、技术设计、生产设计、营销设计、回用处理等设计活动，发挥促进科学研究、生产经营和社会需求之间互动的中介作用。

一种机电产品设计工作中，工业美术设计和工程技术设计孰轻孰重取决于产品的用途和使用条件。一般来说，既有实用功能又有审美价值的消费品，如灯具、家用电器、照相机、汽车等产品，工业美术设计的分量就很重。当然，这并不意味着作为生产手段的投资类机电产品，如机床、工程机械、计算机等就可以忽视工业美术设计。现在比较统一的观点是如何运用工业美术设计解决机器与人的协调问题。

不同国家，甚至同一国家的不同行业对工程设计所下的定义都有所不同，下面列举几种典型的定义。

美国工科硕士、博士学位授予单位资格审查委员会（The Accreditation Board of Engineering and Technology，ABET）和美国机械工程师学会（ASME）对工程设计共同给出的定义是："工程设计是为适应市场明确显示的需求，而拟定系统、零部件、工艺方法的决策过程。在多数情况下，这个过程要反复进行，要根据基础科学、数学和工程科学为达到明确的目标对各种资源实现最佳的利用"。

英国 Fielden 委员会对工程设计给出的定义是："工程设计是利用科学原理、技术知识和想象力，确定最高的经济效益和效率实现特定功能的机械结构、整机和系统"。

日本金泽工业大学的佐藤豪教授对工程设计给出的定义是："工程设计是在各种制约条件之下为最好地实现给定的具体目标，制订出机器、系统或工艺过程的具体结构或抽象体系"。

一般来说，工程设计具有下面 3 个基本特征：

（1）约束性。设计是在多种因素的限制和约束下进行的，其中包括科学、技术、经济等发展状况和水平的限制，也包括生产厂家所提出的特定要求和条件，同时还涉及环境、法律、社会心理、地域文化等因素。这些限制和要求构成了一组边界条件，形成了设计者进行谋划和构思的"设计空间"。设计者要想高水平地完成设计工作，就要善于协调各种关系，灵活处置、合理取舍、精心构思，而这只有充分发挥自己的创造力才能办到。

（2）多解性。一般来说，真理只有一个，而解决同一技术问题的办法却是多种多样的，要满足一定目的的设计方案通常也并不是唯一的，如汽车车窗的开启机构的原理方案。任何设计对象本身都是包括多种要素构成的功能系统，其参数的选择、尺寸的确定、结构形式的设想等都有很强的可选择性，因此，思维活动仍有很大的空间。

（3）相对性。设计结论或结果都是相对准确的，而不是绝对完备的。如利用优化技术对某一系统求解的结果，也只能是近似该系统的数学模型的局部最优解或全局最优解，而且这个模型的建立会因人而异，也可能会因条件而异；同时，设计者还会经常处于一种相互矛盾的情境之中，比如既要降低成本，又要增加安全性、可靠性等，这种相互矛盾的要求给设计工作增加了难度，加上事先难以预料的一些不确定因素的影响，使得设计者在对设计方案进行选择和判定时只能做到在一定条件下的相对满意和最佳。工程设计的这种相对性特征一方面要求设计者必须学会辨别思考；另一方面，也给设计者提供了显示和发挥自己创造才能的机会。同样的设计要求，不同的人可以做出不同水平的设计成果，这就增加了设计的吸引力。

这些定义的侧重点不同，但关于设计的依据、目标、要求及设计过程的本质与支持设计工作的基本要素等都有比较全面清晰的说明，对设计的基本内涵都有共同的认识，下面是对设计含义的一些共同理解：

（1）设计是一种创造性活动，设计的核心是创造性，如果没有创新，就不叫设计。

（2）设计是人的创造性思维和技术活动结合的产物，创造性设计思维和科学技术的结合是设计的灵魂。

（3）设计是把各种先进技术转化为生产力的一种手段，它反映当时生产力的水平，是先进生产力的代表。

（4）设计是一种以技术性、经济性、社会性、艺术性为目标，在给定条件下谋求最优解的过程。

（5）设计是以社会需求为目标，在一定设计原则的约束下，利用设计方法和手段创造出产品的过程。

## 1.2.2 设计方法学

设计方法学（Design Methodology）是一门正在发展和形成的新兴学科，它的定义、研究对象和范畴等，当前尚无确切的、大家公认的认识，但近年来它发展极快，受到各国有关学者的广泛关注。

最早涉及设计方法学研究的学者应该提到德国的 F. 勒洛（F. Reuleaux），1875 年他在《理论运动学》一书中第一次提出了"进程规划"的模型，即对很多机械技术现象中本质上统一的东西进行抽象，在此基础上形成一套综合的步骤。这是最早对程式化设计的探讨，因而有人称他为设计方法学的奠基人。此后直到 20 世纪 40 年代，Kutzbach 等人相继在程式化设计的发展、设计评价原则、功能原理及设计中的应用等方面开展了一些工作，初步发展了设计方法学研究。

20 世纪 60 年代初期以来，由于各国经济的高速发展，特别是竞争的加剧，一些主要工业国家往往采取相应措施加强设计工作，开展设计方法学研究，使得设计方法学研究在这一时期取得了飞速发展。许多国家的专家、学者在设计方法学方面以专著或专题研究（如设计目录的制订、设计和经济性问题研究、设计方法研究、产品功能结构及其算法化、设计方法学与 CAD 等）的方式探讨设计方法学研究的内涵。慕尼黑大学的罗登纳克（Rodenacker）在联邦德国被任命为首个（也是世界上）从事设计方法学研究的正教授，因而有人称他为"设计方法学之父"。由于经济文化背景的不同，不同学者的研究各有特点和侧重点，德国学者和工程技术人员比较着重研究设计的进程、步骤和规律，进行系统化的逻辑分析，并将成熟的设计模式、解法等编成规范和资料供设计人员参考，如德国工程师协会制定的有关设计方法学的技术准则 VDI2222 等；英美学者偏重分析创造性开发和计算机在设计中的应用。美国在第二次世界大战末期，成立了"工业设计委员会"，到 1972 年改为"设计委员会"，1985 年 9 月美国国家科学基金会提出了"设计理论和设计方法研究的目标和优化项目"的报告，该报告拟定了设计理论与方法学的 5 个重要研究领域：① 设计中的定量方法和系统方法；② 方案设计（概念设计）和创新；③ 智能系统和以知识为基础的系统；④ 信息、综合和管理；⑤ 设计的人类学接口问题。日本则充分利用国内电子和计算机优势，在创造工程学、自动设计、价值工程方面做了不少工作。苏联和东欧等国家也在宏观设计的基础上提出了"新设计方法"。自 1946 年以来，苏联以阿奇舒勒（G. S. Altshuller）为首的研究机构分析了世界上近 250 万件高水平的发明专利，并综合多学科领域的原理和法则，建立了 TRIZ 理论体系，运用这一理论，可大大加快人们创造发明的进程，从而能得到高质量的创新产品。不少国家在高等学校中开始开设有关设计方法学的课程，多方面、多层次开展培训工作，从而推进设计方法学的研究和应用，有效地提高了各自产品的设计质量及其竞争力。

20 世纪 70 年代末，欧洲出现了由瑞士 V. Hubka 博士、丹麦 M. M. Andeasen 博士及加拿大 W. E. Eder 教授组成的欧洲设计研究组织 WDK（Workshop Design-Konstruktion）。此后，他

们组织了一系列国际工程设计会议 ICED（International Conference on Engineering Design），参加人员和范围逐渐扩大，同时组织出版了有关设计方法学的 WDK 丛书，除各次会议论文集以外，还包括有关设计方法学的基本理论、名词术语、专家评论和有选择的专著；此外，还建立了一批国际性的专题研究小组，如机械零件的程式化设计研究小组，并定期开展活动。从此，设计方法学研究明显地从各国自行开展发展为国际性的活动，各学派充分交流，互相取长补短，将设计方法学研究及应用推向新的高潮，吸引了全世界学者的关注。

虽然各国研究的设计方法在内容上各有侧重，但共同的特点都是总结设计规律，启发创造性，采用现代化的先进理论和方法使设计过程自动化、合理化，其目的是为了提高设计水平和质量，设计出更多功能全、性能好、成本低、外形美的产品，以满足社会的需求和适应日趋激烈的市场竞争。

我国 20 世纪 80 年代前后在不断吸收、引进国外研究成果的基础上，开展了设计方法学的理论和应用研究，并取得了一系列成果。1980 年前后，由于欧美学者及日本学者先后来华讲学，我国学者不断引进新技术，开始了对西方各学派的学习与研究。1981 年，中国机械工程学会机械设计学会首次派代表参加了 ICED81 罗马会议，此后即在国内宣传，并于 1983 年 5 月在杭州召开了全国设计方法学讨论会，探讨开展设计方法学研究活动，并成立了设计方法学研究组。有的高校选派人员出国进行设计方法学研究，此后陆续成立了一些关于设计方法学研究的全国性和地区性学会，他们与有关单位合作，组织各种类型的讲习班、培训班，翻译出版了一批专著，开展国内外的学术交流，不少高校已开设了设计方法学课程，编写了自己的教材。1994 年，浙江大学和中国机械工程学会联合主办，德国施普林格出版社和柏林工业大学协办，浙江大学出版社承办，出版了国内设计领域第一本国际合作的科技刊物——《工程设计》，它主要包括德国和我国在技术系统设计理论、方法和技术方面的研究及其在工业界的应用，促进工业界更多地了解和应用现代设计学的研究成果，同时促进设计学术界更多地了解工业界的设计经验、现状和需要解决的问题。有的技术人员在自己的工作中开始了设计方法学的应用，初步取得一些成果。和其他国家一样，设计方法学研究在我国也正蓬勃开展起来。应特别注意的是，这门学科具有强烈的社会背景，并受社会制度、哲学思想及工业技术现状所制约，若生硬照搬，必难适应我国国情，难以为现实工程技术人员所接受，因而应博采众家之长，结合我国实际，在现实的基础上向前推进，以探索出提高设计质量、提高设计速度、缩短产品换代周期、增强市场竞争能力的系统理论与方法，形成软件支撑，进一步提高现实工业设计水平，使传统的设计概念得到扩展与深化。

各国在设计方法研究过程中共同推进和发展了"设计方法学"这门学科，从而使它成为现代设计方法的一个重要组成部分。综合来看，我们可以得到这样的一个共识：设计方法学是以系统的观点来研究产品的设计程序、设计规律和设计过程中的思维与工作方法的一门综合性学科，其目的是总结设计的规律性，启发创造性，在给定条件下，实现高效、优质的设计，培养开发性、创造性产品的设计人才。它所研究的内容如下：

（1）设计对象。设计对象是一个能实现一定技术过程的技术系统。能满足一定需要的技术过程不是唯一的，能实现某个特定技术过程的技术系统也不是唯一的。影响技术过程和技术系统的因素很多，设计人员应该全面系统地考虑、研究以确定最优技术系统，即设计对象。

（2）设计过程及程序。设计方法学从系统观点出发来研究产品的设计过程。它将产品（即设计对象）视为由输入、转换、输出三要素组成的系统，重点讨论将功能要求转化为产品结构图纸这一设计过程,并分析设计过程的特点,总结设计过程的思维规律,寻求合理的设计程序。

(3)设计思维。设计是一种创造活动,设计思维应是创造性思维。设计方法学通过研究设计中的思维规律,总结设计人员的创造性思维方法和创造性技法。

(4)设计评价。设计方案的优劣评价,其核心取决于设计评价指标体系,如设计方法学研究和总结评价指标体系的建立,以及对应用价值工程和多目标优化技术进行各种定性、定量的综合评价方法。

(5)设计信息管理。设计方法学研究设计信息库的建立和应用,即探讨如何把分散在不同学科领域的大量设计知识、信息挖掘并集中起来,建立各种设计信息库,使之可通过计算机等先进设备方便快速地调阅和参考。

(6)现代设计理论与方法的应用。为了改善设计质量,加快设计进度,设计方法学研究如何把不断涌现出的各种现代设计理论和方法应用到设计过程中,以进一步提高设计质量和设计效率。

# 1.3  创新设计

设计的实质在于创造。进行设计工作,不是简单的模仿、测绘,更重要的是要革新和创造,把创造性贯穿于设计过程的始终。

## 1.3.1  创新设计的概念

创新设计是指在设计中采用新的技术手段、技术原理和非常规的方法进行设计,以满足市场需求,提高产品的竞争力。

创新设计在当代社会生产中起着非常重要的作用,首先,当前国际间的经济竞争非常激烈,关键是看能否生产出适销对路的新产品,这就要求设计者必须打破常规,充分发挥自己的创造力;其次,大量新产品的问世,进一步刺激了人们的需求,不仅增大了人们对商品的选择,同时也使需求层次不断提高。高新技术产品的生产大多具有小批量、多品种、多规格、生产工艺复杂、工作条件或环境特殊等特点。因而对高新技术产品的设计往往不能沿用传统产品设计的老方法,需要有针对性地进行创新性设计,使产品处于竞争优势。所谓竞争优势,就是一种综合优势,不是指所有技术都最新、最好。应该认识到,任何单项技术的好坏都是有条件、相对的,"优势设计"正是要建立一种综合优势,即各项技术恰到好处地组合,形成总体最佳的效果。

充分发挥人的创造潜力,用创造性的方法求解问题,或者至少在主要问题上获得成功,可能获得始料未及的成果。在当前生产迅速发展,国内外市场竞争日趋激烈的形势下,技术创新是企业保持旺盛生命力的根本保证。任何一个企业必须抓紧老产品的改进、新产品的开发以争取市场,这样就给设计人员提出了创新设计的要求。创造性设计方法是提出新方案、探求新解法、提高设计质量、开发创新产品的重要基础。除此之外,创新的组织形式、生产管理和销售手段也是企业满足市场需求,提高竞争力的有力保证。

爱因斯坦曾说过："想象力比知识更重要，现实世界只有一个，而想象力却可以创造千百个世界"。掌握创造性方法、调动和训练工程技术人员的创造性思维是提高文明素质、进行企业技术创新、提高竞争机制的需要。

## 1.3.2 创新设计的特点

创新设计必须具有独创性和实用性，取得创新方案的基本方法是多方案选优。

### 1. 独创性

创新设计必须具有独创性和新颖性。

设计者应追求与前人、众人不同的方案，打破一般思维的常规惯例，提出新功能、新原理、新机构、新材料，在求异和突破中体现创新。

### 2. 实用性

创新设计必须具有实用性，纸上谈兵无法体现真正的创新。

发明创造成果只是一种潜在的财富，只有将它们转化为现实生产力或商品，才能真正为经济发展和社会进步服务。1985 年至 2010 年期间，我国高校累计申请专利 319 595 件，年平均增长 19.8%；累计专利授权总量为 150 029 件，年平均增长 26.0%。尽管我国高校的专利申请快速增长，但并未带来专利收益的实质增加。2004 年至 2008 年期间，我国高校专利实施许可率和专利权（含申请权）转让率分别为 4.56%和 1.85%，合计 6.41%。专利、科研成果和设计的实用化都是需要解决的问题。

设计的实用化主要表现为市场的适应性和可生产性两方面。市场适应性指创新设计必须针对社会的需要，满足用户对产品的需求。可生产性要求创新设计有较好的加工工艺性和装配工艺性，能以市场可接受的价格加工成产品，并投入使用。

### 3. 多方案选优

创新设计从多方面、多角度、多层次寻求多种解决问题的途径，在多方案比较中求新、求异、选优。以发散性思维探求多种方案，再通过收敛评价取得最佳方案，这是创新设计方案的特点。

## 1.3.3 创造力的构成要素

综合众多研究成果，可以认为创造力的构成要素包含如下几个方面：

### 1. 智能和知识因素

知识是创造性思维的基础，也是创造力发展的基础。对于工程技术人员，其学科基础知识、专业知识和经验是从事工程创造发明的前提。知识给创造性思维提供加工的信息，知识结构是综合新信息的奠基石。

智力因素是创造力充分发挥的必要条件，将影响个体对问题情景的感知、定义和再定义以及选择问题解决的策略过程，即影响信息的输入、转译、加工和输出。

### 2. 创造性思维与创造技法

创造性思维与创造活动、创造力紧密相关。创造性思维的外部表现就是人们常说的创造力，创造力是物化创造性思维成果的能力，在一切创造活动领域都不可或缺，是代表创造者创造能力的最重要因素。创造技法是根据创造性思维的形式和特点，在创造实践中总结提炼出来的，可使创造者在进行创造发明时有规律可循、有步骤可依、有技巧可用、有方法可行。因此，创造技法应是构成创造力的重要因素之一。

### 3. 技术因素

技术因素也称为技能因素。创新作品是物化了的创造性思维，其物化的过程需要掌握一定的技能。对于工程技术人员来讲，是使用设计工具进行设计和表达，以及使用仪器设备进行检测试验的能力。

### 4. 非智力因素

非智力因素也称为情感智力或情商。它是良好的道德情操、乐观向上的品性，是面对并克服困难的勇气，是自我激励、持之以恒的韧性，是同情与关心他人的善良，是善于与人协调相处、把握自己和他人情感的能力，等等。科学史上许多创造性成果的取得都离不开非智力因素的影响。现在越来越多的人认识到，向着成功艰难跋涉的历程中，情商比智商更重要。

### 5. 环境和信息因素

环境因素指的是创造主体和创造对象之外的客观存在，有宏观环境和微观环境之分。宏观环境主要指创造主体所处的社会制度、国家政策、社会道德规范和观点等。微观环境指创造主体进行创造活动时的工作环境、家庭环境等。美国把保护知识产权看作是保持国家创造力和高端竞争力的核心，这使其近百年始终在科技领域处于领先地位。

环境因素是影响创造力发展的因素之一，环境的不同，输入大脑的信息不同，对大脑皮层的刺激就不一样，大脑神经网络的反应及相应的输出也就不一样。创造技法中的智力激励法可以说是环境对创造力发展产生影响的例证。信息因素是指对创造活动、创造主体、创造性思维产生影响的媒介输入及获取信息的能力，如外语能力、语言表达能力等。信息因素是创造力发展的关键因素，新颖有效的信息是创造性思维活动的开端，也是创造活动顿悟、明朗阶段的导火索。

### 6. 身心因素

身心因素指创造主体的心理、生理状态。人脑功能是人体整体功能的一部分，整体功能健全，身心健康，对创造活动有积极的影响。

上述因素对创造力的形成和发展有正反两方面的影响。在培养创造力的过程中，我们要提高其正面影响，降低负面影响。首先，要积极学习有利于创新设计能力培养和发展的相关课程，掌握基本的创造原理和常用的创造技法；其次，要特别重视理论和实践相结合，善于从身边的事物出发开展创新活动，在教学的各个环节上应以知识、能力、素质培养为目标，不光传授知识，还要有意识地培养创新精神和能力；最后，还应积极参与各类活动，在外部环境中获取新鲜信息，积累创新素材。

# 习 题

1. 设计方法学研究的主要内容是什么？

2. 大学生如何在学习期间提高自身的创造力？

3. 在你感兴趣的领域内有没有影响面大，但是暂时还没有解决的问题？

4. 请查阅资料了解 Microsoft、Facebook 以及 Apple 这 3 个 IT 业著名公司的创办过程，其创始人创立公司的初衷是什么？他们的成功具备什么条件？

# 2  设计类型与方法学

## 2.1  设计系统

### 2.1.1  设计系统的概念

从系统工程的观点分析，设计系统具有三维空间，是一个由时间维、逻辑维和方法维组成的三维系统，如图 2.1 所示。时间维反映按时间顺序的设计工作阶段；逻辑维是解决问题的逻辑步骤；方法维列出设计过程中的各种思维方法和工作方法。设计过程中的每一个行为都用这个三维空间中的一个点表示。人们可以通过这 3 个方面深入分析和研究设计系统的规律。

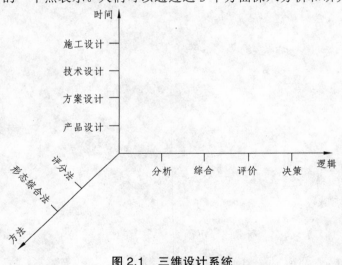

**图 2.1  三维设计系统**

### 2.1.2  设计的一般进程模式（时间维）

在不同国家、不同作者的不同著作中对设计阶段的划分不尽相同，特别是繁简程度不同，主要应明确不同阶段应当完成哪些工作内容，具体要求是什么。设计进程属于设计管理的范畴，了解设计工作阶段有利于自觉掌握设计进程。尽量在完成一个阶段的工作内容后再进入下一阶段，如许多设计人员接到设计任务后，不是有计划地进行调查研究，全面分析，弄清设计任务的本质，而是匆匆忙忙地开展设计工作，这样做的结果，要么抓不住设计重点，要么按照旧方法拼凑。掌握各阶段的设计任务，安排时间表，使不同阶段都得到应有的时间、人力、物力保证，这是设计管理的重要内容，当然设计过程中表现出的阶段性又不能截然分开，许多问题在后续阶段中才能充分揭示，这时不可避免地要修改前面各阶段中有关的结论或设计。因此，设计既有阶段性，又有一个反复进行的过程。

根据系统方法论，不仅要把设计对象（机械产品）当作一个系统，还要把产品设计过程当作一个系统。不但要研究各个设计步骤，而且要研究各个设计步骤之间的联系，把全部设计过程按系统方法联结成一个严密的、符合逻辑规律的整体，以便全面考虑问题，使设计过程科学化。研究设计过程，拟定科学的、具有普遍适用性的产品设计程序，是设计方法学的重要内容，也是设计工作科学化的基础。表 2.1 是机械产品开发设计的一般流程，表中把产品设计过程分为 5 个阶段：计划阶段、设计阶段、试制阶段、批量生产阶段、销售阶段。设计类型分为开发设计、变异设计和反求设计 3 种。

产品计划阶段需进行需求调查、市场预测、可行性论证及确定设计参数，选定约束条件，最后提出详细设计任务书。在此阶段，设计者要尽可能全面地了解所要研究的问题，例如，弄清设计对象的性质、要素、解决途径等。因为客观地认识问题就是创造过程的开始。

在产品设计阶段，原理方案设计占有重要位置，它关系到产品设计的成败和质量的优劣。在这个阶段，设计者运用他们的经验、创新能力、洞察力和天资，利用前一阶段收集到的全部资料和信息，经过加工和转换，构思出达到期望结果的合理方案。结构方案设计是指对产品进行结构设计，即确定零部件形状、材料和尺寸，并进行必要的强度、刚度、可靠性计算，最后画出产品结构草图。总体设计是在方案设计和结构方案设计的基础上全面考虑产品的总体布置、人机工程、工业美术造型、包装运输等因素，画出总装配图。施工设计是将总装配图拆成部件图和零件图，并充分考虑冷、热加工的工艺要求，标注技术条件，完成全部生产用图纸。最后，编写设计说明书、使用说明书，列出标准件、外购件明细表以及有关的工艺文件。

产品试制阶段是通过样机制造、样机试验来检验设计图纸的正确性，并进行成本核算，最后通过样机评价鉴定。在此阶段，设计者应深入生产车间，跟踪产品各道加工工序，及时修正设计图纸，完善产品设计；同时，应深入使用现场，跟班试验，掌握产品性能并进行维护。这是设计人员积累知识、丰富实践经验的极好机会。

批量生产阶段是根据样机试验、使用、鉴定所暴露的问题，进一步作设计修改，以完善设计图纸，保证产品设计质量；同时，应验证工艺的正确性，以提高生产效率，降低成本，确保成批生产的产品质量。

销售阶段的任务是通过广告、宣传、展览会、订货会等形式将产品向社会推广，接受用户订货。与此同时，设计人员要经常收集用户对产品设计、制造、包装、运输、使用维护等方面的意见和数据，加以分析整理，用于改进本产品或为设计下一代产品积累宝贵的信息。这种用户反馈是改进设计、提高设计质量的重要信息，应该高度重视。

总之，通过上述分析可以看出，产品开发程序表具有很大的实用性，并且比较容易被广大设计者理解和掌握。因为该程序表是根据系统工程理论和设计方法学的基本思想结合我国产品设计习惯而编制的。应该指出的是，产品开发程序是一种垂直有序的直线结构，但又有不断循环的反馈过程，设计者要按程序有步骤地进行产品设计，以提高设计质量和效率，少走弯路，减少返工浪费。每个设计阶段完成后，都要经过审查批准，所有图纸和技术文件都要由各级技术负责人签字，这种逐级负责的责任制对保证设计质量、防止返工浪费具有重要的作用。

设计方法学与创新设计

## 表 2.1　机械产品开发程序表

| 开发设计 | 变异设计 | 反求设计 | 设计阶段 | | 设计步骤 | 目　标 | 方　法 |
|---|---|---|---|---|---|---|---|
| √ | | √ | 第一阶段 | 计划阶段 | 市场调查 | 可行性研究报告、设计任务书 | 调查研究方法、技术预测方法 |
| √ | | √ | | | 可行性研究 | | |
| √ | √ | √ | | | 产品开发计划 | | |
| √ | | | 第二阶段 | 原理方案设计 | 设计要求 | 原理方案图 | 创造性科学方法、系统化设计方法、机构综合设计法、参数优化法、相似设计法、模块化设计法 |
| | | | | | 功能分析 | | |
| | | | | | 搜寻解法 | | |
| | | | | | 方案组合 | | |
| | | | | | 评价决策 | | |
| √ | √ | | | 结构方案设计 | 结构设计要求 | 结构设计图 | 结构设计原理及方法、结构优化设计、有限元分析、强度、刚度计算、可靠性设计 |
| | | | | | 结构设计（形态、材料、尺寸） | | |
| | | | | | 评估决策 | | |
| √ | √ | | | 总体设计 | 总体布置 | 总装配图 | 计算机辅助设计（CAD） |
| | | | | | 人机工程设计 | | |
| | | | | | 外观造型设计 | | |
| | | | | | 部件图设计 | | |
| √ | √ | √ | | 施工设计 | 零件图设计 | 部件装配图、零件图、技术文件 | 计算机辅助设计（CAD） |
| | | | | | 编写技术文件 | | |
| √ | √ | √ | 第三阶段 | 试制阶段 | 样机制造 | 样机试验大纲、样机鉴定文件 | 试验设计方法DOE |
| √ | √ | √ | | | 样机试验 | | |
| √ | √ | √ | | | 样机评价鉴定 | | |
| √ | √ | √ | 第四阶段 | 批量生产阶段 | 修改图纸 | 工艺文件 | 计算机辅助制造（CAM） |
| √ | √ | √ | | | 验证工艺 | | |
| √ | √ | √ | | | 批量生产 | | |
| √ | √ | √ | 第五阶段 | 销售阶段 | 技术服务 | 信息反馈 | 反馈控制法 |
| √ | √ | √ | | | 用户访问 | | |

注：√为设计步骤。

### 2.1.3　解决问题的逻辑步骤（逻辑维）

设计的目的是解决生产问题，而在寻找原理方案、构型方案等的过程中又要解决一个又一个的具体问题。解决问题的合理逻辑步骤是：分析—综合—评价—决策。

（1）分析是解决问题的第一步，其目的是明确任务的本质要求。

（2）综合是在一定条件下对未知系统探寻解法的创造性过程。在综合过程中需发挥创造性思维，采取"抽象"、"发散"、"搜索"等各种方法寻求尽可能多的解法。要敢于提出前人未用过的方案，对某些初看起来很荒谬的解法也不要轻易放弃。只有在多解的基础上才有更多的机会找到最佳解。

（3）评价是用科学的方法按评价准则对多种方案进行技术、经济评价和比较，同时针对方案的弱点进行调整和优化，直到得出比较满意的方案。一般可将评价工作归纳为下述 4 种类型：

① 评定方案的完善程度（整体的或局部的）。

② 评定解答方案与所提要求的相符程度。

③ 评定最优解答方案。

④ 评定某项特性的最优值。

（4）决策是在评价的基础上根据已定目标做出行动的决定，即找出解决问题的最佳解法，工程设计应选定多目标下整体功能最理想的方案。根据设计工作本身的特点，要正确决策，一般应遵循以下基本原则：

① 系统原则。从系统观点来看，任何一个设计方案都是一个系统，可用各种性能指标来描述。方案本身又会与制造、检验、销售等其他系统发生关系。决策时不能只从方案本身或方案中某一性能指标出发，应以整个方案的总体目标为核心，综合考虑有关系统的平衡，完成企业总体最佳的决策。

② 可行性原则。成功的决策不仅要考虑需要，还要考虑可能；要估计有利的因素和成功的机会，也要估计不利的因素和失败的风险；要考虑当前状态和需要，也要估计今后的变化和发展。总之，要使做出的决策具有切实的可行性。

③ 满意原则。由于设计工作的复杂性，不仅设计要求涉及很多方面，而且很多方面本身就无法准确评价。因而在设计中追求十全十美的方案是没有意义的，只能在众多方案中求得一个或几个相对满意的方案。

④ 反馈原则。设计过程中的决策是否正确应通过实践来检验，要根据实践过程中各因素的发展变化所反馈的信息及时调整，做出正确的决策。

⑤ 多方案原则。随着设计过程中各方案逐步具体化，人们对它的认识也逐渐深刻。为了保证设计质量，特别是在方案设计阶段，决策可以是多样化的。几个方案可以同时展开，直到能明确各方案的优劣后再做决策。

## 2.1.4　设计方法（方法维）

设计方法是指达到预定设计目标的途径。

在很长的一段时间内，工程设计方法多采用直觉法、类比法及以古典力学和数学为基础且大量采用经验数据的半经验设计法，设计中反复多，周期长。20 世纪 70 年代以后，随着计算方法、控制理论、系统工程、价值工程、创造工程等学科理论的发展，以及电子计算机的广泛应用，促使许多跨学科的现代设计方法出现，使工程设计进入高质量、高效率的新阶段。在所有方法中，哲学普遍性的方法论，如"自然辩证法"中"量变到质变"、"对立和统一"等是认识世界和改造世界的基本方法。

各学科、专业中有针对性地解决问题的理论和专门方法，如力学、摩擦学、有限元法等，以及现代设计方法中的计算机辅助设计、优化、可靠性、人机工程学、工业美学等另有专著介绍。本书主要介绍工程设计中通用的设计方法，如创造技法、功能原理分析设计法、评价与决策方法、机构方案设计方法、结构方案设计方法等，还详细介绍了发明问题解决理论 TRIZ。

## 2.2　设计类型及设计原则

### 2.2.1　设计类型

根据创新与创造在设计中所占的比例，可以把设计划分为以下几种类型：

（1）开发性设计。

开发性设计是在设计原理、设计方案全都未知的情况下，根据产品总功能和约束条件，进行全新的创造。这种设计是在国内外尚无类似产品的情况下的创新，即所谓的原创性设计，如专利产品、发明性产品都属于开发性设计。

（2）适应性设计。

适应性设计是在总的方案和原理不变的条件下，根据生产技术的发展和使用部门的要求，对产品结构和性能进行改造，使它适应某种附加要求。如电冰箱从单开门变双开门、单缸洗衣机变双缸洗衣机或全自动洗衣机等。

（3）变参数设计。

变参数设计是在功能、原理、方案不变的情况下，只是对结构设置和尺寸加以改变，使之满足功率、速比的不同要求。如不同中心距的减速器系列设计、中心高不同的车床设计、排量不同的发动机设计等。

（4）测绘和仿制。

测绘和仿制是按照国内外产品实物进行测绘，变成图纸文件，不改变其结构性能，只进行统一标准和工艺性改动。仿制是按照外单位图纸生产，一般只做工艺性变更，以符合工厂的生产特点与技术装备要求。

根据设计的内容，创新设计可分为开发设计、变异设计和反求设计 3 种类型。

（1）开发设计。

开发设计是针对新任务，提出新方案，完成从产品规划、原理方案、技术设计到施工设计的全过程。

（2）变异设计。

变异设计是在已有产品的基础上，针对原有缺点或新的工作要求，从工作原理、机构、结构、参数、尺寸等方面进行一定变异，设计新产品以适应市场需要，提高竞争力。如在基本型产品的基础上，开发不同参数、尺寸或不同功能、性能的变型系列产品就是变异设计的结果。

（3）反求设计。

反求设计是针对已有的先进产品或设计，进行深入分析研究，探索、掌握其关键技术，在消化、吸收的基础上，开发出同类型的创新产品。

开发设计以开创、探索创新；变异设计通过变异创新；反求设计在消化吸收中创新。创新是各种类型设计的共同点，也是设计的生命力所在。从两种不同的分类方式可以看出，反求不是简单的测绘和仿制，应该在探索、掌握关键技术的基础上进行创新。为此，设计人员必须发挥创造性思维，掌握基本设计规律和方法，在实践中不断提高创新设计的能力。

## 2.2.2　设计原则

（1）创新原则。

设计本身就是创造性思维活动，只有大胆创新才能有所发明、有所创造。但是，今天的科学技术已经高度发展，创新往往是在已有技术基础上的综合。有的新产品是根据别人研究试验结果而设计的，有的是博采众长，加以巧妙地组合。因此，在继承的基础上创新是一条重要原则。

（2）可靠原则。

产品设计要力求技术上先进，但更要保证使用中的可靠性，平均无故障运行时间 MTBF 的长短，是评价产品质量优劣的一个重要指标。所以，产品要进行可靠性设计。

（3）效益原则。

在可靠的前提下，力求做到经济合理，使产品"价廉物美"，才有较大的竞争力，创造较高的技术经济效益和社会效益。也就是说，在满足用户提出的功能要求下，设计应有效地节约能源、降低成本。

（4）审核原则。

设计过程是一种对设计信息加工、处理、分析、判断决策、修正的过程。为减少设计失误，实现高效、优质、经济的设计，必须对每一设计程序的信息，随时进行审核，决不许有错误的信息流入下一道工序。实践证明，产品设计质量不好，其原因往往是审核不严造成的。因此，适时而严格的审核是确保设计质量的一项重要原则。

# 2.3　现代设计方法

现代设计方法是相对传统设计方法而言的，传统设计以经验、试凑、静态、定性分析、手工劳动为特征，从而导致设计周期长、设计质量差、设计费用高、产品缺乏竞争力。随着现代科学技术的发展，机械产品设计领域中相继出现了一系列新兴理论与方法。这些新兴理论与方法统称为现代设计方法。现代设计方法是世界各国学者共同研发的，其内容丰富，种类繁多，下面仅以德国、美国、日本和苏联 4 个国家具有代表性的设计方法为例加以介绍。

## 2.3.1　系统化设计方法（德国设计方法）

系统化设计方法是将设计对象看作一个系统，用系统工程进行分析和综合，按设计进程有条理、有步骤地进行设计，以求得价值优化的最佳方案的一种方法。帕尔（Pahl）和拜茨（Beitz）的设计方法是该领域的典型代表，他们在总结前人的基础上结合自身经验，从方法论的高度全面分析设计过程，提出了一整套较完整的设计方法学说。两人于 1976 年出版了《工程设计学（Konstruktionslehre)》第一版，该书经过多次修订，目前已被翻译成 8 种语言。该书是目前国际上影响最大、最有实用价值的一本设计学著作，被收入德国工程师协会标准 VDI2221。系统化设计方法是一种体系较完整的设计方法，其设计过程主要分为 4 个阶段：明确任务、概念设计、具体化设计和详细设计。每个阶段都制定了详细的步骤，要求设计人员按照这些步骤进行设计。特别是概念设计阶段，能够产生大量的理论方案。其步骤可分为：第一步，将设计要求抽象化，并使用黑箱法得出设计任务的总功能；第二步，依据设计要求表的信息对总功能进行分解，并建立功能结构；第三步，运用创造技法和设计目录对分功能进行求解；第四步，运用形态学矩阵组合作用原理（假如，分功能 $F_1$ 有 $m_1$ 个作用原理，分功能 $F_2$ 有 $m_2$ 个，……，分功能 $F_n$ 有 $m_n$ 个，则完整组合后可得 $N=m_1 \times m_2 \times \cdots \times m_n$ 个理论方案）；第五步，依据设计目标选择合适的设计方案进入具体化设计阶段。

## 2.3.2　公理设计方法（美国设计方法）

美国麻省理工学院 Nam Pyo Suh 是公理设计的创始人，他在 1990 年的《设计理论（The Principle of Design)》中提出了公理设计理论。2001 年，他总结了过去 10 年的进展，并增加了新知识和案例研究，又推出新书《Axiomatic Design-Advances and Applications》，该书由牛津大学出版社出版。

### 1. 公理设计的终极目标

公理设计的最终目标是为设计建立一个科学基础，通过为设计者提供一个基于逻辑和理性思维过程及工具的理论基础来改进设计活动。公理设计的目标是多方面的：为设计领域创造一个科学的基础，使设计者更有创造性，使随机搜索过程减少，使迭代试错过程最短，在提交的诸设计中，确定最佳设计，并赋予计算机创造力。

公理设计会提高创造力。它要求通过建立功能需求（FRs）和约束（Cs）来清楚地形成设计目标。它提供不同设计的判别准则，帮助设计者尽可能早地消灭坏的想法，使其集中精力于好的设计。它同时也形成分解过程，从创造概念到详细设计形成一个系统化的流程。

当前的设计过程不但资源密集而且效率不高。工业上的竞争要求企业具有强大的设计技术能力。这些企业受到要缩短新产品的前期时间、降低制造成本、提高产品质量和可靠性以及最有效地满足所需要的功能的压力。其中，最大的冲击来自产生设计方案的质量和及时性。为达到这些实际的目标，我们必须用科学方法来加强设计者的基本素养——知识、想象、经验和努力。

设计者把计算机当成是一个信息存储装置和设计提高的工具来使用，需要将设计知识规范化和通用化。设计研究的最终结果可能是一种思维的设计机器。

设计领域将经历一场智力的复兴——从设计仅能从经验中学到的观念到设计可以接受系统化和科学化的处理，以提高创造性和设计知识的经验要素。这种智力复兴是可能的，因为好的设计决策并不像它们表现的那样随机，而是一种系统推理的结果，它的本质可以捕捉，并通用化以改进设计过程。

公理设计可以帮助许多工程领域、管理领域以及其他智力领域。公理设计还可以使控制一个系统的任务变得简单、可靠和强健。其要点为：硬件、软件以及系统必须设计得正确，以求可控、可靠、可制造、可高效率生产等，从而达到它们的目标。设计不良的硬件、软件以及系统很少能够通过后继纠正加以改进。

**2. 公理设计的框架**

（1）域的概念。

设计世界由 4 个域构成。设计需要在"我们要达到什么"和"我们选择如何去满足需要"之间互动。为了使这种互动中所需要的思维过程系统化，域的概念是在 4 个不同类型设计活动之间画出界线，为公理设计奠定基石。

4 个域分别为：用户域、功能域、物理域和过程域，如图 2.2 所示。左边的域相对右边的域表示"我们要达到什么"；而右边的域则表示解决，即"我们建议如何去满足左边域规定的需求"。

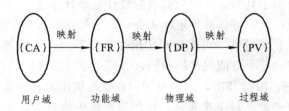

**图 2.2　设计世界的 4 个域**

图中 {x} 是每一个域的特征向量，在设计过程中从左边的域走向右边的域。过程在某种意义上是迭代的，即设计者根据在右边的域中产生的主意可以返回到左边的域。

用户域是对用户正在寻找的一个产品、过程、系统或材料的需要（或属性）的描述。在功能域中，用户需要用功能需求（FRs）和约束（Cs）来表达。为了满足所表达的 FRs，在物理域中构思了设计参数（DPs）。最终，为了生产 DPs 所表述的产品，制定了一个由过程变量（PVs）描述的过程域。

表 2.2 显示了在不同领域中所有这些看似不同的设计任务如何由 4 个设计域来表达。在产品设计中，用户域由用户所需产品的需要和属性组成。功能域由 FRs 组成，通常由工程说明书和约束规定。在物理域里选择关键的 DPs 去满足 FRs。最后，过程域规定了产品 DPs 的制造 PVs。

表 2.2　设计界中不同设计的 4 个域的特征

| 域 | 用户域 {CA} | 功能域 {FR} | 物理域 {DP} | 过程域 {PV} |
|---|---|---|---|---|
| 制造 | 用户希望的属性 | 为产品描述的功能需求 | 能满足功能需求的物理变量 | 能控制设计参数的过程变量 |
| 材料 | 希望的性能 | 需要的性质 | 微结构 | 处理过程 |
| 软件 | 希望在软件中具有的性能 | 程序代码的输出说明书 | 输入变量、算法、模块、程序代码 | 子程序、机器代码、编译器、模块 |
| 组织 | 用户满意 | 组织的功能 | 计划、办公室、活动 | 人们和其他支持计划的资源 |
| 系统 | 所希望的整个系统的属性 | 系统的功能需求 | 机器、部件、子部件 | 资源（人、经费等） |
| 公司 | 投资回报率 | 公司目标 | 公司结构 | 人和经济资源 |

（2）设计公理。

第一公理（独立公理）：保持功能需求独立。

它说明功能需求（FRs）必须始终保持独立，此处 FRs 被定义为表征设计目标的独立需求的最小集合。

第二公理（信息公理）：使设计中的信息含量最小。

它说明在那些满足独立公理的设计中，具有最少信息含量的设计就是最好的设计。当信息含量有限时，必须通过用户或其他途径为设计提供信息。因为信息含量是由概率确定的，所以第二公理同时也说明了具有最高成功概率的设计是最佳设计。

基于这些设计公理，我们可以推导定理和公理，如果满足这些公理，产品、过程、软件、系统和组织机构的性能、强健性、可靠性和实用性将显著提升。反之，工作不好的机器和过程可以通过分析，确定功能不良或失灵的原因，并根据设计公理解决相关问题。

**例 1**：易拉罐罐头有 12 个 FRs，如承受轴向和径向的压力、为抵抗当罐头从某个高度摔下时的中等冲击、允许彼此在顶上摞起来、提供取得罐中饮料的途径、用最少的铝、在表面上可以印刷等。然而，这 12 个 FRs 并不是由 12 个物理部件来满足，铝罐头仅由 3 个部件组成，即罐体、盖子和开片。独立公理要求 12 个 FRs 由 DPs 的正确选择而彼此独立。信息公理要求信息含量为最小，如果 DPs 能够集成，而不是用 12 个部件来做罐头，那么这一点就可以做到。

## 2.3.3　质量功能配置（日本设计方法）

### 1. 质量功能配置（Quality Function Deployment，QFD）的起源及发展

质量功能配置是一种立足于产品开发过程中最大限度地满足顾客需求的系统化的用户驱动式质量保证方法。为了保证产品能被顾客接受，企业必须认真研究和分析顾客需求，并将这些要求转换成最终产品的特征，配置到制造过程的各工序上和生产计划中，这样的过程称作质量功能配置。它于 20 世纪 70 年代初由日本东京技术学院的 Shigeru Mizuno 博士提出，进入 80 年代以后逐步得到欧美各发达国家的重视，并被广泛应用。

目前，QFD 已成为先进生产模式及并行工程（Concurrent Engineering，CE）环境下质量保证最热门的研究领域。它强调从产品设计开始就考虑质量保证的要求及实施质量保证的措施，是 CE 环境下面向质量设计（Design For Quality，DFQ）的最有力工具，对企业提高产品质量、缩短开发周期、降低生产成本和增加顾客的满意程度有极大的帮助。丰田公司于 20 世纪 70 年代采用 QFD 以后，取得了巨大的经济效益，其新产品开发成本下降了 61%，开发周期缩短了 1/3，产品质量也得到了相应改进。世界上著名的公司，如福特公司、通用汽车公司、克莱斯勒公司、惠普公司、麦道公司、施乐公司、电报电话公司、国际数字设备公司及加拿大的通用汽车公司等也都相继采用了 QFD。从 QFD 的产生到现在，已被应用于汽车、家用电器、服装、集成电路、合成橡胶、建筑设备、农业机械、船舶、自动购物系统、软件开发、教育、医疗等各个领域。

QFD 从质量的保证和不断提高的角度出发，通过一定的市场调查获取顾客需求，并采用矩阵图解法和质量屋的方法将顾客的需求分解到产品开发的各个过程和各个职能部门，以实现对各职能部门和各开发过程的协调和统一部署，使它们能够共同努力保证产品质量，真正满足顾客的需求。故 QFD 是一种由顾客需求所驱动的产品开发管理方法。

### 2. QFD 瀑布式分解模型

实施 QFD 的关键是将顾客需求分解到产品形成的各个过程，将顾客需求转换成产品开发过程的具体技术要求和质量控制要求。通过对这些技术和质量控制要求的实现来满足顾客的需求。

严格地说，QFD 只是一种思想，一种产品开发管理和质量保证的方法论。对于如何将顾客需求一步一步地分解和配置到产品开发的各个过程中，还没有固定的模式和分解模型，可以根据不同目的，按照不同路线、模式和分解模型进行分解和配置。下面是几种典型的 QFD 瀑布式分解模型。

（1）按顾客需求→供应商详细技术要求→系统详细技术要求→子系统、详细技术要求→制造过程详细技术要求→零件详细技术要求，分解为 5 个质量屋矩阵。

（2）按顾客需求→技术需求（重要、困难和新的产品性能技术要求）→子系统、零部件特性（重要、困难和新的子系统、零部件技术要求）→制造过程需求（重要、困难和新的制造过程技术要求）→统计过程控制（重要、困难和新的过程控制参数），分解为 5 个质量屋矩阵。

（3）按顾客需求→产品需求→零件特性→工艺步骤→工艺及质量控制参数将顾客需求，分解为 4 个质量屋矩阵。

（4）按顾客需求→工程技术特性→应用技术→制造过程步骤→制造过程质量控制步骤→在线统计过程控制→成品的技术特性，分解为 6 个质量屋矩阵。

图 2.3 是由 4 个质量屋矩阵组成的典型 QFD 瀑布式分解模型。下面以该图所示的 QFD 瀑布式分解模型为例进一步说明 QFD 的分解步骤和过程。

### 3. QFD 的分解步骤和过程

顾客需求是 QFD 最基本的输入。顾客需求的获取是 QFD 实施中最关键也是最困难的工作。要通过各种先进的方法、手段和渠道搜集、分析和整理顾客的各种需求，并采用数学的方式加以描述。之后，进一步采用质量屋矩阵的形式，将顾客需求逐步展开，分层地转换为产品的技术需求、关键零件特性、关键工艺步骤和质量控制方法。在展开过程中，上一步的输出是下一步的输入，构成瀑布式分解过程。QFD 从顾客需求开始，经过 4 个阶段，即 4 步分解，用 4 个质量矩阵——产品规划矩阵、零件配置矩阵、工艺规划矩阵和工艺/质量控制矩阵，将顾客的需求配置到产品开发的整个过程。

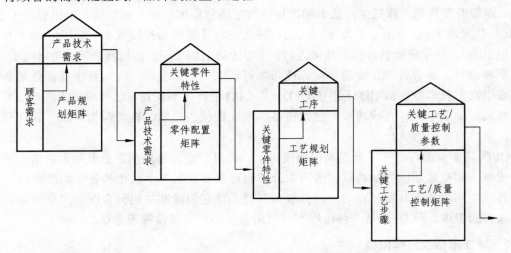

**图 2.3　典型的 QFD 瀑布式分解模型示意图**

（1）确定顾客的需求。

由市场研究人员选择合理的顾客对象，利用各种方法和手段，通过市场调查，全面收集顾客对产品的种种需求，然后将其总结、整理并分类，得到正确、全面的顾客需求以及各种需求的权重（相对重要程度）。在确定顾客需求时应避免主观想象，注意全面性和真实性。

（2）产品规划。

通过产品规划矩阵，即产品规划质量屋，将顾客需求转换为产品的技术需求，也就是产品的最终技术性能特征，并根据顾客需求和技术需求的竞争性评估，确定各技术需求的目标值。QFD 在产品规划过程中要完成下列任务：

① 完成从顾客需求到技术需求的转换；

② 从顾客的角度对市场上同类产品进行评估；

③ 从技术的角度对市场上同类产品进行评估；

④ 确定顾客需求和技术需求的关系及相关程序；

⑤ 分析并确定各技术需求之间的制约关系；

⑥ 确定各技术需求的目标值。

（3）产品设计方案确定。

依据上一步所确定的产品技术需求目标值，进行产品的概念设计和初步设计，并优选出一个最佳的产品整体设计方案。这些工作主要由产品设计部门及其工作人员负责，产品生命周期中其他各环节、各部门的人员共同参与并协同工作。

（4）零件配置。

基于优选出的产品整体设计方案，按照在产品规划矩阵中确定的产品技术需求，确定在产品整体组成中有重要影响的关键部件、子系统及零件的特性，利用失效模型及效应分析（FMEA）、故障树分析（FTA）等方法对产品可能存在的故障及质量问题进行分析，以便采取预防措施。

（5）零件设计及工艺过程设计。

根据零件配置中确定的关键零件的特性及已完成的产品初步设计结果等进行产品详细设计，完成产品各部件、子系统及零件的设计工作，选择好工艺实施方案，完成产品工艺过程设计，包括制造工艺和装配工艺。

（6）工艺规划。

通过工艺规划矩阵，确定为保证实现关键产品和零部件特征所必须给以保证的关键工艺步骤及其特征，即从产品及其零部件的全部工序中选择和确定出对实现零部件特征具有重要作用或影响的关键工序，确定其关键程序。

（7）工艺/质量控制。

通过工艺/质量控制矩阵，将关键零件特性所对应的关键工序及工艺参数转换为具体的工艺/质量控制方法，包括控制参数、控制点、样本容量及检验方法等。

#### 4. QFD 中的顾客需求及获取

（1）顾客需求的 Kano 模型。

Kano 模型是日本科学家 Kano 博士于 20 世纪 70 年代提出的，它是如图 2.4 所示的用户满意度曲线图，图中纵坐标为顾客满意度，横坐标为产品的技术水平。基本质量是用户对产品的基本需求，如果不满足，会导致顾客强烈不满；规范质量与用户的需求呈线性关系，如 CPU 性能与价格的关系；兴趣质量是顾客意料之外的产品性能指标，稍加提高便能带来顾客满意度的大幅上升，如手机可拍照、播放音乐等。兴趣质量投入成本不一定很大，但对顾客的购买意向及使用满意度影响较大，是值得企业投入的部分。随着时间的推移，原有的兴趣质量会逐渐转变为规范质量，甚至是基本质量，导致用户对产品的满意度下降，企业为了保持产品的竞争力，必须增加产品的新功能或开发新产品，以维持顾客对产品的较高满意度。

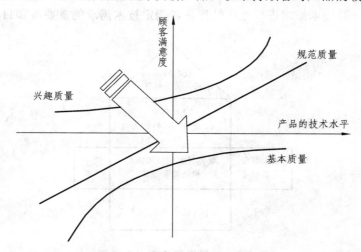

图 2.4 顾客需求的 Kano 模型

（2）顾客需求的获取。

如前所述，顾客需求的提取是 QFD 实施过程中最为关键也是最难的一步。顾客需求的提取具体包括顾客需求的确定、各需求相对重要度的确定以及顾客对市场上同类产品在满足他们需求方面的看法等。顾客需求的获取主要通过市场调查，然后通过整理和分析而得到。顾客需求提取的一般步骤为：

① 合理选择调查对象。对于新产品，应重点调查与该产品相类似的产品的用户；对于现有产品的更新换代，应重点调查现有产品的用户。

② 合理选择调查方法。市场调查的方法很多，各有其优缺点，必须结合实际情况合理地选择。常用的方法有面谈调查法、问卷调查法和观察调查法等。

③ 进行市场调查。

④ 调查信息的分析与整理。通过对调查信息的分析与整理，形成 QFD 配置所需的顾客需求信息及形式。

### 5. 质量屋

质量屋（House of Quality，HOQ）的概念是由美国学者 J. R. Hauser 和 Don Clausing 在 1988 年提出的。质量屋为将顾客需求转换为产品技术需求、将产品技术需求转换为关键零件特性、将关键零件特性转换为关键工艺步骤以及将关键工艺步骤转换为关键工艺/质量控制参数等 QFD 的一系列瀑布式的分解提供了一个基本工具。

（1）质量屋结构。

质量屋结构如图 2.5 所示。一个完整的质量屋包括 6 个部分，即：

① 顾客需求及其权重，即质量屋的"什么（What）"。

② 技术需求（最终产品特性），即质量屋的"如何（How）"。

③ 关系矩阵，即顾客需求和技术需求之间的相关程序关系矩阵。

④ 竞争分析，站在顾客的角度，对本企业的产品和市场上其他竞争者的产品在满足顾客需求方面进行评估。

⑤ 技术需求相关关系矩阵，质量屋的屋顶。

⑥ 技术评估，对技术需求进行竞争性评估，确定技术需求的重要度和目标值等。

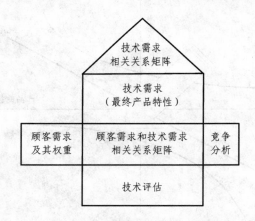

**图 2.5　质量屋结构形式示意图**

以上是针对 QFD 瀑布式分解过程中的第一个质量屋——产品规划矩阵（见图 2.3）来描述的质量屋结构，对于 QFD 瀑布式分解过程中的其他配置矩阵，其结构完全相同，所不同的是，顾客需求中的顾客已变成了广义的顾客，技术需求也进一步扩展为引申的技术需求，但仍是质量屋中的"什么"和"如何"。这时，QFD 瀑布式分解过程中的上一级质量屋，如图 2.3 中的产品规划矩阵,就变成了其下一级质量屋——零件配置矩阵的顾客,相应地,下一级质量屋——零件配置矩阵的技术需求也就变为关键零件特性,以此类推。

(2)质量屋中参数的配置及计算。

下面以产品规划矩阵为例说明质量屋中参数的配置及计算。

① 顾客需求及权重。

首先,对顾客需求按照性能(功能)、可信性(包括可用性、可靠性和维修性等)、安全性、适应性、经济性(设计成本、制造成本和使用成本)和时间性(产品寿命和及时交货)等进行分类,并根据分类结果将获取的顾客需求直接配置至产品规划质量屋中相应的位置。然后,对各需求按相互间的相对重要度进行标定。具体可采用数字 0~9 分 10 个级别标定各需求的重要度。数值越大,说明重要度越高;反之,说明重要度越低。

② 技术需求。

在配置技术需求时,应注意满足以下 3 个条件:

a. 针对性:即技术需求要针对所配置的顾客需求。

b. 可测量性:为了便于实施对技术需求的控制,技术需求应可测定。

c. 宏观性:技术需求只是为以后的产品设计提供指导和评价准则,而不是具体的产品整体方案设计。对于技术需求,要从宏观上以技术性能的形式来描述。

例如,当顾客提出"希望使用的汽车在必要时能立即制动"这一顾客需求时,相应的技术需求应配置为"制动时间"。汽车的制动时间越短,顾客就越满意。又如,当顾客提出"希望产品的使用寿命长"时,对应的技术需求要配置为"使用寿命"。

③ 关系矩阵。

通常采用一组符号来表示顾客需求与技术需求之间的相关程序。例如,用双圆圈来表示"强"相关,用单圆来表示"中等"相关,而用三角来表示"弱"相关。顾客需求与技术需求之间的相关程度越强,说明改善技术需求会越强烈地影响到对顾客需求的满足情况。顾客需求与技术需求之间的关系矩阵直观地说明了技术需求是否适当地满足了顾客需求。如果关系矩阵中相关符号很少或大部分是"弱"相关符号,则表示技术需求没有足够地满足顾客需求,应对它进行修正。

对关系矩阵中的相关符号可以按"强"相关为9、"中等"相关为3、"弱"相关为1,直接配置成数字形式;也可按百分制的形式配置成 [0,1] 范围内的小数或用其他方式进行描述。

④ 竞争分析。

通过对其他企业的情况以及本企业的现状进行分析,并根据顾客需求的重要程度以及对技术需求的影响程度等,确定对每项顾客需求是否要进行技术改进以及改进目标。竞争能力用数字 1~5 表示,1 表示最差,5 表示最好。然后根据本企业现状和改进目标计算出对顾客需求的改进程度(比例),最后再根据改进程度、重要性等计算出顾客需求的权重(绝对值和百分比)。

⑤ 技术评估。

技术评估的配置主要是完成对各技术需求的技术水平及其重要性的计算与评估。其任务之一是通过与相关外企业状况的比较,评估本企业所提出的这些技术需求的现有技术水平;任务之二是利用竞争分析的结果和关系矩阵中的信息,计算各项技术需求的重要程度(绝对值和百分比),以便作为制定技术需求时的具体技术指标或参数的依据。

⑥ 屋顶。

屋顶表示出了各技术需求之间的相互关系，这种关系表现为 3 种形式：无关系、正相关和负相关。在根据各技术需求重要程序等信息确定产品具体技术参数时，不能只单独、片面地提高重要程度高的产品技术需求的技术参数，还要考虑各技术需求之间的相互影响或制约关系，特别要注意那些负相关的技术需求。负相关的技术需求之间存在着反的作用，提高某一技术需求的技术参数则意味着降低另一技术需求的技术参数或性能。此外，对于那些存在正相关的技术需求，可以只提高其中比较容易实现的技术需求的技术指标或参数。

屋顶中的内容不需要计算，一般只是用单圆圈表示正相关，用符号×表示负相关，标注到质量屋屋顶的相应项上，作为确定各技术需求具体技术参数的参考信息。

## 2.3.4  发明问题解决理论 TRIZ（苏联设计方法）

TRIZ 理论是苏联专家阿奇舒勒及其领导的团队自 1946 年开始，花费 1 500 人/年在分析研究世界各国专利（据"Ideation International Inc"公布的消息称目前已累计 300 万件）的基础上所提出的发明问题解决理论。该理论的基础是：技术系统、创新级别、产品进化理论、物质-场（substance-field）分析、76 种标准解（TRIZ Standard Techniques）、效应、冲突解决原理、发明问题解决算法（Algorithm for Inventive-Problem Solving，ARIZ）。自 20 世纪 90 年代初，TRIZ 理论开始在国际设计领域产生重大影响。该理论的核心是解决冲突，使用过程是设计人员应用 TRIZ 工具对待解决的问题进行分析，并从冲突矩阵给出的发明原理中获得解决问题的思路和途径。该理论易学易用，有助于提高设计人员在解决设计中的冲突问题时的创新能力。其详细内容将在第 9 章进行介绍。

# 习　题

1. 除了本书介绍的设计方法外，请查阅资料了解优化设计、可靠性设计、集成化设计、绿色设计、智能设计、并行设计等现代设计方法。

2. 当发现市场上出现了一款好的产品时，企业希望能生产这种产品，这时首先需要做什么？

3. 有哪些方法可以用来获取用户需求？

# 3　创造性思维

## 3.1　概　述

在机械产品创新设计中，创造性思维具有重要的作用。那么什么是创造性思维？要理解这个问题，首先需要了解什么是创造，什么是创新。为了对知识体系有一个比较宏观清晰的理解和把握，本章也简要介绍了创造性思维所属学科——创造学。

### 3.1.1　创造与创新

#### 1. 创　造

史书记载："创，始造之也"。此词由来已久，但对于"创造"的解释，世界各国的学者仍说法不一。

创造（Creation）可以理解为解决新问题、进行新组合、发现新思想、揭示新理论，创造应具有创新特性。对"创造"可定义为：创造是创造主体综合各方面的信息形成一定的目标，进而控制和调节客体，并产生前所未有的新成果的活动与实践过程。

#### 2. 创　新

创新（Innovation）作为学术上的概念，是 1912 年熊彼特在其《经济发展理论》一书中提出的。按照其观点，创新是指新技术、新发明在生产中的首次应用，其包括 5 方面内容：引入新产品或提供产品的新质量；采用新的生产方法（主要是工艺）；开辟新市场；获得新的供应来源（原料或半成品）；实现新的组织形式。"创新"最初是经济学领域的名词，它仅含有一定的新颖性，而且更重要的是具有经济上的价值性。现在，"创新"已推广到各个领域，人们一致认为"创新"应产生实际效果。有无良好的实际效果就成为是否构成"创新"的重要衡量标准。

#### 3. 创造与创新

创造和创新是两个很容易混淆的概念，两者之间既有相同之处，又有差异。

创造和创新都是对人类具有积极意义的创造性活动，创新与创造的共同本质是都具有首创性和新颖性，但两者之间还是有一定的差异。

创造强调的是新颖性和独特性，创新是创造对价值的追求。创新具有社会性、价值性，是在创造的基础上提炼的成果，是新设想、新概念发展到实际阶段的产物。创造着重强调的是"首创"，指一个具体结果，而创新是创造的过程和目的性结果，侧重优化。如蒸汽机的出现是发明创造，而将它运用到其他工业，则是创新；汽车的发明是创造，而汽车的造型演变则是创新。对于产品设计而言，创造不常见而创新常见，所以，一般称之为设计创新，而很少称为设计创造。但是，人们在进行设计创新时所采用的思维方法一般称为"创造性思维"方法，而不说是"创新性思维"方法，这些只是习惯用法的问题，我们侧重于应用，不做过多的区分。从机械产品创新设计过程看，它始于市场需求，终于满足人们的需求，有较明显的社会性和实践性，因此称其为"创新"妥当一些。

目前，针对创造和创新进行研究的学科统称为创造学。

## 3.1.2 创造学

创造学是研究人们在科学、技术、管理、艺术和其他领域的创造活动，探索创造过程、特点、规律和方法的一门学科。其目的是通过对人类创造性、创造活动及发明创造方法的研究，来掌握人类发明创造的规律，从而有效地促进人们的各种创造与发明，促进科学技术及整个生产力的发展。创造学是一门边缘性、综合性和应用性学科。

创造学源于美国。1936 年，美国通用电器公司首先开设了"创造工程课题"，用来训练和提高企业职工的创造性。1941 年，奥斯本完成并出版了《思维的方法》一书，第一次阐述了创造发明的思路与方法，从此诞生了新的学科——创造学。1942 年，美国加利福尼亚大学韦开教授提出了"形态分析法"；1944 年，美国哈佛大学康顿教授提出了创造技法的"综摄法"；1948 年，美国麻省理工学院开设了"创造力开发"课程。从此，创造学正式列入大学教育的内容。后来，美国各大学都陆续开设了创造工程、创造管理的课程，各大公司都设有训练、提高职工创造能力的机构。就这样，创造学作为科学技术革命的杠杆之一，为半个多世纪以来美国的科学技术处于领先地位做出了应有的贡献。

20 世纪 50 年代中期，随着西方科学技术的大量引进，日本也引进了创造工程学和创造管理学。除了在大学里设立创造工程研究会或创造工程研究所以外，1979 年还成立了日本创造学会来加强这方面的研究与创作。创造学给日本带来了科技腾飞与经济繁荣，日本用了几十年的时间建成了世界经济强国。

科学技术发展到 20 世纪 80 年代，产品竞争日趋激烈。如今已不是以产品的数量优势来占领市场，而是以产品的独特性功能一次性占领市场。因此，产品竞争变成了技术竞争，技术竞争实际上是人们智力的竞争，智力竞争则归结为人才创造力的竞争。谁有创造性，谁就在竞争中获胜，这就使得创造技法在世界各国迅速传播。

目前，创造学已经被广泛应用，研究内容包括创造力的开发、创造活动的现象、创造过程、创造性思维、创造技法、创造的个性心理品质、创造条件、创造教育、创造评价等。与机械创新设计关系紧密的有创造性思维、创造性思维训练以及创造技法等。

## 3.2 创造性思维

## 3.2.1 思维的概念

何谓"思维"？《辞源》上解释：思维就是思索、思考。英语"Thinking"意为思考、思想。新的解释"思"即为"想"、"维"就是"序"。思维就是有秩序地思索。思维或思想是人脑对现实事物间接的、概括的加工形式，以内隐或外在的语言或动作表现出来。思维是由复杂的脑机制所赋予的。思维对客观的关系、联系进行着多层加工，意在揭露事物内在的、本质的特征，是认识的高级形式，也是一种高级的心理活动。

恩格斯从哲学角度提出了思维是物质的运动形式的论点；在现代心理学中，有人认为"思维是人脑对客观现实概括和间接的反映，它反映的是事物本质和内部规律"；在思维科学中，有人把思维看作是"发生在人脑中的信息交换"。尽管不同学科对思维含义的表达各不相同，但综合起来，思维可定义为：思维是人脑对所接收和已储存的来自客观世界的信息进行有意识或无意识、直接的或间接的加工处理，从而产生新信息的过程。这些新信息可能是客观实体的表象，也可能是客观事物的本质属性或内部联系，还可能是人脑机能产生出的新的客观实体，如文学艺术的新创作、工程技术领域的新成果、自然规律或科学理论的新发现等。

## 3.2.2　思维的分类

### 1. 按思维的方式分类

（1）直观行动思维，也称动作思维，指通过直接的动作或操作过程而进行的思维。

（2）形象思维，指借助于具体形象从整体上综合反映和认识客观世界的思维形式。

（3）逻辑思维，也称抽象思维，是指以概念、判断、推理的方式抽象地、从某方面条分缕析地、符号式地反映和认识客观世界而进行的思维。

（4）辩证思维，按照辩证规律进行的思维，它注重从矛盾性、发展性、过程性考查对象，并从多样性、统一性把握对象。

### 2. 按思考方向或角度分类

（1）单一思维，指从某一角度、沿着某一方向所进行的思维，如正向思维、逆向思维。

（2）系统思维，指从多角度、沿多方向、在多层次上进行的思维，如扩散思维、集中思维、侧向思维、转向思维等。

### 3. 按思维的过程和结果分类

（1）常规思维，指利用已有知识或使用现有的方案和程序进行的一种重复思维，其结果不具有新颖性，也称再现性思维。

（2）创造性思维，指思维的结果具有新颖性，或者说是产生新思想的思维。

## 3.2.3　思维特性与过程

思维有如下特性：

（1）思维的间接性和概括性。

思维的结果之一是反映客观事物的本质属性或内部联系，这就需要思维具有间接性和概括性的特点。思维的间接性指的是凭借其他信息的触发，借助于已有知识和信息，去认识那些没有直接感知过的，或根本不能感知到的事物，以及预见和推知事物的发展进程。如一个水分子由两个氢原子和一个氧原子构成，该知识凭感觉和知觉是不能获得的，人们需凭借已有知识，通过思维把它揭示出来，这就是思维的间接性。

思维的概括性指的是它能略去不同类型事物的具体差异，而抽取其共同本质或特征加以反映。

（2）思维的多层性。

从思维的定义可知，思维是多层次的，有低级和高级、简单和复杂之分；有对客观实体的表象认识，也有对事物的本质及内部规律的深刻认识，还有能产生新的客观实体的认识。如对同一事物，一个人7岁和40岁时的思维是不同的。

（3）思维的自觉性和创造性。

它有三层意思：其一，对同一事物，不同人之间思维的效能有一定的差异，原因在于各人自主思维的差异；其二，从人脑对事物的认识、感知来说，只要给人脑一定的外部触发，其生理机能、大脑神经网络会在无意之中，有时在梦中，有时在休闲时，突然爆发出新的信息，解决某一悬而未决的问题，实现从感性认识到理性认识的飞跃；其三，思维的结果可产生出未曾有过的新信息，因而具有创造性。

由于思维是一种高级的心理活动形式，人脑对信息的处理包括分析、抽象、综合、概括、对比等系统的、具体的过程，这些都是思维最基本的过程。

（1）分析：是把一个事件的整体分解为若干部分，并把这个整体事件的各个属性都单独分离的过程。

（2）抽象：是把事物共有的特征、属性都抽取出来，并对与其不同的、不能反映其本质的内容进行舍弃。

（3）综合：是分析的逆向过程，它是把事件里的各个部分及其属性都结合起来，形成一个整体的事件。

（4）概括：是以比较作为前提条件的，比较各种事件的共同之处以及不同之处，并对其进行统一归纳。

（5）对比：把两个相反、相对的事物或同一事物相反、相对的两个方面放在一起，用比较的方法加以描述或说明。

## 3.2.4 创造性思维

综上所述，"思维"是人脑对客观世界间接的、概括的反映，它既能动地反映客观世界，又能动地反作用于客观世界。"思维"中的"思想"是一种理性认识，而"思维"中的"思考"是理性认识的过程。

创造性思维实质是人脑的一种高级生理机能，是由神经元内化学物质及各神经元之间相互联接决定的大脑神经网络的一种状态，这种状态的突出特点就是能给出满足某种社会及人自身要求的解决方法及方案，这些方法和方案需具有新颖性、首创性特点。创造性思维的外延就是人的创造活动，创造性思维所形成的方法和方案需通过人的实际活动才能物化，在物化过程中表现出的人类适应自然、改造自然的能力和品质可称为创造力。创造力是影响创造成果数量和水平的重要因素。由此可见，人的创造性思维能力，是创造力的源泉，也可以说是创造力的核心。创造力是创造性思维的延伸，从人脑某一神经网络延伸到人身各机能部位，延伸到与人相关联的客观世界。创造性思维的结果转化为某种物化的结果时，光靠创造性思维是不行的，还需要其他的人类品性和相关因素，这些因素有智力因素、非智力因素（也称情商或 EQ）、技术因素、方法因素、环境因素、信息因素等。

## 3.3　创造性思维的形成与特征

### 3.3.1　创造性思维的形成

#### 1. 创造性思维的生理机制

从神经解剖学知道，人脑中大约有 1 000 亿个神经元（又叫神经细胞），每个神经元都平均与数万个其他神经元相联系，从而形成一个有千万亿节点的非常巨大的精细网络，人的创造性思维与神经网络的构成和神经元内形成信息流的物质密切相关。

现在很多神经学家相信，我们的思维主要取决于：① 大脑中数以兆计的神经细胞之间的联接；② 传递、控制神经网络中信息流的化学物质。如果我们用高倍电子显微镜看一下神经网络，它像一大堆缠结在大锅中的面条。研究表明，与任一特定的神经元形成接触的神经细胞在一万至十万个之间；反过来，任一特定的神经元将成为神经网络中下一个细胞的成千上万个输入中的一个，汇集在一个细胞上的不同输入将导致不同质和量的递质（在神经网络中传递信息的物质）释放，递质在突触处与神经元细胞膜中的特定物质（称为受体）相结合，触发神经细胞内部的一系列反应，形成某种特定活动的内部形态，同时递质的质和量决定其与受体结合的方位和程度。这样神经网络之间的信息在每一个环节都具有巨大的灵活性和多样性。试验证明，大脑神经网络中的突触是可通过训练改变的，递质、受体等也会随输入信息和积极有效的思索而有所变化；另外，人体摄入的食物和药物对递质等化学物质也可产生影响。这些就是创造性思维的生理机制，也可以说创造性思维是人类生命本质的属性。

#### 2. 影响创造性思维的因素

关于人类创造性思维能力的形成和发展，现代心理学家做过许多试验。从试验的结果来看，影响创造性思维能力的主要因素有：① 先天赋予的能力（遗传的大脑生理结构）；② 生活实践的影响（环境对大脑机能的影响）；③ 科学安排的思维训练，以促进大脑机理的发展和掌握一定的创造性思维方法和技巧。当人出生时，人已经拥有了与生俱来的所有神经元，即使这时脑的重量只有成年后的 1/4，脑的发育不是因为有更多神经元形成，而只是使这些早在其位的神经元沿适宜的路线变得更大，这适宜的路线由脑内的生物化学信号控制，其后随着环境和教育的影响，神经元的轴突和树突联系在不断增加。

思维能力可以通过训练而得到提高。对于一般的人来说，有没有接受过思维训练，结果是不一样的，思维学家做过很多试验已证明了这一点。问题的关键在于，训练方法必须具有科学性和简练易行的特点。通过思维能力的训练，应使受训者在大脑机理发展的同时，掌握一些常用的创造性思维的方法和技巧。

#### 3. 创造性思维的形成过程

在问题已存在的前提下，基于脑细胞具有信息接收、储存、加工、输出四大功能，创造性思维的形成过程大致可分为 3 个阶段：

（1）储存准备阶段。在准备阶段，需明确要解决的问题，围绕问题搜集信息，使问题和信息在脑细胞及神经网络中留下印记。大脑的信息储存和积累是诱发创造性思维的先决条件，储存得多，诱发得也多。

在这个阶段，创造主体已明确要解决的问题，收集资料信息，并试图使之概括化和系统化，形成自己的认识，了解问题的性质，澄清疑难的关键等，同时开始尝试和寻找解决方案。任何一项创造、发明都需要一个准备过程，只是时间长短不一而已。例如，爱因斯坦青年时，就在冥思苦想这样一个悖论问题：如果以 C 速（真空中的光速）追随一条光线，那么就应该看到这样一条光线，就好像一个在空间里振荡且停滞不前的电磁场。他日夜思考这个问题，长达 10 年之久，当他考虑到"时间是可疑的"这一概念时，他忽然觉得萦绕脑际的问题可能解决了。随后他只用了 5 周时间就完成了闻名世界的"相对论"。相对论的研究专题报告虽是在几周时间内完成，可是从开始想这个问题，直至全部理论的完成，其中有过多年的准备工作。因此，创造性思维是艰苦劳动厚积薄发的奖赏，也正应了"长期积累，偶然得之"的名言。

（2）悬想加工阶段。在围绕问题进行积极思索时，神秘而又神奇的大脑不断地对神经网络中的递质、突触、受体进行能量积累，为产生新的信息而运作。这个阶段，人脑能超越其他动物大脑只停留在反映事物的表面现象及其外部联系的局限，根据各种感觉、知觉、表象提供的信息总体上认识事物的本质，使大脑神经网络的综合、创造能力有超前力量和自觉性，使它能以自己特殊的神经网络结构和能量等级把大脑皮层的各种感觉区、感觉联系区、运动区都作为低层次的构成要素，使大脑神经网络成为受控的、有目的的自觉活动。

在准备之后，一种研究的进行，或一个问题的解决，难以一蹴而就，往往需经过探索尝试。若工作的效率仍然不高，或解决问题的关键仍未获得线索，或所拟定的假设仍未能验证，在这种情况下，研究者不得不把它搁置下来，或对它放松考虑。这种未获得要领而暂缓进行的期间，称之为酝酿阶段。

这一阶段的最大特点是潜意识的参与。对创造主体来说，需要解决的问题被搁置起来，主体并没有做什么有意识的工作。由于问题是暂时表面搁置，而大脑神经细胞在潜意识指导下则继续朝最佳目标思考，因而这一阶段也常常称之为探索解决问题的潜伏期、孕育阶段。

（3）顿悟阶段。人脑有意无意地突然出现某些新的形象、新的思想，使一些长久未能解决的问题在突然之间得以解决。辛弃疾的诗句"众里寻他千百度，蓦然回首，那人却在灯火阑珊处"是顿悟阶段的形象描述。从大脑生理机制来看，顿悟是由某种信息激发出的大脑神经网络中递质和受体、突触之间的一种由量变到质变的状态，是神经网络回路中新增的一条通路，是在相应神经递质中新增的一项功能。

进入这一阶段，问题的解决一下子变得豁然开朗。创造主体突然间被特定情景下的某一个启发唤醒，创造性的新意识猛然被发现，以前的困扰顿时一一化解，问题顺利解决。这一阶段，理论解决的要点、解决问题的方法，会在无意中忽然涌现出来，而使研究的理论核心或问题的关键明朗化。

这一阶段是创造性思维的重要阶段，被称为"直觉的跃进"、"思想上的光芒"。这一阶段客观上是由于重要信息的启示、艰苦不懈的思索；主观上是由于在酝酿阶段内，研究者并不是将工作完全抛弃不理，只是未全身投入去思考，从而使无意识思维处于积极活动状态。这时思维范围扩大，多神经元之间的联络范围扩散，多种信息相互联系、相互影响，从而为问题的解决提供了良好的条件。

19 世纪 40 年代，美国人哈威在研究缝纫机时，苦苦思考、勤奋钻研了很长时间，仍没琢磨出个所以然。一天，哈威观察织布工手里拿着的梭子，只见梭子在经线中间灵活地穿来穿去，看着看着，他脑海中浮现出一个想法：如果针孔不是开在针柄上，而是开在针尖上，这样即使针不全部穿过布，不就也能使线穿过布了吗？当针穿过布时，在布的背面就会出现一个线环，假如再用一个带引线的梭子穿过这个线环，这两根线不就达到了缝纫的目的吗？正是织布梭子的启发使问题的解决一下子变得豁然开朗（思维顿悟），两年后，第一台缝纫机问世。

## 3.3.2 创造性思维的特征

创造性思维是一种人类高层次的思维，它有下列特征。

### 1. 思维结果的新颖性、独特性

这是指思维结果的首创性，思维的结果是过去未曾有过的。也可以说，是主体对知识、经验和思维等进行新的综合分析、抽象概括，以达到人类思维的高级形态，其思维结果包含着新的因素。例如，一般人头脑中只有三维的现实空间，而数学家们却创造了四维空间、五维空间、……、$n$ 维空间、拓扑空间、超限数空间等，这样的思维就具有创造性。

### 2. 思维方法的灵活性、开放性和广阔性

这是指对于客观事物或问题，表现出勇于突破思维定势，善于从不同的角度思考问题，提出多种解决方案；能根据条件的发展变化，及时改变先前的思维过程，寻找解决问题的新途径，灵活性、开放性也含有跳跃性的因素。苍蝇是人类憎恶的东西，可科学家们的创造性思维，却跳出了死板的框框，经过对苍蝇与蛆的研究发现，这些人人痛恨的东西却饱含着丰富的蛋白质，可以用来造福人类。这正是思维跳跃性的结果。

### 3. 思维过程的潜意识自觉性

创造性思维的产生，离不开紧张的思维和认真努力为解决问题所做的准备工作，但其出现的时机却往往是思维主体处于一种长期紧张之后的暂时松弛状态，如散步、听音乐、睡觉。这就说明了创造性思维具有潜意识的自觉性，是因为人在积极思维时，信息在神经元之间的流动按思考的方向进行有规律的流动。这时不同神经细胞中的不同信息难于进行广泛的联系，而当主体思维放松时，信息在神经网络中进行无意识流动、扩散，这时思维范围扩大，思路活跃，多种思维与信息相互联系、相互影响，从而为问题的解决准备了更好的条件。

### 4. 顿悟性

创造性思维是长期实践和思考活动的结果，经过反复探索，思维运动发展到一定关节点，或由外界偶然机遇所引发，或由大脑内部积淀的潜意识所触动时，就产生质的飞跃。如同一道划破天空的闪电，使问题突然得到解决，这就是思维的顿悟性。在概念上说，顿悟性与灵感有相似之处。

### 5. 洞察力与敏锐性

抓住事物的本质，综合应用各种知识，将事物间的共性、个性、差异性等加以鉴别比较，由表及里，洞察事物内在规律，为创造活动提供新依据、探寻新方法。这些洞察力是创造性思维中重要的基础。思维的敏锐性是指人们在心理上、生理上对外界事物的反映非常敏感，特别是对一些"反常现象"十分好奇，并一心想找到产生这些异常的原因。敏锐的思维往往能促使人们获得解决问题的方法。

### 6. 综合性与突破性

综合性是创造性思维的重要属性，主要是指对已有成果的综合，是多种思维和思维方式综合作用的表现。突破性是创造性思维的必要属性，是指敢于突破理论权威以及现有的规律、方法和思维定势的束缚，敢于质疑，除旧立新；否则，就不算创新，也不可能有创造性思维。

## 3.4 创造性思维的主要形式

人类现代文明的一切成果都是人们创造性思维的结果，创造性思维是人们从事创造发明的源泉，是创造原理和创造技法的基础。例如，逆反创造原理源于有序思维；综合创造原理源于发散-收敛思维；迂回创造原理源于创造性思维的形成过程原理等。了解和掌握创造性思维的形成过程、特点、激发方式和创造性思维的常用方法，有助于创造性思维的培养，有利于学习、掌握创造原理和创造技法，有利于人们从事各类创新活动。

创造性思维有多种表现形式，主要有抽象思维、形象思维、直觉思维、灵感思维、发散思维、收敛思维、分合思维、逆向思维、联想思维、幻想思维等。

## 3.4.1 抽象思维

抽象思维又叫逻辑思维，是凭借概念、判断、推理而进行的反映客观现实的思维活动。思维材料侧重于语言、思维推理、数字、符号等。概念是客观事物本质属性的反映，是一类具有共同特性的事物或现象的总称，它是单个存在的，如"人"是一个概念，包括男人、女人、胖人、瘦人、伟人、凡人等，这些实体都长有大脑、会行走，都经历从出生到死亡的过程，都要吃东西才能生存等共同特性，将这些共同特性概括起来，便可获得"人"的概念。判断是两个或几个概念的联系，推理则是两个或几个判断的联系。如任何满足动压三条件的运动副都会产生动压（判断），滑动轴承满足动压三条件（判断），所以滑动轴承也会产生动压（判断），这就是一种推理。按照现代脑科学的研究成果，形象思维和抽象思维是人脑不同部位对客观实体的反映活动，左半脑是抽象思维中枢，右半脑是形象思维中枢，两个半脑之间有数亿条排列有序的神经纤维，每秒钟可以在两半脑之间往返传输数亿个神经冲动，共同完成思维活动。因此，形象思维和抽象思维是认识过程中不可分开的两方面，彼此互相联系，互相渗透。进行科学研究时，研究人员先从具体问题出发，搜集多种有关的信息或资料，凭借抽象思维，运用理论分析处理，进而在试验中将抽象思维转化为高级的具体思维，从而顺利地完成科学研究。

## 3.4.2 形象思维

形象思维也称具体思维或具体形象思维，是人脑对客观事物或现象的外在特点和具体形象的反映活动。这种思维形式表现为表象、联想和想象。表象是单个形体的形状、颜色、特征在大脑中的印记，如一个气球、一幢大厦。联想是将不同的表象联接起来，如一幢华丽的大楼，你看一眼之后再复认时，不用言语表达，便能认出。想象则是将一系列的有关表象融合起来，构成一幅新表象的过程，是创造性思维的重要组成，如建筑师设计建筑物，他要把记忆中的众多建筑样式、风格融合起来，结合任务要求，设计出新的建筑物，这主要靠形象思维。

## 3.4.3 直觉思维

直觉思维是一种非逻辑抽象思维，是人脑基于有限的信息，调动已有的知识积累，摆脱惯用的逻辑思维规律，对新事物、新现象、新问题进行的一种直接、迅速、敏锐的洞察和跳跃式的判断。它在确定研究方向、选择研究课题、识别线索、预见事物发展过程、提出假设、寻找问题解决的有效途径、领悟机遇的价值、决定行动方案等方面有着重要的作用。与直觉思维有关的思维方法有：想象思维法、笛卡尔连接法、模糊估量法。

在人类创造活动中，我们可以普遍找到直觉思维的踪迹。例如，法国医生雷奈克，一次领小孩到公园玩跷跷板时，发现用手轻轻叩击跷跷板，叩击的人自己听不见声音，而在另一端的人却听得很清楚。于是他突然想到，如果做一个喇叭形的东西贴在病人身上，另一头做小一点塞在医生耳朵里，听起来声音就会清晰多了，这样，第一个听诊器诞生了。

## 3.4.4 灵感思维

灵感思维也称顿悟，它是人们借助直觉启示所猝然迸发出的一种领悟或理解的思维形式。灵感思维是创造性思维过程中认识发生飞跃的心理现象，它的外在形态是对问题突如其来的顿悟。

国学大师王国维在《人间词话》中写到治学的3个境界："昨夜西风凋碧树。独上高楼，望尽天涯路"，这是第一境界，是治学或研究的开始，要找到学科发展的前沿作为科研创新的起点。"衣带渐宽终不悔，为伊消得人憔悴"，这是第二境界，正是科学研究的紧张阶段，遇到困难，不知如何解决才好。"众里寻他千百度，蓦然回首，那人却在灯火阑珊处"，这是第三境界，正在山穷水尽的时候，忽然灵感到来，蓦然回首，伊人（这里指希望得到的结果，或解决困难的方案和办法）却出现在忽明忽暗的灯火阑珊处。

从中可以得到3点启发：① 开题的重要性。② 勤奋是成功的关键，如果你梦想要做一个科学家，那么勤奋学习就是实现你的梦想之"舟"。但舟有的快如航天飞机，有的慢如蜗牛。所以，勤奋必须是高效率的，不要去做"无用功"，更不要做"负功"。③ 创新除了勤奋外，还要有一定的"灵感"。当你在科研中已"进入角色"，"身心投入"后仍然遇到难题，百思不得其解，这时你可以忘掉它，轻松愉快地去做别的工作，或看电影，或散步，或听音乐，然后好好睡一觉。睡眠中大脑会把白天困扰你的问题进行知识的反刍、酝酿和陈化处理，早上一觉醒来，往往就忽有所悟。

例如，19世纪德国化学家开库勒在研究有机物苯的化学结构时，每天都废寝忘食，一天傍晚，凯库勒乘着马车回家，他太疲倦了，居然在颠簸的马车上打起盹儿来。恍恍惚惚之中，看见有条蛇在空中飞舞，一会儿这条蛇好像变成了一个个飞舞的原子，一会儿这条蛇突然咬住自己的尾巴形成了一个圈。从梦中醒来，开库勒由首尾相衔的蛇悟到了苯分子的六角形环状结构。

## 3.4.5　发散思维

发散思维又叫辐射思维、扩散思维、分散思维、求异思维、开放思维等。它是一种求出多种答案的思维形式，其特点是从给定的信息中产生众多的信息输出，看到一样，想到多样；看到一样，想到异样；并由此使思路转移和跃进。这种思维的过程是，以欲解决的问题为中心，运用横向、纵向、逆向、分合、颠倒、质疑、对称等思维方法，考虑所有因素的后果，找出尽可能多的答案，从诸多的答案中，寻找出最佳的一种，以便最有效地解决问题。

发散思维是构成创造性思维的基本形式之一，是创造的出发点。在创造领域，首先需要占有大量的创造性设想，构成较大的思维性空间，由一事想万事，从一物思万物，只有拥有良好的发散性思维习惯，才能拥有丰富的思维和众多的目标，才能做出最佳的创造选择。

美国欧克博士说，当你瞧见墙壁上有一个小黑点时，能够由此想到那是掉在餐桌上的一粒芝麻，盘旋在空中的一架直升机，白纸上的一个疵点，漂浮在牛奶中的一片茶叶，航行在海洋中的一艘巨轮，皮肤上长的一个斑点，洒在衬衫上的一滴墨汁，击穿车厢的一个弹孔，宇宙中的一颗星星，落在窗户上的一只昆虫，木板上的一个钉眼，田野上的一个孔井等。这就是发散性思维由一物思万物的结果。

发散性思维也是众多创造原理和创造技法的基础，如变性创造原理、移植和综合创造原理、联想类比创造技法、转向创造技法、组合创新法等都源于发散思维。能否从同一现象、同一原理、同一问题产生大量不同的想法，这对进行发明创造具有十分重要的意义。假如，作家对某一现象都用同样的文句描写；工程师只能将某一原理应用于一种机械设备上；教师满足于对某一问题的唯一解释，创造就会销声匿迹。文学上，对同一景象的不同描写；技术上，对同一原理的不同应用；课堂上，对同一问题的不同解释，都来自于对同一事物的不同思维，其结果体现了人的创造性。

## 3.4.6　收敛思维

收敛思维又称辐轴思维、集中思维、求同思维，它是一种寻求某种正确答案的思维形式。它以某种研究对象为中心，将众多的思路和信息汇集于这个中心点，通过比较、筛选、组合、论证，得出现存条件下解决问题的最佳方案。其着眼点是由现有信息产生直接的、独有的、为已有信息和习俗所接受的最好结果。收敛思维是深化思维和挑选设计方案常用的思维方法和形式。它总是根据已有信息和线索，考虑应该怎样解决，解决的方式怎样，最终得到一个最好的结论。收敛思维的具体收敛过程是一种逻辑思维过程，收敛思维的常用方法有目标识别（注意）法、间接法、由表及里法、聚焦法等。

在创造过程中，光有发散思维的活动并不能使问题获得有效的解决，因为创造活动的最终结果只需少数或唯一的结果，所以发散思维之后尚需进行收敛思维，这两种思维的有效结合组成了创造活动的一个循环过程。

形态分析创新技法即是发散思维与收敛思维有效结合的具体应用之一。形态分析法的原理，是将技术课题分解为相互无关的基本参数，找出解决每个参数问题的全部可能方案，然后加以组合，得到的总方案数量是各参数方案的组合数。确定其中哪些方案是可行的，并对所有可行的方案进行研究，找出最佳方案。

## 3.4.7　分合思维

分合思维是一种把思考对象在思想中加以分解或合并，然后获得一种新的思维产物的方式。分合思维包括分离思维和合并思维。

分离思维是将参考对象分开、剥离进行思考，从而找到解决问题的新思路。分离思维最典型的例子就是曹冲称象的故事。当时使用的秤最多只能称 200 斤重量，而一头大象的重量达上万斤，从量的角度考虑，似乎是一个数学上不可解的问题。曹冲运用分离思维，以木船为媒介，把大象分解成等量的石头，因为石头是可分离的，所以解决了称大象体重的难题。

合并思维又称组合思维，是将几个思考对象合并在一起进行思考，从而找到一种新事物或解决问题的新方法的思维。

把耳机与一台收音机组合起来，就发明了随身听；将炸熟的鸡和一种特殊的调料相结合就成为肯德基炸鸡；尼龙与紧身短衬裤结合产生了连裤袜；沃尔特·迪斯尼把米老鼠与旅游结合起来，创立了迪斯尼乐园；商店与停车场连在一起就产生了购物中心；通用汽车公司把分期付款和提供不同外壳漆色的销售方式结合起来，结果建立了世界上最大的汽车公司。

## 3.4.8　逆向思维

人类的思维具有方向性，存在着正向与反向的差异，由此产生了正向思维与反向思维两种形式。

逆向思维是人们的一种重要思维方式，也称为求异思维。它是对司空见惯的似乎已成定论的事物、观点反向思考，从问题的另一面深入探索，力求获得新思路，得到新解法。

由于人们习惯于沿事物发展的常见方向去思考和解决问题，殊不知对于某些问题从结论往回推，倒过来思考，从求解回到已知条件可能会使问题简单化，甚至因此会有新发现，创造新奇迹。这也正是逆向思维的魅力所在。这种思维方式对应的创新原理就是逆反原理。

英国的法拉第看见奥斯特发现"电生磁"的消息，就想"磁能不能生电"。这就是典型的逆向思维方法。运用此方法，法拉第研究发现，在磁场中运动的金属导线果然有电流存在。据此，他取得了重大突破，发现了电磁感应现象。

## 3.4.9　联想思维

联想是想象思维的一种形式。所谓联想思维，就是人们通过一件事情的触发而迁移（想到另一些事情上的思维。联想能够克服两个不同概念在意义上的差距，并在另一种意义上将二者联系起来，由此产生一些新颖的思想。因此，联想思维是创造性思维的重要思维形式，创新工程中的联想发明法就是与联想思维相关的一种创新技法。在科学史上，许多创新发明均发源于人脑的联想思维。

联想思维是人们因一件事物触发而联想到另一事物的思维，由此，可以把前者称为刺激物或触发物，而把后者称为联想物。根据联想物与触发物之间的关系，联想思维可划分为相似联想、对比联想和接近联想 3 种形式。

### 1. 相似联想

相似联想，是指联想物和触发物之间存在着一种或多种明显相同属性的联想。例如，看到鸟想到飞机（都能飞行）；看到电灯想到蜡烛、手电筒（都有发光性）等。与相似联想关系密切的创造发明即是模仿创新，其中，仿生创造最为常见，如仿天鹅形体的游船、仿动物形体的电话机等，其创造原理可以归属于移植创新原理。

### 2. 对比联想

对比联想，是指联想物和触发物之间具有明显相反性质的联想。例如，看到白颜色想到黑颜色、看到小物体想到大物体等。在传统观念中，玩具的对象一般都是孩子，国外有人通过对比联想想到玩具的对象也可以转化为老人，于是，近年来专门开发老年人玩具的消息时有传闻、效果非凡。与对比联想直接相关的是逆反创新原理。

### 3. 接近联想

接近联想，是指联想物和触发物之间存在很大关联或关系极为密切的联想。例如，看到学生想到教室、实验室、课本、书桌等相关事物。研究表明，对于任何两个似乎毫不相干的概念，一般最多只需要经过 4～5 步的联想即可在其之间建立联系。例如，"木质"与"皮球"这两个离得很远的概念，可以联想为：木质—树林—田野—足球场—皮球。事实上，上述"木质—皮球"联想之所以能够通过 4 步达到，是因为该联想的最后一环"皮球"是作为这个程序的终点而预先给定的。这种有事先给定"目的"的联想，叫作定向联想，或强制联想。因为，创新发明活动总是有目的的，所以定向联想在创新发明中具有特别重要的意义。这样的自由联想，可以通过相似、对比或接近联想的形式多次重复交叉而形成一系列的"连锁网络"（如举一反三、闻一知十、触类旁通等），从而产生大量的创新性设想。接近联想实际是发散性思维的一种具体表现。

进行联想时要有打破砂锅问到底的精神，联想的范围越广、深度越大，对创新活动就越有益。例如，由落地电扇具有可调节升降性能展开联想，发明了升降篮球架；由伞的开合展开联想，发明了能开合的菜罩；由小孩玩的黏虫胶展开联想，发明了火箭燃料的黏合剂等都与联想思维形式有直接关系。事实上，古往今来，人类一直是在无意或有意地通过各种联想不断从自然界中获得启迪，从而创造了无数工具或方法，为自身生存和发展创造条件。正如日本创造学家高桥浩所说，联想是打开沉睡在头脑深处记忆的最简便和最适宜的钥匙。

当然，联想能力的大小首先取决于一个人知识和经验积累的程度，一般来说，知识越多、见识越广的人联想能力也越大。例如，一个生长在海边的人就会经常产生与大海相关的联想，而一个出生在大平原、从未见过高山的人，与山相关的联想就会很少或者没有。据说，古代有个穷人一生中吃过最好的东西是芝麻饼，于是他告诉别人，如果他当上皇帝，就天天吃芝麻饼。由此可见，知识和经验对联想能力有限制作用。

此外，联想能力的大小还与一个人是否具备良好的想问题的习惯有关，即与一个人是否肯"开动脑筋"有关。有的人虽然见多识广，但他却不愿多动脑筋，也不善于联想，因而很难进入创新境界。因此，养成良好的想问题的习惯，是培养联想思维、提高创新能力的一个重要措施。

## 3.4.10　幻想思维

幻想是想象思维的又一种形式。所谓幻想，是一种指向未来的想象。由于幻想在创造活动中具有重要作用，所以创造学允许并鼓励人们对事物进行各种各样的幻想。苏联曾为学生专门开设过"幻想课"，其目的是引导、培养学生进行各种形式的幻想，以提高学生的创新能力。

幻想，因其暂时脱离现实而常不被人们重视，很多人甚至把"幻想"作为贬义词打入另册。从创新学来看，这是不必要的。幻想是一种极其可贵的品质，一个科技工作者在创新活动中是很需要幻想思维的。大量事实表明，幻想可使人产生创新的欲望，激发人们的上进心理，指出人们进取的方向，鼓励人们奋发向前。古人的无数幻想（如"上天"、"入地"、"千里眼"、"顺风耳"等），经过人类世世代代的努力和奋斗，有很多已经变为客观现实。可见，幻想思维可直接导致创新活动，很多创新活动都离不开幻想，所以我们不宜盲目地反对幻想。

幻想思维的突出表现是"脱离现实性"。幻想是人们从美好的目的（希望点）出发进行的与现实相脱离的一种想象，不用过分强调"实事求是"和"科学态度"，因为所谓"实事求是"和"科学态度"的判断总要受当时人们认识深度和科学发展水平的制约。因此，过分强调"实事求是"和"科学态度"，往往就很难发挥幻想的作用。例如，以前曾被认为有一定科学根据的"科学幻想"中的火星人，现已证明基本不存在；而过去被认为是"纯粹脱离实际"、"毫无科学根据"的幻想——飞机，却恰恰变成了现实。

对于一个创新性的问题，在没有充分深入研究的情况之下，应该大胆地鼓励幻想，而不应简单随意地扣以"毫无根据"、"胡思乱想"的罪名。其实在很多情况下，"胡思乱想"中的幻想也并非没有丝毫根据。人们经常可以看到，历来有少数"权威"总是以"实事求是"、"科学态度"的大帽子压制不同的学术观点和学派，特别是以此压制充满好奇心和幻想、敢说敢干的青年人。这种做法不利于科学的发展，不利于人们创造性思维的启动和发明创造活动的深入，违背了科学技术发展的客观规律。郭沫若曾强调过"既异想天开又实事求是"的思想方法，他把异想天开（即幻想思维）放在首位，这是符合创造学原理的。

正因为幻想是"脱离实际"的，所以幻想思维可以在人脑中纵横驰骋，它可以在没有现实干扰的理想状态下向任意方向发展，从而构成创造性思维的重要组成部分。

与幻想思维最为接近的是空想。日本创造学家高桥浩认为，空想是人类思想的宝库，他认为天才的一大特点就是空想思维发达。他在《怎样进行创造性思维》一书中写道："不论是天才还是凡人，他们同样都有着空想力和以现实道理思考问题的能力，不过，凡人只能以现实的道理去思考问题，因而他们的空想力便逐渐萎缩。反之，天才却乐于运用空想力，在他思考事物时首先求之于空想，所以他的思维的飞跃度高"。高桥浩认为这是一种运用空想的天才思考法。

总之，幻想这种从现实出发而又超越现实的思维活动，可使人思路开阔、思想奔放，因此，它在创新中的作用是显著的，尤其是在创新的初期更需要各种各样的幻想。一门学科的某些变革，一项创新的深入实践，往往总是以勇敢的奇思异想作为开路先锋的。德国启蒙思想家莱辛说过："缺乏幻想的学者只能是一个好的流动图书馆和活的参考书，他只会掌握知识但不会创新。"法国启蒙思想家狄德罗说得更实际："没有幻想，一个人既不能成为诗人，也不能成为哲学家、有机智的人、有理性的生物，也就不成其为人。"

## 3.5 创造性思维的训练方法

### 3.5.1 创造性思维的激发

创造性思维是艰苦思维的结果，是建立在知识、信息积累之上的高层次思维，创造性思维的激发离不开知识和信息的积累。

法国生理学家贝尔纳说过，"良好的方法能使我们更好地发挥天赋的才能，而拙劣的方法则可能阻碍才能的发挥。"人们做任何事情都离不开方法。方法对人类来说，是开山的利斧，是射雕的神箭。思维方法是思维和认识问题的途径、具体的步骤和明确的方向。前面提到的发散思维及其相应的方法、直觉思维及其相应的方法、动态有序思维及其相应的方法，以及后面将讲述的多种创新方法，都是有利于创造性思维发展的思维形式和方法。除此之外，还应了解和掌握并自觉使用下列思维方法，只有熟练掌握和使用良好的思维方法，才能发挥我们自身巨大的创造性思维的潜能。

**1. 突破思维定势法**

贝尔纳说过，"妨碍人们学习的最大障碍，并不是未知的东西，而是已知的东西。"已知的东西就是人自身由经验和阅历所积淀起的思考问题的模式。突破思维定势法就是主体在思维时，一定努力思考：在常规之外，还存在别的方法吗？在常见的领域中还存在新的领域吗？思考时一定要审时度势、随机应变、灵活机动地抛弃旧的思维框框，采用各种不同的思维方法来攻克面临的问题。

思维定势是指人们由于先前的经历所形成的一定的思维模式，遇到问题就沿着固有的思维路线进行思考和处理，它是与创造性思维相对立的，人们进行创造发明时只要善于突破思维定势的约束，创造发明的机会就会大大增加。近几十年来出现的各种创造技法的主要内容就是千方百计地激励发散思维，克服心理定势对创造性思维的约束和抑制。

**2. 生疑提问法**

爱因斯坦说过，"提出一个问题往往比解决一个问题更重要，因为解决一个问题也许仅是一个科学上的实验技能而已，而提出新问题、新的可能性，以及从新的角度看旧的问题，却需要有创造性的想象力，而且标志着科学的真正进步。"生疑提问会使思索者找到新的解决问题的方向和突破口。科学发现始于问题，而问题则是由怀疑产生的，因此，生疑提问是创造性思维的开端，是激发创造性思维的方法。其主要内容为：问原因，每看到一种现象，一种事物，均可以问一问产生这些现象（事物）的原因是什么；问结果，在思考问题时，要想一想这样做会导致什么后果；问规律，对事物的因果关系、事物之间的联系要勇于提出疑问；设想某一情况发生后，事物的发展前景或趋势；或者反问是否一定是这样。通过提问生疑，启发思维，找到解决问题的突破点，有创新性地加以解决。

### 3. 欲擒故纵松弛法

欲擒故纵，用点"缓兵计"，是人们激发创造性思维的常用方法。其作用有：① 寻找触媒；② 使进入死胡同的头绪换一个进攻方向；③ 可调动潜意识。大脑是身体中代谢最活跃的器官，用氧量占全身的 1/4，居第一位。脑内血流量也占心脑总排血量的 1/5。用"头悬梁、锥刺股"的方法强迫大脑工作容易造成大脑缺氧而头疼。脑电流大，工作时间长，产生的热量也不容易排放。所以，单调重复地死死思考一个问题，不仅大脑负担过重，还易把思路逼进死胡同。许多科学家、艺术家都有这样的体验：当问题苦思冥想而得不到解决时，就干脆中断写作、构思或试验，到外面散散步，走一走，听听音乐，干些其他事情。丹麦童话家安徒生非常喜欢到宁静的森林中去幻想，森林的叶片、树皮、松球，甚至一只松鼠、一只蚂蚁都能成为打开他思维王国之门的钥匙。牛顿喜欢到公园里散步。而爱因斯坦工作之余，总爱拉拉小提琴。唐朝诗人李白、杜甫更是"仗剑走天下"，喜欢游历名山大川，或陶醉、或思索、或感叹、或忧民，然后留下大量脍炙人口的诗篇，也为中华民族流传下宝贵的精神财富。

### 4. 智慧碰撞法

智慧只有在碰撞中才会产生动人的火花，因此，创造者之间的切磋、探讨和争辩是激扬创造智能、突破思维障碍的利器。例如，物理学家玻尔领导的"哥本哈根学派"中，诺贝尔奖获得者经常和初出茅庐的大学生一起讨论问题。他们经常争论和反驳、质疑和答辩，使思想相撞、知识相通，相互激励，彼此促进。这种特殊的"气候"一旦形成，十分有利于激扬人才的创造精神，诱发灵感，产生群体效应和共生效应。

## 3.5.2　创造性思维的捕捉

创造性思维是大脑皮层紧张的产物，是神经网络之间的一种突然闪过的信息场。信息在新的精神回路中流动，创造出一种新的思路。这种状态由于受大脑机理的限制，不可能维持很长时间，所以创造性思维突然而至又倏然飞去。如不立刻用笔记下来使之物化，等思维"温度"一低，连接线断了，就再难寻回。郑板桥对此深有体会，他说："偶然得句，未及写出，旋又失去，虽百思不能续也。"

一生有一千多项发明的爱迪生，从小有个习惯，就是把各种闪过脑际的想法及时记下来。这是一条重要的经验：先记下来再说，无论是睡觉还是休闲，心记不如笔记，切记此经验。

## 3.5.3　培养创造性思维习惯

培养创造性思维习惯，需要坚持不懈、持之以恒地积累和训练。根据前面所述的爱迪生的记录习惯，介绍一种开拓创造性思维的基本功：一日一设想。

　　"一日一设想"的思维训练方法是由创造工程学的创始人——美国学者奥斯本首先提倡并身体力行而闻名于世的。之后，日本曾大规模地开展过"一日一案国民运动"，以激起全民的创造意识，从而为日本逐步发展为世界第一专利大国做出了贡献。自创造学传入我国以来，"一日一设想"的创造性思维开发训练活动，也逐步深入人心，并经过实践检验对群众性的创造活动起到了良好的影响，意义深远。

　　"一日一设想"的开展十分简便，只需准备好方便随身携带的"一日一设想"专用记录本，每天做一项（或一项以上）创造性设想，及时记录，持之以恒，养成习惯即可。

　　创造性设想具体包括发现问题（创造的目标）及解决问题（具体的方案构思）两部分。它是创造发明的种子和萌芽，不要求实施，但应该能够实施，一旦具备了实施条件后，可成为创造发明。创造性设想的内容可以包罗万象，没有任何框框，一般来说，应以设想者的日常学习工作领域为重点，以增加设想的作用与实效，但也可以是来自设想者日常所见、所闻、所思的内容，受多方面的信息启发而任意选题。可以是幻想，也可以是解决实际问题的创意，当有了新奇的想法后，把它随时记下来。

　　"一日一设想"十分易行。它不需要任何条件，既不需要导师出题，也不需要经费，只需要设想者具有培养创造性思维的欲望及坚持"一日一设想"活动的毅力。创造素质、创造水平不同的人们，一旦认真投入了该活动，按照心理学的规律，连续坚持21天以上就能初步养成习惯，而这个好习惯能使任何人在短期之内就受益无穷，迅速提高自己的创造能力与水平，开发出创造潜力，逐步成为创造强者。

　　"一日一设想"活动有百利而无一害。

　　第一，可以帮助我们培养与提高创造意识，处处眼见创造，时时开展创造，逐步成为创造的有心人。这种创造意识，将使我们终生受益。

　　第二，可以作为基本功训练而使我们熟练各种创造性思维方式及具体的创造技法，让我们逐步成为真正的"智多星"。

　　第三，可以帮助我们在日常学习和工作中积累智谋，一旦需要拿来即用；而且还为创造积累资料，一旦有可能实施，则利国、利民又利己。尽管不可能每一个设想都是有效的好设想，但是10个设想中有1个好设想就不错了。质量来自数量，只要坚持天天搞设想，积累的好设想也必然会越来越多。

　　第四，可以帮助我们获得健康与延长寿命，因为"生命在于运动"，"生命在于脑运动"，天天动脑子搞设想，大脑越用越好，脑细胞在活动中抗御衰退，只要大脑不衰老，人也不易衰老。许多科学家、发明家的长寿都间接证明了这一点。

　　第五，可以帮助我们发现与营造自己的习惯性创造性思维环境，即在这个环境下最容易产生创意。习惯性的思维环境对创造是极其有益的，例如，宋代文学家欧阳修自述他在枕头上、马背上、厕所里的创造灵感最多，即他的习惯性创造性思维环境是"三上"。而科学家皮埃尔·居里先生是在小树林里散步时创意最佳。杨振宁则自称每天早上刷牙时灵感最多。日本的现代发明大王中松义郎则习惯于在安静的房间里边听音乐边思考问题，他已经取得了3 000多项专利。如果能坚持开展"一日一设想"活动，一段时间后我们也许会发现自己最富有创意的思维环境，而一旦形成了习惯性的思维环境，在没有创意时主动回到此环境中去，往往有利于解决问题。

# 习　题

1. 创造与创新有何异同？

2. 创新与设计有什么关系？

3. 什么是直觉？什么是灵感？

4. 思维的含义是什么？你对此定义有什么不同的理解？

5. 什么是创新思维？试举一例。

6. 创新思维有哪些基本特征？其主要的形式有哪些？

7. 试分别举例说明侧向思维、逆向思维、立体思维。

8. 通过本章的学习，你打算采取哪些方法、手段、工具进行创新思维训练？

9. 医疗上，现在应用了一种特种无菌拉链与专用柔性衬托物来解决某些手术后的持续性出血问题。结合本章内容，你对此技术有什么感想？

10. 写出或画出回形针 20 种以上的用途。

11. 写出不少于 20 种由两种或者三种不同材质组成的用具。

12. 一辆货车要经过一个桥洞，货物高出桥洞 1 cm，货车绕桥而行需多行驶 30 km。试在货物高度不变、货车不绕桥而行的情况下，用逆向思维解决此问题。

# 4   创新原理与技法

## 4.1   创新原理

创新原理，就是人们根据创造性思维的发展规律和创造性行为的实施特点，总结出用以指导发明创造活动的、带有普遍意义的基本法则，也称之为创新法则。它是各种创新技法产生和发展的基础，可以为机械创新设计提供解决思路和基本途径。主要的创新原理有：综合、还原、移植、分离、组合、逆反、仿形、迂回、群体、完满等。

### 4.1.1   综合原理

综合，从方法论的角度看是指将研究对象的各个部分、各个方面和各种因素联系起来加以考虑，从整体上把握事物的本质和规律的一种思维。综合原理是指通过综合思维方法获得新发现的创造活动原理。一般可采取分割、截取、组合等手段来发掘事物的潜力，使其产生新的价值。

在机械创新设计实践中，有许多综合原理的成果。例如，同步带是摩擦带传动技术与链传动技术的综合，这种新型带传动具有传动准确、传递功率较大的特点。20 世纪 80 年代以来，机电一体化产品，如数控机床、全自动洗衣机、自动取款机等，是机械技术与电子技术的有机综合，这种综合创造的机电一体化技术比起单纯的机械技术或电子技术性能更优越，尤其能使传统的机械产品发生质的飞跃。

大量的创新设计实例表明，综合就是创造。从创造机制来看，综合原理具有以下基本特征：① 综合能发掘已有事物的潜力，并使已有事物在综合过程中产生新的价值；② 综合不是将研究对象的各个构成要素进行简单的叠加或组合，而是通过创造性的综合将组成要素有机协调地联系在一起，使综合体的性能发生质的飞跃；③ 综合创造比起创造一种全新的事物来，在技术上更具可行性和可靠性，是一种实用性很强的创造思路。

综合原理有多种实施方法，如先进技术成果综合、多学科技术综合、新技术与传统技术综合、自然科学与社会科学综合等。

### 4.1.2   还原原理

还原原理也称为抽象原理，与抽象思维相对应，强调研究已有事物的创造起点，即根源之处，抓住关键，提取主要功能，用新思想、新技术重新还原创造该事物或者从起点解决问题，以得到新的结果。还原的本质是追本溯源，使人的思路回到事物最基本的功能上，摆脱已有的思维定势，从新的角度解决问题、创新产品。如洗衣机的研制，还原了"人手洗衣物"的功能原理，通过洗涤剂和水的加速流动旋转达到洗净衣物的根本要求；又如，解决食品保质的问题，放弃现有的"降温冷冻"的角度，回到食品保质的根源——灭菌，那么，除了用冰箱、冷动机降温保质食品外，还可以用微波炉、干燥机加热，用真空包装隔离空气等多种方法保存食品。机电产品设计中的功能分解方法也遵循了还原原理。

## 4.1.3 移植原理

移植原理是指把一个研究对象的概念、原理、方法等运用于另一个研究对象上，吸取、借用某一领域的科学技术成果，引用或渗透到其他领域，用以变革或改进已有事物或开发新产品。

移植创造是一种应用广泛的创新思路，通览人类的科技创新成果，可以在不少地方发现移植创造原理的应用。例如，在设计汽车发动机的化油器时，人们移植了香水喷雾器的工作原理；有轨电车移植了滑冰鞋溜冰的运行原理；火车黑匣子的设计移植了飞机黑匣子的设计原理；组合机床、模块化机床的设计移植了积木玩具的结构方式。

移植创造具有以下基本特征：① 移植是借用已有技术成果根据新目的进行再创造，使已有技术在新的应用领域得到延续和拓展；② 移植实质上是各种事物的技术和功能之间的转移和扩散；③ 移植领域之间的差别越大，则移植创造的难度越大，成果的创造性也越明显。

移植原理有多种途径可以实施，可以通过技术、原理、结构、材料等进行一事物向另一事物的移植；也可以按照纵向、横向、综合等方式在两个研究对象的层次、运动、形态间进行移植；还可以在不同事物、不同研究对象、不同层次方向之间进行交叉技术移植。

## 4.1.4 分离原理

分离原理是把某一创造对象进行科学的分解或离散，使主要问题从复杂现象中暴露出来，从而理清创造者的思路，便于人们抓住主要矛盾或寻求某种设计特色。这是依据事物之间的互补性、依赖性提出的创新原理。

分离原理在创新设计过程中，提倡将事物打破并分解，而综合原理则提倡组合和聚集，因此，分离原理是与综合原理思路相反的另一个创造原理。分离原理的基本特征是突破事物原有形态的局限，在创新性分离中产生新的价值；分离的思路虽然与综合相反，但二者在实际创造活动中，依然是相辅相成的辩证统一体，需结合运用。

有些技术系统或产品是通过功能和结构的互补来体现其价值的。如眼镜架和眼镜片，通过分离原理，将两者分开考虑，设计发明出新型的隐形眼镜；脱水机是从早期的双缸洗衣机中分离出来的一种产品。某家具公司开发设计的构件家具，摈弃了整体家具结构固化的模式，采用了化整体为组件，再由组件构成整体的设计思路，研制成功的新型家具由 20 多种基本构件组成，通过不同的组合，可拼装出数百种不同的款式，以满足消费者求新、求异的审美需求。这就是分离创造的产物。在机械领域，组合夹具、组合机床、模块化机床等都是分离创新原理的应用结果。

## 4.1.5　组合原理

为了解决某个技术问题，将两种或两种以上的技术思想或物质产品的一部分或整个部分进行适当的组合，形成新的技术思想，或设计出新的产品，这就是组合创造。

组合原理有以下 4 种类型：

（1）主体附加：指在原有的技术思想中补充新的内容，在原有的物质产品上增加新的附件。如在车锁上添加遥控开关锁的功能，以及驱蚊台灯等，都属于主体附加的组合原理。

（2）异类组合：指两种或两种以上不同领域的技术思想的组合，两种或两种以上不同功能的物质产品的组合。如激光超声波灭菌法是激光技术与超声波技术的组合，磁悬浮轴承是轴承与电磁学原理的异类组合。

（3）同物组合：指若干相同事物的组合。如双万向联轴器的组合，既可以实现两根不平行轴之间的传动，又可以使瞬时传动比恒定。双人自行车也是同物组合的典型例子。

（4）重组：指在事物的不同层次上分解原来的组合，然后再按照新意图进行重新组合。重组在经济、管理、工业、科学技术等方面都是能够挖掘和发挥现有潜力的一种非常有效的创造手段。例如，美国著名飞机设计者卡里格·卡图依据空气动力学原理，对螺旋桨飞机的结构组成进行重组，他把原安装在机首的螺旋桨移装在机尾，而把机尾的稳定翼移装在机头，设计出世界上第一架头尾倒换的飞机。重组后的飞机机身有更合理的流线型，提高了飞行速度，降低了失速、旋冲的可能性，保证了安全性。

## 4.1.6　逆反原理

破除思维定势，对已有的理论、科学技术方法、熟悉的事物保持陌生怀疑的态度，用新的观点、从新的角度去看待并处理问题，往往可以获得新的发明，这就是逆反原理。

逆反原理采用逆向思维方式，区别于人们通常的顺向习惯，而沿着事物的相反方面，用反向探求的思维方式来解决问题。运用逆向思维，许多靠顺向思维不能或难以解决的问题可能就迎刃而解，复杂转变为简单。在发明创新活动中，有时从事物的反面去思考问题，通过对现有产品或课题设计进行反方向的思考，往往能打开思路，从而提出新的课题设计或完成新的发明创新。由于事物具有可逆性，逆反原理可以利用事物的可逆性，从反方向着手，寻找常规的分支，并沿着分支继续思考，运用逻辑推理去寻找新的方法或方案。

逆向原理的特点是：不断打破思维定式，进行多向思维，不迷信权威，把熟悉的东西视为初识，用陌生的态度，从新的角度，用新的观点去看待这些司空见惯的事物、习惯、原则和方法。例如，从大胆怀疑"三角形的内角和一定等于 180°吗"这一问题出发，建立了一门新的学科——非欧几何学；"空间的维数是不是一定要整数"，这个看似傻瓜的提问，最终发展成为一门新的科学——分形理论，弯弯曲曲的海岸线的维数就在一维和二维之间。

运用逆向原理进行创新时，应注意掌握事物内部各要素之间的因果关系。当沿着常规思路不能有效地解决问题时，要善于从相反方向思考和处理问题，常常会获得意想不到的成功，产生许多未曾料想到的新事物。例如，"虹吸原理"能让水由下而上流动，这与水往低处流的常规思维是逆反的；而多自由度差动抓斗是打破传统的单自由度抓斗的思想而发明的。

　　运用逆反创新原理，还要有意识地从正反两方面去思考。采用反过来想一想的思维方式，有可能激活大脑的潜能，捕捉到一般人不曾想过的创意。

　　逆向思考法主要有以下4种类型：

　　（1）原理逆反：将事物的基本原理，如机械的工作原理、自然现象规律、事物发展变化的顺序等有意识地颠倒过来，往往会产生新的原理、方法、认识和成果。

　　例如，电影的原理一直都是观众不动而电影片的画面在银幕上移动，从而形成了影片的连续动作。若把这一原理反过来，就变成了电影画面不动而观众迅速移动，这似乎太荒唐，看似很难实现。然而，德国一位青年摄影师研究了电影的原理逆反，并将其在地铁中实行：在与地铁车窗等高处的墙壁上挂出一幅幅连续变化的图画，当车辆运行时，图画正好以每秒24幅的速度映入乘客眼帘，于是乘客就会看见墙壁上的"活电影"。

　　（2）属性逆反：一个事物的属性是丰富多彩的，有许多属性是彼此对立的或者是成对的，如软与硬、滑与涩、干与湿、直与曲、柔与刚、空心与实心等。逆反创新原理的属性逆反，就是有意地尝试用相反的属性去取代已有的属性，即逆化已有的属性，进行创造活动。

　　例如，1924年，德国青年马谢·布鲁尔产生了用空心材料替代实心材料做家具的思想，并率先用空心钢管制成了名为"瓦西里"的椅子，在社会上产生轰动并一直风靡至今。从那以后，马谢·布鲁尔又用这一空心取代实心的属性逆反原理完成了包括日内瓦联合国教科文组织大厦在内的许多著名设计，成为新型建筑师和产品设计者的杰出代表。与其相类似，1995年，福州市一中学生将普通的实心积木全改为空心，并在其中装进适量沙子使其重心便于移动。这种空心积木可以拼搭出普通积木所不能组成的异型图案，尤其适合各种动物形态的拼搭，表现出很强的创造性。1998年，我国有一项名为"便携式多功能哑铃"的专利，它的中部也是空心的，使用者可以通过一个小口向哑铃内部注水或装沙子以调节其质量。

　　（3）方向逆反：由完全颠倒已有事物的构成顺序、排列位置、安装方向、操纵方向、旋转方向以及处理问题的方法等而产生的创造，都属于逆反创新原理中方向逆反的范围。由于方向逆反的结果一般可从事物的外部表现出来，其直观性强，因而方向逆反是发明和创新的一条重要原理。

　　逆反电风扇的叶片安装方向可使电风扇变为"排气扇"；在烟盒中上下反装带过滤嘴的香烟，使过滤嘴向下，这样不但取烟方便而且很卫生；体育锻炼中的退步走、倒立爬、下山比赛、自行车赛慢骑等反向性活动在实际生活中也都很有意义。

　　（4）大小逆反：对现有的事物或产品，即使是单纯地进行尺寸上的扩大或缩小，其结果也常常会导致其性能、用途等发生变化或转移，从而实现某种意义上的创新。

　　在创新中实施大小逆反时，可对一事物整体按同一比例扩大或缩小，这样创造出来的新事物与原物是相似的；也可以对不同的部分按不同的比例扩大或缩小，这样创造出来的新事物则是非相似形体。无论相似形体、非相似形体，还是局部扩大或缩小的形体，在某些情况下都可能会产生创新性。

　　另外，当问题得不到解决时，转换思考角度，也是人们常用的一种化被动为主动、化不利为有利的创新思维方法。这种方法并不以克服事物的缺点为目的，相反，它是将缺点化弊为利，找到解决方法。例如，金属腐蚀是一种坏事，但人们利用金属腐蚀原理进行金属粉末的生产，或用于电镀等其他用途，无疑是逆反原理的一种有利应用。

## 4.1.7　仿形原理

仿形，源于仿生。仿生的概念伴随着人类发展的历史，从远古到现代，一直与时俱进、历久弥新。仿生是人类生存的需要，是古代人类智慧的结晶，是人类精神的寄托与归宿，也是人类已有的一种文化现象和生存方式。仿生，是人们模拟、模仿自然界中生物的结构形态的一种思想和创造发明的原理。随着时间的推移，人们不仅仅模仿生物，而且开始把目光投向更广阔的大自然中的各种事物，仿形的创新原理便应运而生。

仿形原理又称造型法，即通过对自然中已有事物的形状特征进行分析比较，直接或者间接地进行模仿，或者对人或动物的动作进行仿真，创造新事物。仿形原理可以模仿的内容包括：事物的形态，事物表面机理与质感，事物的结构，事物的功能、色彩、形式与意象等。

例如，手指状百叶窗清扫刷、网球拍羽毛球拍的拍弦整理梳、人造太阳加热器、机器人等，都是按照仿形原理发明的。

运用此原理方法时，需大胆分析、巧妙利用仿生对象的各种特征，必要时可以进行适当地变动。

## 4.1.8　价值优化原理

现代创造的任务与价值工程的目的在很大程度上是接近的。创造具有高价值的产品，是产品创造追求的重要目标。因此，价值优化或提高价值的指导思想也是创造活动应遵循的理念。在此基础上，形成了价值优化的创造原理。

提高产品价值是创新设计的重要目标。这里所说的价值是指产品的功能与成本的相对关系。$F$（Function）为产品具有的功能，$C$（Cost）为取得该功能所耗费的成本，则产品的价值 $V$（Value）为

$$V=F/C \tag{4-1}$$

由式（4-1）可知，价值优化的基本途径是通过改变功能和成本的相对关系来提高产品的总价值。

随着生产的发展，人们越来越深刻地意识到顾客需要的不是产品本身而是产品的功能。在产品竞争中，必须设计制造以最低的费用满足用户需要的功能。在保证同样功能的条件下，还要比较功能的优劣——性能，只有功能全、性能好、成本低的产品在竞争中才具有优势。当顾客购买一辆汽车时，考虑的不仅是它的售价和可以载人这些一般功能，往往更关心的是它的安全性、百公里耗油量、速度性能、噪声大小、零部件可靠度、维修性能等。

英国库特公司的设计人员曾开发了一种新型百叶窗，要求产品既能防止雨水打入，又可使室内空气流通。设计者通过价值分析，改变了用料多、造价高的传统设计，采用了允许雨水透过百叶窗，再在窗叶后面用凹槽收集，然后通过细管将雨水排出室外的新设计。新设计的百叶窗，不仅降低了成本，而且便于操作，且能够延长使用寿命，功能得到改善。改造后的新产品在市场上很有竞争力。

上海某机床厂在新产品 M7750 双端面磨床的设计中，应用价值优化原理，首先确定了产品的目标成本，然后参照目标成本的要求，寻求实现规定功能的产品结构。他们根据用户提

出的产品性能稳定、磨削精度高、磨头刚性好等条件，选定 4 个关键部件的设计方案进行分析。通过同国内外同类产品进行对比，找出差距，然后运用各种创造性思维和创新技法，提出 24 项改进措施。在这些措施中，有些能使部件既提高功能又降低成本；有些可使部件的功能保持不变，而成本有所降低；有的成本虽略有提高，但能使部件的功能得到较大的改善。最终，运用价值优化原理改进设计的双端面磨床，比同类产品 M7750 磨床零件数量少 28.5%，成本比原定目标下降 13.8%。

## 4.2 创新技法

创新是有一定规律可循的。创新技法，是人们根据创新原理解决设计问题的创意，是促使创造性思维完成创造活动的具体方法和实施技巧，也是创新原理融会贯通和具体运用的结果。从 20 世纪 30 年代奥斯本创立第一种创新技法——智力激励法以来，已涌现的创新技法有360 余种，这些技法按照创造原理可以分为 7 类：群体集智法、类比创新法、联想创新法、列举创新法、组合与分解法、系统分析法、其他创新技法。

通过对创新技法的学习和运用，可以在实际学习和工作中提高创造的效率，为此，本节逐一介绍机械创新中常用的创新技法。

## 4.2.1 群体集智法

此类方法顾名思义是集成许多人的想法，从数量众多的构思设想中，根据一定的评判准则筛选出有价值的设想。"水尝无华，相荡乃成涟漪；石本无火，相击而发灵光"。在此过程中，大家的思想不断碰撞，相互激励、相互启发，可得到新的构思。这类方法包括智力激励法、书面集智法（635 法）、函询集智法（德尔菲法）等多种形式。

**1. 智力激励法**

智力激励法也称为头脑风暴法、BS 法，是 1939 年由美国人 A. F. 奥斯本创立的。奥斯本在提出此法时，借用了一个精神病学的术语"Brain Storming（头脑风暴）"作为该技法的名称，意为创造性思维自由奔放、打破常规、无拘无束、异想天开，使创造设想如狂风暴雨般倾盆而下。

智力激励法的四项原则为自由思考原则、推迟评判原则、以量求质原则、综合改善原则。其使用的流程如图 4.1 所示。

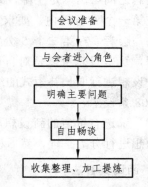

**图 4.1　智力激励法的使用流程**

**例 1**：清除电线积雪问题的求解。

美国北方，冬季严寒，在大雪纷飞的日子里，电线上积满了冰雪，大跨度的电线常被积雪压断，造成事故。过去，许多人试图解决这一问题，但都未能如愿。后来，电信公司经理决定应用智力激励法寻求解决难题的办法。他在做了一定准备工作之后，召开了智力激励会，让与会者自由畅谈。

有人提出设计一种专用的电线清雪机；有人想到用电热来融化冰雪；也有人建议用振荡技术来清除积雪；还有人提出能否带上几把大扫帚，乘坐直升机去扫电线上的积雪。对于后一种想法，大家心里尽管觉得滑稽可笑，但在会上也无人提出批评。

而一位工程师在听到"用飞机扫雪"的想法后，大脑突然受到激励，一种简单可行且高效率的清雪方案冒了出来。他想，每当大雪过后，如果出动直升机沿积雪严重的电线飞行，依靠高速旋转的螺旋桨就可将电线上的积雪迅速扇落。于是他提出用直升机扇雪的新设想，顿时引起其他与会者的联想，有关"除雪飞机"、"特种螺旋桨"之类的创意，又被激励出来。

会后，公司组织专家对设想进行分类论证。专家们从技术经济方面进行比较分析，最后选择了用改进后的直升机扇雪的方案。实践证明，这的确是个好办法。在这种情况下，一种专门清除电线积雪的小型直升机应运而生。

### 2. 书面集智法（635 法）

在推广应用智力激励法的过程中，人们发现经典的智力激励法虽然能造成自由探讨、得到互相激智的气氛，但也有一些局限性。如有的创造性强的人喜欢沉思，但会议无此条件；会上表现力和控制力强的人会影响他人提出设想；会议严禁批评，虽然保证了自由思考，但难于及时对众多的设想进行评价和集中。为了克服这些局限，许多人针对与会者的不同情况，先后对奥斯本技法进行了改进，形成了基本激励原理不变，但操作形式和规则有异的改进型技法。其中，最常用的是书面集智法，即以笔代口的默写式智力激励法。实施时人们又常采用"635 法"模式，即每次会议请 6 人参加，每人在卡片上默写 3 个设想，每轮历时 5 分钟。

实施以"635 法"为特点的书面集智，可采用以下程序：

（1）准备会议。选择对书面集智基本原理和做法熟悉的会议主持者，确定会议的议题，并邀请 6 名与会者参加。

（2）进行轮番性默写激智。在会议主持人宣布议题（创造目标）并对与会者提出的疑问解释后，便可开始默写激智。组织者给每人发几张卡片，每张卡片上标上 1、2、3 号，在每两个设想之间留出一定空隙，好让其他人再填写新设想。

在第一个 5 分钟内，要求每个人针对议题在卡片上填写 3 个设想，然后将设想卡传递给右邻的与会者。在第二个 5 分钟内，要求每个人参考他人的设想后，再在卡片上填写 3 个新的设想，这些设想可以是对自己原设想的修正和补充，也可以是对他人设想的完善，还允许将几种设想进行取长补短式的综合，填写好后再右传给他人。这样，半小时内传递 5 次，可产生 108 条设想。

（3）筛选有价值的新设想。从收集上来的设想卡片中，将各种设想，尤其是最后一轮填写的设想进行分类整理，然后根据一定的评判准则筛选出有价值的设想。

### 3. 函询集智法

函询集智法又称德尔菲法，其基本原理是借助信息反馈，反复征求专家的书面意见来获得新创意。其主要过程是，就某一课题选择若干名专家作为函询调查对象，以调查表的形式将问题及要求寄给专家，限期索取书面回答。收到全部复函后，将所得设想或建议加以概括，整理成一份综合表。然后，将此表连同设想函询表再次寄给各位专家，使其在别人设想的激励启发下提出新的设想或对已有设想予以补充或修改。视情况需要，经过数轮函询，就可得到许多有价值的新设想。

例 2：家用电器新产品开发课题的策划。

某家用电器开发设计研究所为捕捉今后几年的家电新产品课题，采用了函询集智法。其具体实施过程大体如下：

（1）根据开发研究要求，选聘了国内外 30 位专家担任函询对象。

（2）制定"家用电器新产品开发课题函询表"。表中列出家用电器的基本类别，划分出"重点考虑"、"一般考虑"和"暂不考虑"等级别，并对其含义做出相应说明。

（3）进行轮间反馈。第一轮函询表寄发后，收到 150 个家电产品新设想，经归纳整理成 80 个新设想再次进行函询。第二轮函询表收回后，专家们将设想集中到重点考虑的 45 个课题。经第三轮函询后，专家把急需开发的重点家用电器产品集中到以下 6 类产品。

① 洗衣机类：模糊洗衣机（带检测污迹传感器的自动洗衣机）、能自动缩短洗涤时间的洗衣机、轻便型洗衣机、超声波洗衣机。

② 电冰箱类：能储藏多品种的电冰箱、储藏药品和化妆品的电冰箱、间接用电的四门电冰箱。

③ 吸尘器类：无软线型吸尘器、自动行走型吸尘器、天棚用吸尘器、洗澡间用吸尘器。

④ 电熨斗类：无热电熨斗、无软线电熨斗、速冷却电熨斗。

⑤ 炊具类：多功能电饭锅、固体电路微波炉、自动调节功率的微波炉。

⑥ 保健美容类：微型按摩器、磁波褥、简易净水器。

最后，研究所根据专家反馈的设想，制订出家用电器产品的重点研究开发计划。

通过实例可知，函询集智法有两个特点：① 它不是把专家召集起开会讨论，而是用书信方式征询和回答，使整个提设想过程具有相对的匿名性；② 专家相互之间不见面，有利于克服一些心理障碍，便于充分发表新颖意见或独特看法。轮间反馈则保证了专家之间的信息交流和思维激励。

此法一般需要较长的时间，专家的设想多是建立在稳重思考的基础之上的，因此提出的设想可信度或可行性较好，但由于没有奥斯本智力激励法所提供的那种自由奔放和激励创造的气氛，在提出新颖性高的设想方面可能要逊色一些。

## 4.2.2 类比创新法

### 1. 类比法

在客观世界中，每个事物不仅有着与其他事物不同的独特个性，同时又有着与其他事物相同或相似的属性。类比法就是将两种事物加以比较，并进行逻辑推理，即从比较中找出两事物之间的相似点或不同点，同中求异，实现创新。类比法又可分为直接类比法、拟人类比法、因果类比法、对称类比法、象征类比法和综合类比法等多种形式。

类比法的特点：从逻辑过程来说是从特殊到特殊，即把两个特殊事物进行类比；从思维方式上说，是把抽象思维与形象思维相结合。类比法的优点就在于其举一反三，触类旁通，将不同的事物通过思维联系起来，给人以启发，从而获得创新点。就创立新理论而言，在创造史上有许多著名的创造活动就是运用此法而提出来的。

例 3：第二次世界大战期间，数学家诺伯特·维纳把火炮自动打飞机的动作与人追动物的狩猎行为进行类比。通过认真分析，他发现人在追动物的过程中，能够根据动物的逃跑信息不断地调整自己的追捕行为，据此得到了重要的"反馈"概念，为他创立控制论奠定了基础。

例4：1911年，英国粒子物理学家卢瑟福受"大宇宙与小宇宙相似"的启发，把太阳系和原子结构进行类比，从而提出了一个原子的"太阳系模型"。这个模型正确地描绘了原子结构的基本轮廓，使人类得以认识原子结构。这是科学史上的一项伟大成就，原子和原子核物理学从此发展起来。

### 2. 移植法

移植模仿创新法就是将用于某一产品设计的技术移植到新的产品中，即将被模仿产品的新原理、新技术、新方法或其他结构移植到目标物上。科学研究中每提出一种新的原理，都伴随着技术上的变革、方法上的突破和结构上的更新。在行业之间发展不平衡，技术水平存在差异的情况下，根据设计对象的性能特点，根本性地变革和移植已有设计的基础部分，加以具体的拓展和完善，构成一种性能特点变异的创造性设计思路及其总体方案，这就是移植法的主要目的。常见的移植创新技法有以下几种：

（1）原理移植：指将某种事物的工作原理转移到别的事物上。

例5：法国的雷奈克看到孩子们在游戏中用耳朵贴在木头上能够听到另一端传来的声音，他将木头传声的原理应用到听诊器上，专门制成了一根空心的木管用来听诊，因此发明了听诊器。

例6：音乐家布希曼看到有人用两张纸片一上一下地贴在木梳上，把木梳放在唇边能够吹出声音，他将这一原理移植到乐器上，综合中国古筝和罗马笛的发声原理，发明了口琴。

例7：面包发酵后变得松软多孔，这是食品制作中司空见惯的事情。而橡胶厂商将这种面包发泡技术移植到橡胶制造业，提出发泡橡胶的新设想。经过试验研究，掺入发泡剂的橡胶性能变得如同松软多孔的面包，这种新颖的海绵橡胶在市场受到了广大用户的欢迎。海绵橡胶问世后，另一家企业从中得到启发，如法炮制出性能好、密度小的"发泡混凝土"，这种多孔混凝土内含有空气，是理想的隔热、隔声材料。

（2）方法移植：指将用于某一事物或产品上的方法移植到新产品中。

例8：将军事上运用的激光技术应用于医疗，就产生了激光手术刀；移植到民用品上，就设计出了激光切割设备。将飞机的"黑匣子"技术移植到火车、轮船和汽车上，便是新的交通实况自动记录装置。国防上采用核裂变原理制造原子弹，将其移植到民用技术上便产生了核能发电厂；移植到医疗技术上便产生了放射性治疗方法。

例9：有一次，在加拿大卡加里市的一所大学里，学校图书馆的自来水设备出了故障，致使许多珍贵的图书浸在水里。怎么办？如果采用一般的烘干办法，势必会损坏图书。其中有一个参加过罐头生产的管理员提出：在生产罐头时，为排除水果中多余的水分，采用冷冻和真空干燥的方法。这种方法不但可以除去水果里面的水分，而且也不会改变其原味。按照这种方法，他们先将湿书放进冰箱中冷冻，然后放入真空干燥箱中。经过五天的处理，这批书终于完好无损地得以保存。这个方法，就是把罐头中处理水果的加工技术移植过来，用来解决湿书干燥问题。

（3）结构移植：指从某一事物或产品的外形出发，将其移植到另一产品上。同一种结构通过移植可以创造出许多不同的产品来。

例 10：从积木结构出发，人们开发出了组合机床、组合家具。将桥的结构移到屋顶上，产生了巨型无梁大堂。

例 11：拉链已经发明了几百年，但一直只用于缝制衣服。能不能把拉链用在其他地方呢？近年来，有人把拉链的结构用到自行车的轮胎修补上。传统的修补方法很麻烦，需要先把外胎取下，再把内胎取出修补。按照拉链结构，有人在外胎装上拉链。修补时，只要把拉链拉开就可以取出内胎，使修补变得很方便。在医疗上，采用特种材料的拉链为病人缝合伤口，不仅减轻了病人的痛苦，而且也加快了伤口的痊愈，对需要多次手术的病人特别适合。

（4）特性移植：指将某一事物或产品的特性移植到创新产品上。

例 12：有一种叫山牛蒡的植物，它的果实带着毛刺，这种山牛蒡既可以牢靠地附在其他物体上生长，在外力作用时它还可以与载体脱离。一位工程师受到启发，将其特性转移到衣服和鞋帽上，研制出可以自由分离和黏合的尼龙搭扣。上海某网球厂的设计人员将尼龙搭扣的特性移植到健身器材上，创造性地设计和开发了一种娱乐性的球：将两块布满圆钩形尼龙丝的靶板和绒面皮球组合，投掷时能够随意脱离和粘贴，它既可以作为正式网球比赛的规范用球，也可以作为健身运动和娱乐活动的用球。这种产品的发明使该厂迅速扭亏为盈。

进行特性移植创新时，要注意以下几个方面：扩大接触面，增加信息量，善于利用发散性思维，从事物之间多方面的联系中考察事物的性能特点；大胆地猜测事物之间可能的联系，具体地剖析和把握事物之间不同层次的共同性；牢牢地把握产品的"特性"，减少重复性设计；全面深入地分析设计对象和已有设计，找出特性移植的几个关键环节，由小到大、由弱到强地层层移植，完成特性移植创新。

（5）材料移植：指将某一产品的材料应用于新产品中，使新产品在质量上发生变化。

例 13：钢笔笔尖，如果用金作材料，质量好，但是价格高。有人发现用于家用厨具的聚四氟乙烯的性能优异、强度好、不沾墨水、字迹流畅，于是将这种材料用于制作钢笔，使钢笔性能大大提高，而且价格便宜。

例 14：新型高效节能陶瓷发动机，是以高温陶瓷制成燃气涡轮的叶片、燃烧室等部件，或以陶瓷部件取代传统发动机中的气缸内衬、活塞帽、预燃室、增压器等。陶瓷发动机具有耐腐蚀、耐高温性能，可以采用廉价燃料，省去传统的水冷系统，减轻了发动机的自重，因而大幅度地节省能耗、降低成本，增大了功效，是动力机械和汽车工业的重大突破。

运用材料移植创新产品可以从材料轻便性和耐用性及产品的外观和价格等方面进行考虑和创新。

### 3. 模仿法

模仿法在仿形原理基础上产生，是在已有产品的基础上进行二次创新的一种创新技法。由于模仿创新方法具有周期短、成本低、见效快的优点，因此，很多中、小企业都利用了这一创新法进行技术改进与创新。一般来说，模仿创新有移植模仿创新、反求创新和仿生创新等内容。模仿创新重在寻找被模仿者的优缺点，找准模仿创新的最佳时机，采取恰当合理的模仿创新策略，推陈出新。

例 15：20 世纪 70 年代，日本索尼公司首先研制出了录像机，松下公司马上意识到这种产品会受到市场的欢迎，便立即组织研究人员分析这种录像机的优缺点，然后根据用户的反映对索尼公司生产的录像机进行改进创新，其改进部分的技术超过了索尼公司，以致其录像机的销售量也超过了索尼公司。日本松下公司是模仿创新的典范，他们有个原则：如果不能做技术的先驱者，必须做技术的改进者。

在进行模仿创新之初，要善于发现被模仿者的优缺点，这样，当新设计的产品推向市场时，往往能够获得丰厚的回报。同时，在进行创新活动时，能够少走弯路，比从零开始的创新者少花很多时间和精力，研制费用也会大幅度降低。当然在吸收别人的技术时，不要一味地抄袭，否则将会侵犯别人的知识产权。

### 4. 仿生法

仿生法与仿形原理相对应，是研究生物系统的结构和性质，为工程技术提供新的设计思想及工作原理的科学和方法。仿生学（bionics）一词是 1960 年由美国斯蒂尔根据拉丁文"bios"（生命方式）和字尾"ics"（"具有……的性质"的意思）组合而成的。他认为"仿生学是研究以模仿生物系统的方式，或是以具有生物系统特征的方式，或是以类似于生物系统方式工作的系统的科学"。仿生学的研究范围有力学仿生、分子仿生、能量仿生、信息与控制仿生等。

力学仿生，是研究并模仿生物体大体结构与精细结构的静力学性质，以及生物体各组成部分在体内相对运动和生物体在环境中运动的动力学性质。例如，建筑上模仿鸡蛋壳修造的大跨度薄壳建筑，模仿股骨结构建造的立柱，既消除应力特别集中的区域，又可用最少的建材承受最大的载荷。军事上模仿海豚皮肤的沟槽结构，把人工海豚皮包敷在船舰外壳上，可减少航行湍流，提高航速。

分子仿生，是研究、模拟生物体中酶的催化作用，生物膜的选择性、通透性，以及生物大分子或其类似物的分析和合成等。例如，在搞清森林害虫舞毒蛾的性引诱激素的化学结构后，有关学者合成了一种类似有机化合物，在田间捕虫笼中用千万分之一微克，便可诱杀舞毒蛾雄虫，从而减轻了作物灾害。

能量仿生，是研究与模仿生物电器官发光，肌肉直接把化学能转换成机械能等生物体中的能量转换过程。

信息与控制仿生，是研究与模拟感觉器官、神经元与神经网络以及高级中枢的智能活动等生物体中的信息处理过程。例如，根据象鼻虫视动反应制成的"自相关测速仪"，可测定飞机着陆速度。

仿生是一种模仿，模仿的对象是生物的原理、结构和功能等。由于生物是在自然进化过程中经历亿万年筛选和改进才达到目前的状态，其各项功能已经高度发展，每种生物都有一些别的生物所不具备的特点和功能，正如哈佛大学教授爱德华·O·威尔逊在《笔记大自然》的前言里提到的：我要提醒读者，即使是路旁的杂草或者池塘里的原生物，也远比人类发明的任何装置要复杂难解得多。因此，仿生法就是借助生物的启示，通过研究生物的某些特点来得到独特、奇妙的构思，以新形态、新结构、新功能满足人们的新需要，或者解决实际生活中的问题。

仿生法通常有 5 种基本方式。

（1）原理仿生。

模仿生物的生理机理而创造新事物的方法称为原理仿生法。如模仿鸟类的飞翔原理，研制出各种飞行器；模仿蝙蝠利用超声波辨别物体位置的原理，进行海底测量、金属探伤等；模仿香蕉皮的超滑原理，发明了以层状结构的二硫化钼为原料的新型优良润滑剂。

**例 16**：物理学家普利高津是耗散结构理论的创始人。他的理论是由研究蚂蚁的集体活动得到的。根据普利高津的理论，若按生物数量来计算，在地球上，对应于每个人就有上百万个蚂蚁，他发现每个蚂蚁集体不论是几百只的小集体，还是几百万只的大集体，每个蚂蚁集体都有着一致的行为。大的蚂蚁集体，为了寻找食物，有时能同时派出几十万只蚂蚁一起行动，这样大的行动有组织分工问题，也有相互联络问题。于是他在自己的实验室里养了 6 000 只蚂蚁，为了确切地了解每只蚂蚁的个别行为，他给每只蚂蚁编了号，然后把这 6 000 只蚂蚁装进两个连通的盒子，通过长期观察，他发现蚂蚁也有勤劳和懒惰之分，而在条件改变之后，懒蚂蚁也会主动干活。基于这些观察，通过原理仿生，他提出了结构耗散理论。

**例 17**：爬杆机器人。清华大学第十七届挑战杯竞赛中，学生设计制造的爬杆机器人吸引了众多参观者的目光。这种机器人模仿尺蠖爬行的动作沿杆向上爬行，这种爬行机构运用了简单的曲柄滑块机构，如图 4.2 所示。其中，电动机 5 与曲柄 3 固定连接，驱动装置运动。上、下两个自锁套 4 和 1 是实现上爬的关键机构。当自锁套有向下运动趋势时，锥套 9、钢球 8 与圆杆 6 之间会形成可靠的自锁，阻止装置下滑，而上行时自锁自行解除。图 4.2（a）为初始状态，上下自锁套位于最远极限位置，同时锁紧；图 4.2（b）为曲柄逆时针方向转动，上自锁套锁紧，下自锁套松开，被曲柄连杆带动上爬；图 4.2（c）为曲柄已越过最高点，下自锁套锁紧，上自锁套松开，被曲柄带动上爬。如此周而复始，实现自动爬杆。

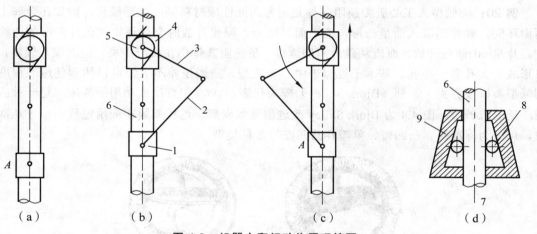

**图 4.2　机器人爬行动作原理简图**

1—下自锁套；2—连杆；3—曲柄；4—上自锁套；5—电动机；6—圆杆；

7—自锁套结构；8—钢球；9—锥套

（2）结构仿生。

模仿生物结构进行创新的方法称为结构仿生法。例如，从锯齿状草叶到锯子；从苍蝇、蜻蜓的复眼结构，到仿照发明的把许多光学小透镜排列组合起来，制成的复眼透镜照相机，这种照相机一次可拍出许多张相同的影像。

**例 18**：法国园艺家莫尼埃看到盘根错节的植物根系结构使植物根下泥土坚实牢固、雨水都冲不走的自然现象，用铁丝做成类似植物根系的网状结构，用水泥、碎石浇制成了钢筋混凝土。

**例 19**：18 世纪初，蜂房以独特、精确的结构形状引起了人们的注意。每间蜂房的体积几乎都是 0.25 cm³，壁厚都精确保持在 0.071～0.075 mm。如图 4.3 所示，蜂房正面均为正六边形，背面的尖顶处由 3 个完全相同的菱形拼接而成。经数学计算证明，蜂房的这一特殊结构具有同样容积下最省料，且强度相对较高的特点。比如，用几张一定厚度的纸按蜂窝结构做成拱形板，竟能承受一个成人的体重。据此，人们发明了各种质量轻、强度高、隔音和隔热性能良好的蜂窝结构材料，广泛用于飞机、火箭及建筑上。

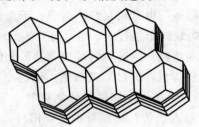

图 4.3　蜂房结构示意图

（3）形体仿生。

模仿生物的形体而创造发明的方法，称为形体仿生法。如模仿蝗虫的行走方式，研制出六腿行走式机器；模仿企鹅的飞跑方式，研制出新型雪地汽车；模仿袋鼠的行走方式，研制出跳跃移动汽车；从猫、虎的爪子想到在奔跑中急停的钉子鞋；从鲍鱼想到吸盘等，都是典型的形体仿生。

例 20：侧倾型人工心脏瓣膜阻塞体是用各向同性碳材料制成圆形碟片，附加在金属上下两瓣环间，碟片的流入面呈凸形，流出面呈凹形，瓣膜开放时金属环钩住碟片凹面的边缘，使碟片呈 60°倾角开放，血流从碟片两侧流过。虽然阻塞体仍在血流中央，但因碟片倾斜，瓣口形成一大孔和一小孔，基本上近似于中心血流型，跨瓣压差不大，可以达到使用的程度。侧倾型瓣以波乔克·希勒（Bjork Shiley）瓣为代表，1969 年首次成功用于临床，是一种应用较广泛的机械瓣。图 4.4 为 Bjork Shiley 改进型侧倾碟瓣，这种瓣膜在应用过程中经过几次修改，可分为标准瓣、凸凹瓣、单瓣柱凸凹瓣等多种类型。

图 4.4　改进型侧倾人工心脏瓣膜示意图

（4）信息仿生。

通过研究、模拟生物的感觉（包括视觉、听觉、嗅觉、触觉）、语言、智能等信息及其储存、提取、传输等方面的机理，构思和研制新的信息系统的仿生方法称为信息仿生法。

例 21：蛇的眼睛虽又圆又亮，但是炯而无神，视力不佳。它搜索和捕食鼠、鸟等小动物或为自己寻找合适的温度环境，靠的是一种特殊的红外线或热定位器。如响尾蛇头部有一个热敏源，能迅速感知千分之一度的外界温度变化，能很快找到发出热源的事物。蝮蛇的热定位器生长在眼睛和鼻孔之间的颊窝处；蟒蛇的热定位器，有的长在嘴唇上，叫作唇窝；有的虽然没有明显的唇窝，在唇部仍具有别的样式的热感受器。蛇的颊窝一般深约 5 mm，呈漏斗形，开口斜向前方。小唇由一薄膜将其分为内外两个小室，内室以细管与外界相通，其进口开在定位器探测的相反方向，所以里面的温度与周围环境一样。外室是热收集器，以大的开口指向所探测的方向。两支三叉神经终止于膜上，其末梢展开成为宽广的掌状结构，并充满着一种特殊的细胞器——线粒体。薄膜像特殊的热敏元件那样起作用，只要膜两面的温度不同，神经便产生一定频率的脉冲，使蛇感知前方的热物体，如图4.5所示。

**图4.5　响尾蛇的热定位示意图**

根据这一原理，美国研制出对热辐射非常敏感的视觉系统，并将其应用于"响尾蛇"导弹的引导装置上。这种具有热寻功能的响尾蛇导弹，可根据对方发动机和尾气发出的热流，自动调整弹道攻击目标。

例22：狗鼻子的嗅觉异常灵敏，人们据此发明了电鼻子。这种电鼻子是集智能传感技术、人工智能专家系统技术及并行处理技术等高科技成果于一体的高自动仿生系统。它由20种型号不同的味觉传感器、一个超薄型微处理芯片和用来分析气味信号并进行处理的智能软件包组成。它使用一个小泵把地面的空气抽上来，使之流过这20种传感器表面，传感器接收到微量气味后，形成相应的数字信号送入微处理器，微处理器中的专家系统对这些数字信号进行比较、分析和处理，将结果显示在屏幕上。电鼻子主要应用于军事领域，例如，利用电鼻子可寻找藏于地下的地雷、光缆、电缆及易燃易爆品和毒品等。电鼻子并不是狗鼻子的简单再现，其灵敏性、耐久性和抗干扰性远远超过狗鼻子，应用前景十分广阔。

（5）拟人仿生。

通过模仿人体结构功能等进行创造的方法称为拟人仿生法。人体本身就是一架包罗万象的最精密的超级机器，人类对自身系统（人体各部位、各器官、各组织的结构、机理、机能等）有较深刻的研究和了解。所以，拟人仿生法具有素材丰富、潜力巨大、应用广泛的研究前景。

例23：人脑头盖骨由8块骨片组成，形薄、体轻，却非常坚固。罗马体育馆的设计者将人脑头盖骨的结构、性能与体育馆的屋顶进行类比，成功地建造了著名的薄壳建筑——罗马体育馆。

**5. 反求法**

反求工程法是对引进的技术进行剖析，反推其设计原理、材料、工艺的奥秘，从技术上消化、吸收、改进后创造发明的方法。反求创新是模仿创新的一个重要手段，是针对消化、吸收先进技术的一系列工作方法和技术的综合工程。

反求创新一般要经历以下过程：引进技术的应用过程、引进技术的消化过程、引进技术的创新过程。

反求创新应当注意以下几个问题：① 探求原产品的设计思想，这是进行产品创新设计的前提。② 探索原产品的原理方案设计。不同产品都是按一定的要求设计的，而满足一定要求的产品，可能有多种不同的形式。③ 产品的结构设计。产品中零、部件的具体结构是产品功能目标的保证，对产品性能、成本、寿命、可靠性有着极大的影响。④ 对产品的材料进行分析。⑤ 对产品的工作性能进行分析。

一般来说，反求创新有两种创新方式：第一种是从无到有，完全凭借基本知识、思维、灵感和经验；第二种是从有到新，借助已有的产品、图样、音像等已存在的可感观的事物，创新出更先进、更完美的产品。

**例 24：** 日本的索尼公司从美国引入在军事领域中应用的晶体管专利技术后，进行反求创新设计，将其结果应用于民用，开发出晶体管收音机，并迅速占领了国际市场，获得了显著的经济效益。

**例 25：** 日本的本田株式会社 1952 年派人走遍许多工业发达国家，花费几百万美元从世界各国引进 500 多种型号的摩托车，对其进行反求设计，经解剖、分析、消化、吸收后，博采各国之长，设计出了全新的发动机。经过几百次试验，研制出耗油少、噪声低、性能好、造型美的世界上一流的摩托车，风靡全世界。

技术引进与创新是反求创新技法的具体运用形式，其原理如图 4.6 所示。

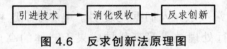

图 4.6　反求创新法原理图

## 4.2.3　联想创新法

辩证唯物主义告诉我们：世界由物质组成，是普遍联系和永恒发展的。正是因为世间万物存在千丝万缕的联系，这就使联想成为可能。联想是从一个概念想到其他概念，从一件事物想到其他事物的一种心理活动或思维方式。联想思维由此及彼、由表及里，形象生动、无穷无尽，它通过事物之间的关联、比较、联系，逐步引导思维趋向广度和深度，从而产生思维突变，获得创造性联想。联想是在已有的知识和经验的基础上产生的，它是对输入头脑中的各种信息进行加工、置换、联接、输出的思维活动，当然，其中还包含着积极的创造性想象。

**1. 类似联想**

类似联想创新法又叫类比联想创新法，它是运用物与物之间的近似点进行联想，开发性地重新组合既有设计，并根据实际情况和具体需要加以调整、改造、完善，构成一种崭新的创新设计。

在任何事物之间，甚至是风马牛不相及的两个事物之间，往往存在着相近或者相似之处，我们可以利用这些相似点，从这一事物联想到另一事物，又从另一事物联系到这一事物。以下是运用类似联想的几个成功事例。

**例 26：** 目前，爆破技术能够将一幢高层建筑物炸得粉碎，而且不影响旁边的其他建筑物。一些聪明的医生由此联想到，人体内的多种结石都需要摧毁，能不能也用爆破的办法将体内的结石炸碎，而又不损伤人体内的其他器官？他们经过精确计算，把炸药的分量缩小到恰好能炸碎病人体内的结石，而又不致影响人的其他器官，这在医学上叫作微爆破技术。医生们的这种类似联想给结石病患者带来了福音。

**例 27：** 天然牛黄是一种珍贵的药材，它只能从屠宰场偶然得到，这种偶然得到的东西供应量少，许多医疗单位都曾设法解决牛黄供应不足的问题。一个药品公司的职工发现牛黄不过是由于牛的胆囊内混进了异物，然后在它的周围逐渐凝聚起许多胆囊分泌物而形成的一种胆结石。他联想到与此相似的河蚌人工育珠，珍珠也是由于沙子进入河蚌里，河蚌分泌出黏液将沙子层层包住而形成的。既然可以通过人工将沙子放进河蚌里"人工育珠"；那么可否用相似的办法将异物放进牛的胆囊内培育"人工牛黄"？后来人们用培育珍珠的方法，培育出了人工牛黄。

例28：杂技或游戏中，人们观察到柔性绳梯扭曲后会变短的现象，于是联想到能否应用相似的原理设计出一种新型的执行元件，使它无论正转、反转均能转换为沿轴线方向的直线移动。绳梯式柔性执行元件就是在这种创新思维下诞生的。如图4.7所示，一种利用纤维连杆的装置可以巧妙地将双向转动或摆动转换成直线往复移动，当主动件1双向转动时，通过齿轮2、3和4，分别使纤维连杆5和6缩短或者伸长，从而带动从动件7作直线往复运动。元件8起补偿作用。这种执行元件具有传递柔性运动的特征，可制造柔性电子元件、柔性吊带等多种特定物品。

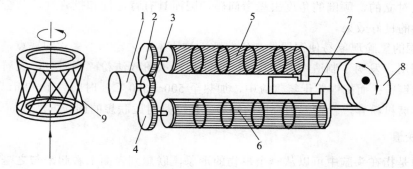

**图4.7  绳梯式柔性执行元件**

1—主动件；2，3，4—齿轮；5，6—纤维连杆；7—从动件；8—元件；9—纤维连杆

运用类似联想创新法的优点很多，首先，可以直接把不同设计组合起来，提高既有设计更新和开发的广度和深度；其次，同类比创新方法相比，适应范围更为广泛，并且往往能够形成连锁式的更新和开发；最后，还可以充分调动、开发、组织设计者或消费者的认知经验和联想能力，给人们提供了能动参与的空间。

类似联想的步骤可以参照如下过程：① 任意选择一种实物，如一幅图、一种植物或一种动物，所选择的项目与要解决的问题相差越远，激发出创新观念或独特见解的可能性也就越大。② 详细列出所选择的项目属性。③ 联想问题与任意选择的项目属性之间的相似之处，用新观念、新见解去打开禁锢头脑的枷锁，使思想自由、奔放。

在运用类似联想方法时，需要注意以下几个方面：第一，要全面分解和综合不同事物之间的种种联系和区别，找出相近或相似之处；第二，要从实际出发，或以异质同化为主，或把异质同化和同质异化结合起来；第三，运用矩阵排列组合，优化各种类似联想设计方案。

**2. 接近联想**

接近联想是从某一思维对象想到与它有接近关系的思维对象上去的联想思维。这种接近关系可能是时间和空间上的，也可能是功能和用途上的，还可能是结构和形态上的，等等。

例 29：俄国化学家门捷列夫在 1869 年宣布的化学元素周期表仅有 63 种元素。他将其按质量排列后，看到了空间位置的空缺，其空间位置的接近性使他产生联想，进而推断出空间位置尚未被发现的新元素，并给出了基本化学元素属性。

例 30：美国发明家威斯汀豪斯一直在寻求一种同时作用于整列火车车轮的制动装置。当他看到工人在挖掘隧道时，驱动风钻的压缩空气是用橡胶软管从数百米之外的空气压缩站送来的现象时，运用接近联想，脑海里立刻涌现了气动制动的创意，从而发明了现代火车的气动制动装置。这种装置将压缩空气沿管道迅速送到各节车厢的气缸里，通过气缸的活塞将闸瓦抱紧在车轮上，从而大大提高了火车运行的安全性，至今仍被广泛采用。

### 3. 对比联想

客观事物之间广泛存在着对比关系，如冷与热、白与黑、多与少、高与低、长与短、上与下、宽与窄、凸与凹、软与硬、干与湿、远与近、前与后、动与静等。对比联想就是由事物间完全对立或存在某些差异而引发的联想。

由于是从对立的、颠倒的角度去思考问题，因而具有背逆性和批判性，常会产生转变思路、出奇制胜的良好效果。

例 31：铜的氢脆现象易使铜器件产生缝隙，这原本是大家都不喜欢的缺点，偏偏有人把它当作优点利用，发明了制造铜粉的技术。由于用机械粉碎法粉碎铜屑时，铜屑总是变成箔状，不易形成铜粉；而把铜置于氢气流中，加热至 $500 \sim 600\ ℃$，时间为 $1 \sim 2\ h$，铜屑充分氢脆后，再经球磨机粉碎，就能得到合格的铜粉。这就是对比联想的创新方法。

### 4. 跨越联想

跨越联想是指在头脑中可以从一个事物的形象，联想到表面上看起来与之毫无关系的另一个事物的形象，思维活动的大幅度跳跃引发出某种新的设想。利用这种联想方式，在一般人认为风马牛不相及的事物之间建立联系，使人的视野、思维得到扩展，奇迹般地得到新创意，这是发散思维的一种表现形式，也是基于世界上的万事万物无不处在普遍联系和变化发展的矛盾论的具体体现。

如日本东芝公司运用跨越联想方法，将看似毫无关联的 X 射线透视机、电视摄像机、可调节手术台等进行组合设计，开发出万能旋转 X 射线透视机。

多色选纬喷气引纬织机，是运用跨越联想创新的一种新型织布机，它综合了气力输送技术、计算器控制技术、传感器技术等，通过微处理器和电子电路控制主喷嘴电磁阀的开闭及定长储纬器磁针的起落，来控制主喷嘴的气流喷射时间和定长储纬器释放纬纱时间，完成多色选纬编织工作。图 4.8 为一种喷气引纬织机的外形图。

图 4.8　喷气引纬织机外形图

### 5. 连锁联想

连锁联想是在头脑中按照事物之间这样或那样的联系，一环紧扣另一环地进行联想，使思考逐步前进或深入，从而引发出某种新的设想来。

千变万化的客观事物，正是由于组成了一串串彼此衔接、彼此制约、环环相扣的锁链，客观世界才得以保持它的相对平衡与和谐。无论是自然界还是社会领域都会趋于这种平衡与和谐，在自然界中更为明显。各种植物和动物都在庞大的自然界中各自占有一定的位置。谁在前，谁在后，谁已经出场，谁跟着露面，都有一定的秩序。人们在思考许多问题的解决办法时，常常都需要根据事物之间所存在的环环相扣的衔接关系进行连锁联想，否则就可能打乱、破坏自然或社会本应具有的平衡与和谐，进而造成某种难以衡量的损失或灾祸。

**例 32**：美国昆虫学家卡拉汉为了解答飞蛾为什么投火这一问题时，就用了连锁联想的方法。为了探索飞蛾扑火的原因，卡拉汉首先列出了最容易想到的原因，他从飞蛾投火联想到可见光，即有可能是可见光的吸引。但是，他反问为什么飞蛾对点燃的木材没有多少兴趣，经过分析，他认为在烛焰之中除了可见光外，必定还有其他的东西吸引着飞蛾。

他推测是红外线，经过实验发现有 70% 的飞蛾受到红外线的吸引，而且这些飞蛾是清一色的雄蛾。他又进一步联想为什么飞蛾会对蜡烛感兴趣？经过研究他了解到蜡烛中有一种叫蜂蜡的成分是飞蛾自身具有的物质，同时由实验的结果联想到雄蛾这一事实。于是他推测可能是由于蜂蜡这种物质能够对雄飞蛾产生性激情，也许是飞蛾为了求偶而做出的反应，后来他通过实验证实了他的推断。由现象到本质，由猜测到结论，卡拉汉通过连锁联想的方式得到了最后的答案。

## 4.2.4 列举创新法

列举创新法是把与待解决问题的相关要素逐一罗列出来，将复杂的事物剖析分解后分别研究，帮助人们感知问题的方方面面，从而寻求合理的解决方案。列举创新法主要有特性列举法、缺点列举法和希望点列举法等。

### 1. 特性列举法

按事物的特性进行列举，创新求解。那么事物的特性怎样才能找到呢？可以将事物按以下 3 方面进行特性分解：名词特性——整体、部分、材料、制造方法；形容词特性——性质；动词特性——功能。在此基础上，就可以对每类特性中的具体性质，或加以改变，或加以延拓，通过创造性思维的作用，去探索研究对象的一些新设想。

特性列举法由美国创造学家克拉福德教授研究总结而成，是一种基于任何事物都有其特性，将问题化整为零，有利于产生创造性设想等基本原理而提出的创新技法。

如要创新一台电风扇，只是笼统地寻求创新整台电风扇的设想，恐怕不知从何下手。如果将电风扇分成各种要素，如电动机、扇叶、立柱、网罩、风量、外形、速度等，然后再逐个研究改进办法，则是一种有效的促进创造性思考的方法。

这并不是说不管什么问题只要化小就好。因为"所谓创造就是要抓住研究对象的特性，以及与其他事物的替换"。注意到事物的特性，是这一技法具有创造效果的本质所在。

运用特性列举法的一般步骤如图 4.9 所示。

图 4.9　运用特性列举法的一般步骤

（1）确定创新对象并加以分析，分析了解事物现状，熟悉其基本结构、工作原理及使用场合等。

（2）分析该对象的各种特性，按名词特性、形容词特性、动词特性进行特性列举。

（3）归类整理、合并重复的特性内容，协调互相矛盾的观点。

（4）根据特性项目进行创造性思考。这是运用特性列举法最重要的一步，因为只有在三类特性中的某一方面提出新的设想，才算达到用方法解决实际问题的目的。这一步要充分调动创造性观察和思维的参与，针对特性的改进大胆思考。

**例 33：**试运用特性列举法提出电风扇创新设计的新设想。

**解：**（1）分析现有的电风扇。观察待改进的电风扇，搞清其基本组成、工作原理、性能及外观特点等问题。

（2）对电风扇进行特性列举。

① 名词特性如下：

整体：落地式电风扇。

部件：电动机、扇叶、网罩、立柱、底座、控制器。

材料：钢、铝合金、铸铁。

制造方法：铸造、机加工、手工装配。

② 形容词特性如下：

性能：风量、转速、转角范围。

外观：圆形网罩、圆形截面立柱、圆形底座。

颜色：浅蓝、米黄、象牙白。

③ 动词特性如下：

功能：扇风、调速、摇头、升降。

（3）提出改进的新设想。

针对名词特性进行如下思考：

设想 A：扇叶能否再增加一个？即换用两头有轴的电动机，前后轴上安装相同的两片扇叶，组成"双叶电风扇"，再使电动机座能旋转180°，从而使送风面达360°。

设想 B：扇叶的材料是否可以改变？如用檀香木制成扇叶，在特配的中药浸剂中加压浸泡，制成含保健元素的"保健风扇"。

设想 C：调节风速大小和转速高低的控制按钮能否改进？改成遥控式可不可以？能不能加上微处理器，使电风扇智能化？若能这样，"遥控风扇"、"智能风扇"便脱颖而出。

针对形容词特性进行如下思考：

设想 A：能否将有级调速改为无级调速？

设想 B：网罩的外形能否多样化？克服清一色的圆形有无可能？椭圆形、方形、菱形、动物造型如何？"大厦式电风扇"的结构是否具有时代特征？

设想 C：电风扇的外表涂色能否多样化？将单色变彩色，或者采用变色材料，开发一种"迷幻色电风扇"。

针对动词特性进行如下思考：

设想 A：使电风扇具有驱赶蚊虫的功能。

设想 B：冷热两用扇，夏扇凉风，冬出热风。

设想 C：消毒电风扇，能定时喷洒空气净化剂，消除空气中的有害病毒，尤其适合大众流通场合及医院病房。

设想 D：理疗风扇，不仅能带来凉意，而且能保健按摩，具有理疗功能。

## 2. 缺点列举法

古语曰：金无足赤，人无完人。如果有意识地列举分析现有事物的缺点，并提出改进设想，便可能有新的突破，相应的创新技法就叫作缺点列举法或改进缺点法。

任何事物总有缺点，而人们总是期望事物能至善至美。这种客观存在的现实与愿望之间的矛盾，是推动人们进行创造的一种动力，是运用缺点列举法进行创新的客观基础。

系统列举缺点的方法主要有：用户意见法、对比分析法和会议列举法。这几种方法旨在通过发掘现有产品的缺陷，把其缺点一一列举出来，然后提出新的改进措施。

运用缺点列举法的目的不在列举，而在改进。因此，要善于从列举的缺点中分析和鉴别出有改进价值的主要缺点，以作为创造的目标。

不同的缺点对事物特性或功能的影响程度不同，如电动工具的绝缘性能差，较之其重量偏重、外观欠佳来说影响要大得多，因为前者涉及人身安全问题。分析鉴别缺点，首先要从产品功能、性能、质量等影响较大的方面出发，使提出的新设想、新建议或新方案更有实用价值。

在缺点表现方面，既要列举那些显而易见的缺点，更要善于发现那些潜伏着的、不易被人觉察到的缺点。在某些情况下，发现潜在缺点比发现显在缺点更有创造价值。例如，有人发现洗衣机存在着病毒传染的缺点，提出了开发具有消毒功能的洗衣粉的新建议；针对普通洗衣机不能分类洗涤衣物的缺点，开发设计出具有分洗特点的三缸洗衣机。

**例 34**：试列举电冰箱的潜伏式缺点，并提出若干创意。

**解**：（1）列举潜伏式缺点。

电冰箱的潜伏式缺点可以通过创造性观察和思考来列举，重点针对使用电冰箱过程中产生的问题列举如下：

① 使用氟利昂，产生环境污染。

② 冷冻方便食品带有李斯特氏菌，可引起人体血液中毒、孕妇流产等疾病。

③ 患有高血压的人不能给电冰箱除霜，因为冰水易使人手毛细管及小动脉迅速收缩，血压骤升，造成"寒冷加压"现象，危及人身安全。

（2）提出改进缺点的新设想。

① 针对上述第一个缺点，进行新的制冷原理研究，开发不用氟利昂的新型冰箱。如国外正研制一种"磁冰箱"，这种电冰箱没有压缩机，采用磁热效应制冷，不用有污染的氟利昂介

质。其工作原理大致为：以镓等磁性材料制成小珠，并填满一个空心圆环，当圆环旋转到冰箱外侧的半个环时，受电磁场作用而放出热，转至冰箱内侧的半个环时，则从冰箱内吸取热量，如此循环下去，即可保持冷冻状态。

② 针对冷冻食品带菌问题，除从食品加工本身采取措施外，还可研制一种能消灭李斯特氏菌及其他细菌的"冰箱灭菌器"，作为冰箱附件使用。

③ 对于"寒冷加压"问题，一方面是告诫血压高的人不要轻易用手去除霜；另一方面改进冰箱的性能，从自动定时除霜、无霜和方便除霜等角度去思考。

### 3. 希望点列举法

希望，就是人们心理期待达到的某种目的或出现的某种情况，是人类需要心理的反应。设计者从社会需要或个人愿望出发，通过列举希望来形成创造目标或课题，在创新技法上叫作希望点列举法。这是通过列举希望新的事物具有的属性，以寻求新的发明目标。

希望点列举法的一般步骤为：① 激发人们的希望（可通过群体集智法产生）；② 收集各种新想法、新希望；③ 仔细研究各希望；④ 选择合适的方法创新出新产品；⑤ 满足希望。

例如，工业革命的飞速发展以及都市化进程的加快，在给人类带来高度发达的物质文明的同时，也使地球的资源迅速减少，环境污染日益严重。越来越多的人呼唤着无污染又有益人体健康的新商品。在这种希望的驱动下，人们提出了"绿色商品"这一新概念，并开发出众多的"绿色商品"满足人们的"绿色消费"。

所谓"绿色商品"，是指那些从生产到使用、回收处置的整个过程符合特定的环境保护要求，对生态环境无害或损害极小，并利于资源再回收的产品。如罐装矿泉水，野生植物罐头，完全不使用任何除虫剂及化学肥料的蔬菜、水果及其制品，纯净的氧气等，都是绿色安全无公害的产品。"生态冰箱"不再使用破坏大气臭氧层的氟利昂；"生态汽车"不再使用污染环境的含铅汽油，这些都是有利于保护生态环境的产品。

希望点列举法在形式上与缺点列举法相似，都是将思维收敛于某"点"然后又发散思考，最后又聚焦于某种创意。但是，希望点列举法的思维基点比缺点列举法要宽，涉及的目标更广。虽然二者都依靠联想去推动列举活动，但希望点列举法更侧重自由联想。此外，相对来说，这种技法也是一种主动创造方式。

希望是由社会需求触发的。如人们对住宅和公共建筑的大量需求，受到城镇用地紧张的制约，于是高层建筑越来越多。其出现引发了许多相关产品的创新设计，包括建筑施工机械的开发设计（塔吊、混凝土输送机等）、高层建筑生活服务设施的开发设计（快速电梯、高楼低压送水器、自动消防器、高楼清扫机等）。

无数的事例表明，只要存在着社会需要，就会驱使人们进行创造，并用创造成果去满足这种需要。"产生需要—创造—满足需要"，是社会需要与创造之间最基本的联系，也是社会需要导致创造的动力学基本模式。

在运用希望点列举法时，设计者可以通过各种渠道了解社会需要信息，尤其是与创新设计方面相关的信息。

## 4.2.5 组合法和分解法

此类方法是分合思维的直接运用。组合法的关键在于添加是否合理、搭配是否恰当。分解法的关键在于适度的分解、有效的提取。

**1. 组合法**

组合创造技法是指通过对已知事物或信息要素之间的组合，使组合物在性能或功能方面发生变化的创造技法。组合法一般分为主题添加法、同物自组法、异类组合法、重组组合法、共享与补代组合法等。

（1）主体添加法。

主体添加法是以某一事物为主体，再添加另一附属事物进行组合，从而获得新成果的方法。主体附加过程中以原有技术思想或原有物质产品为主体，主体不发生变化，附加物大多都是为主体服务，弥补主体功能的不足。

台灯是日常照明的工具，有人运用主体添加法发明了护目台灯，即在台灯中加入高频电子镇流器，最终使其发出的暖白色光线接近太阳光线，没有日光灯的"频闪现象"及灯泡点光源造成的眩光和阴影，使得护目灯在照明的主体基础上起到消除用眼疲劳的护目作用。此外，还有塑钢门窗、钢筋混凝土、香味橡皮、音乐贺卡、鸣笛水壶等。护目台灯和鸣笛水壶如图 4.10 和图 4.11 所示。

图 4.10　护目台灯　　　　　　图 4.11　鸣笛水壶

（2）同物自组法。

同物自组法是将若干相同事物进行组合，通过数量的变化，或弥补单一事物功能及性能的不足，或获得新的功能。同物自组法不是简单的叠加法，它是要通过量的变化产生某种质的变化，使组合后的产品能产生出新的性能或服务。

**例 35：**图 4.12 为双蜗杆传动，在用于传递动力时可以提高承载能力，用于传递运动时可以提高传动精度，是同物自组法在机械传动中的巧妙运用。

**例 36：**V 带传动中可以通过增加带的根数来提高承载能力，如图 4.13（a）所示。但是随着带的根数增加，由于多根带的带长不一致，带与带之间的载荷分布不均加剧，会使多根带不能充分发挥作用。图 4.13（b）所示的多楔带将多根带集成在一起，保证了带长的一致，提高了承载能力。

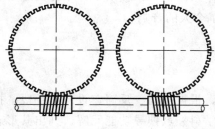

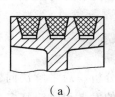
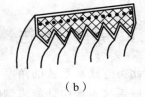

（a）　　　　　　　　（b）

图 4.12　双蜗杆传动简图　　　　图 4.13　多根 V 带与多楔带示意图

**例37**：日本的松下幸之助与妻子在生活中发现单联插座使用很不方便，电线互相牵绊，他的妻子将单联插座改成三联插座，这一做法不仅使用方便，而且为松下集团的崛起奠定了基础。

（3）异类组合法。

异类组合法是将两种或两种以上不同种类的事物组合，从而产生新事物。这种技法是将研究对象的各个部分、各个方面和各种要素联系起来加以考虑，从而在整体上把握事物的本质和规律，体现了综合就是创造的原理。异类组合法和主体添加法在形式上很相近，但又有区别，主体添加法是一种简单要素的补充，而异类组合法是若干基本要素的有机综合。

**例38**：CT 扫描仪就是异类组合法的应用实例。计算机和 X 射线机是两种不同种类的事物，但是将二者结合起来的 CT 扫描仪可以通过 X 射线对脑内分层扫描拍照，诊断脑内疾病，具有二者所没有的新功能。

（4）重组组合法。

重组组合法就是在事物的不同层次分解原来的组合，然后再按新的目标重新安排的思维方式。重组组合一般是在一种事物上实施，在组合的过程中一般不增加新的东西，在重组的过程中主要是按预定的目标改变事物各组成部分之间的相互关系。如吸尘器可以有垂直式、手柄式和并列式等。

（5）共享与补代组合法。

共享组合是指把某一事物中具有相同功能的要素组合到一起，达到共享的目的。如不同的生活用品都可以使用干电池，这类产品有半导体收音机、电动剃须刀、手电筒、石英表等。

补代组合是通过对某一事物的要素进行摒弃、补充和替代，形成一种在性能上更为先进、新颖、实用的新事物。如门锁的演变就是很好的实例，经历了挂锁、暗锁、弹子门锁、单保险锁、双保险锁、声控锁、指纹锁等过程，现在正向远程遥控的方向发展。

此外，还有几种方法与组合法的原理相似，也可以把它们归为组合法，如二元坐标法、焦点法、形态分析法、信息交合法等。

**2. 分解法**

分解法是一种与组合法相对的创造技法。分解法是从其目的出发，将一个整体分成若干部分或者分出某个部分的创造方法。分离创造法有两种情况：一种是使分成的若干部分仍构成一个整体，但有了新的功用；另一种是将从一个整体中分出的某几个部分或某个部分，构成一个新的整体。分解法包括减除分解法、效果分解法、灵活分解法和收藏分解法等。

例如，近视镜可以分解为镜片和镜架两部分，留下镜片，摒弃镜架，再把镜片加以变化，就成为隐形眼镜；光驱和解码器本来只是计算机中的一个组成部分，被从整体中提出之后就形成了 VCD 和 DVD；把收音机中的喇叭分解出来就成了今天的音响。

## 4.2.6　系统分析法

此类方法从系统的角度分析、思考解决问题的方法，根据提问、反问、设问等手段，按照机械系统设计中功能求解的发散思维，从多角度、多学科领域搜寻功能元解，列出其形态学矩阵，评选出综合性能最优的组合方案。这类方法主要有设问探求法、形态分析法。

**1. 设问探求法**

提问能促使人们思考，提出一系列问题更能激发人们在脑海中推敲。大量的思考和系统的检核，有可能产生新的设想或创意。根据这种机理和事实，人们概括出设问探求法，其中5W2H法、七步法、行停法、八步法这4种方法比较著名。

最为实用的5W2H法就是从7个方面去设问，这7个方面的英文第一个字母正好是5个W和2个H，所以称为5W2H法。这7个方面分别为：

① 为什么需要革新（Why）？

② 革新的对象是什么（What）？

③ 从什么地方着手（Where）？

④ 什么人来承担革新任务（Who）？

⑤ 什么时间完成（When）？

⑥ 怎样实施（How）？

⑦ 达到怎样的水平（How Much）？

设问法的种类较多，最有代表性的就是奥斯本的"检核表法"。"检核表法"是针对创造的目标（或需要发明的对象）从多方面用一览表列出一系列思考问题，然后逐个加以讨论、分析和判断，从而获得解决问题的最好方案或设想。一般所说的奥斯本的"检核表法"，多是从以下9个方面提出问题进行检核的。

（1）有无其他用途？现有事物还有没有新的用途？稍加改进能否扩大它的用途？

（2）能否借用别的经验？有无与过去相似的东西？能否进行模仿？

（3）意义、颜色、活动、音响、气味、样式、形状等能否做其他改变？

（4）能否扩大？时间、频度、强度、高度、长度、厚度、附加价值、材料等能否增加？

（5）能否缩小？能否减少？能否分割得更小？能否采取内装？

（6）能否代用？能否用其他材料？能否用其他制造工艺？能否用其他动力？能否用于其他场所？能否用其他方法？

（7）能否重新调整？能否更换条件？能否用其他型号？能否用其他设计方案？能否用其他顺序？能否调整速度？能否调整程序？

（8）能否颠倒过来？能否变换正负、颠倒方位、反向？

（9）混成品、成套东西能否统一协调？单位、部分能否组合？目的、主张、创造设想能否综合？

设问探求法在创造学中被称为"创造技法之母"，因为它适合各种类型和场合的创造性思考。其特点主要基于以下几点原因：① 设问探求是一种强制性思考，有利于突破不愿提问的心理障碍。提出具有创意的新问题，本身就是一种创造，所以其目的性很强。② 设问探求是一种多角度发散性思考，广思之后再深思和精思，是创造性思考的规律。其多向思维角度可以帮助人们拓宽思考，也可以从中挑选一两条集中精力深思。③ 设问探求提供了创造活动最基本的思路。创造思路固然很多，但采用设问探求法这一工具，就可以使创造者尽快地集中精力朝提示的目标和方向思考。

**例 39**：以自行车为创新设计对象，运用设问探求法提出有关自行车的新产品概念。

**解**：运用设问探求法求解自行车的新概念，结果如表 4.1 所示。

表 4.1　自行车创新设计设问探求表

| 序号 | 设问项目 | 新概念名称 | 创意简要说明 |
|---|---|---|---|
| 1 | 有无其他用途 | 多功能保健自行车 | 将自行车改进设计，使之成为组合式多功能家用健身器 |
| 2 | 能否借用 | 自助自行车 | 借用机动车传动原理，使之成为自助车 |
| 3 | 能否改变 | 太空自行车 | 改变自行车的传统形态（可采用椭圆形链轮传动），设计形态特殊的"太空自行车" |
| 4 | 能否扩大 | 新型鞍座 | 扩大自行车鞍座，使之舒适，还可储存物品 |
| 5 | 能否缩小 | 儿童自行车 | 设计各种儿童玩耍的微型自行车 |
| 6 | 能否代用 | 新材料自行车 | 采用新型材料（如复合材料、工程塑料）代替钢材，制作轻便型高强度自行车 |
| 7 | 能否重新调整 | 长度可调自行车 | 设计前后轮距离可调的自行车，缩小占地空间 |
| 8 | 能否颠倒 | 可后退自行车 | 传统自行车只能前进，开发设计可后退的自行车，方便使用 |
| 9 | 能否组合 | 自行车水泵 | 将小型离心泵与自行车组合成自行车水泵，方便农村使用 |
| | | 三轮自行车 | 设计三轮自行车，供两人同乘 |

**2. 形态分析法**

（1）形态分析的特点。

形态分析法是一种系统搜索和程式化求解的创新技法。形态分析是对创造对象进行因素分解和形态综合的过程。在这一过程中，发散思维和收敛思维起着重要的作用。

因素和形态是形态分析中的两个基本概念。所谓因素，是指构成某种事物的特性因子。如工业产品，可以用若干反映产品的特定用途或功能作为基本因素。相应的实现各功能的技术手段称为形态。例如，将"控制时间"作为某产品的一个基本因素，那么"手动控制"、"机械定时器控制"和"计算机控制"等技术手段为相应因素的表现形态。

在创造过程中，应用形态分析法的基本途径是先将创造课题分解为若干相互独立的基本因素，找出实现每个因素要求的所有可能的技术手段（形态），然后加以系统综合得到多种可行解，经筛选评价获得最佳方案。

（2）形态分析法的基本要求与步骤。

形态分析法的基本要求：一是寻求所有可能的解决方案；二是尽可能具有创新性。

形态分析法的基本步骤如下：① 明确研究对象。对于研究对象的性能要求、使用可靠性、成本、寿命、外观、尺寸、产量等必须逐一加以明确。这是寻找方案的出发点。② 分析组成因素。确定研究对象的各种主要因素，如各个部件、成分、过程、状态等，列出研究对象的全部组成因素，且各因素在逻辑上应该是彼此独立的。组成因素的分析过程也是创新思维的过程，不同的人对组成因素的理解及划分是不同的。③ 形态分析。依据研究对象和各因素提出的功能及性能要求，详细列出能满足要求的各种方法和手段（统称为形态），并绘制出相应的形态学矩阵。确定可能存在的、新颖的形态，其中也蕴含着创新。④ 形态组合。按形态学矩阵进行形态排列组合，获得全部的可行组合方案。⑤ 评选出综合性能最优的组合方案。按照研究对象的评价指标体系，采用合适的评价方法，评选出综合性能最优的组合方案。

## 4.2.7 其他创新技法

### 1. 观察与实验法

俄国生物学家巴甫洛夫说："应当先学会观察，不学会观察，你就永远当不了科学家。"观察是人们通过感官或借助仪器，有目的、有计划地考察和探索客观对象的方法和活动。观察方法在科学研究、技术发明与日常生活中有非常重要的作用，它可以用来发现一些新现象或揭示事物的一些新功能。

例40：青霉素的发现。1928 年，英国细菌学家弗莱明偶然发现，在他书桌上的一个培养球菌的容器里，有一小片被一种霉菌污染了，而在霉菌的周围，葡萄球菌没有了。这显示出这种霉菌能分解一种杀死葡萄球菌或抑制其生长的物质。他把这种物质称为青霉素。他把这种霉菌注射到健康的老鼠身上，没有反应。他为此发表了文章，可惜没有追根究底进一步探索这种霉菌能不能杀死老鼠体内的病菌，能不能使生病的老鼠恢复健康。过了好多年，英国病理学家佛罗里和德国化学家钱恩发现了被埋没了的弗莱明的文献，进一步做了实验研究，才肯定了青霉素的医疗价值。从 20 世纪 40 年代初起，青霉素挽救了千百万人的生命，被列为 20 世纪的 12 个最有影响的发明之一。

例41：微生物的发现。1675 年的一天，天上下着蒙蒙细雨，荷兰生物学家列文胡克在显微镜下观察了很长一段时间，眼睛累得酸痛，便走到屋檐下休息。他看着淅淅沥沥下个不停的雨，思考着刚才观察的结果，突然想起一个问题：在这清洁透明的雨水里，会不会有什么东西呢？于是，他拿起滴管取来一些水，放在显微镜下观察。没想到，竟有许许多多的"小动物"在显微镜下游动。他高兴极了，但他并不轻信刚才看到的结果，又在露天下接了几次雨水，却没有发现"小动物"。几天后，他又接了点雨水观察，依然发现了许多"小动物"。最后，他又发现"小动物"在地上有，空气里也有，到处都有。只是不同的地方"小动物"的形状和活动方式不同而已罢了。列文胡克发现的这些"小动物"就是微生物。这一发现，打开了自然界的一扇神秘的窗户，揭示了生命的新篇章。列文胡克正是通过观察与实验而获得了这一发现。

上面两个例子显示了科学观察方法的两个基本特征。首先，科学观察是一种以获取经验性知识为目的的感性认识活动。观察是通过人的感觉器官（视觉、听觉、味觉、嗅觉、触觉）来进行的，它的结果是获得反映事物外部特征的经验性知识。其次，科学观察是有目的有计划的认识活动。科学观察之所以不同于日常生活中的普通观察，就在于它是积极主动地探索自然现象的活动，而不是消极被动的过程。正是这个特点使得人们在观察中能够发现新的东西。科学史上，李时珍为了撰写《本草纲目》曾经到崇山峻岭之中去实地采药并仔细观察，由此发现了许多中草药；竺可桢发现我国五千年来的气候变化规律等都是借助于观察方法而取得的。

科学观察可以分为直接观察和间接观察两种。直接观察是直接通过感官考察对象的方法，由于人的感官范围的限制，直接观察有很大的局限性，而且可能形成错觉。间接观察是借助仪器观察对象的方法。随着人类对自然界认识范围的不断扩大，人们发明了望远镜和显微镜等观察仪器，从而延长和扩大了感官观察的范围，使人们观察到用肉眼无法观察到的自然客体和对象。科学史上，伽利略发现太阳黑子、月球上的山谷和木星的卫星都得益于他自制的望远镜。巴甫洛夫说过"观察是收集自然现象所提供的东西，而实验是从自然现象中提取它所愿望的东西。"因此,可以说,观察是科学之父,实验是科学之母。

**例 42**:18 世纪,拉瓦锡把金刚石锻烧成 $CO_2$ 的实验,证明了金刚石的成分是碳。1799 年,摩尔沃成功地把金刚石转化为石墨。金刚石既然能够转变为石墨,用对比联想来考虑,石墨能不能转变成金刚石呢?后来人们通过实验,终于用石墨制成了金刚石。

实验方法在科学发现和技术发明中具有十分重要的意义,近代科学技术就是随着实验方法的产生而发展起来的。实验可以分成直接实验和模拟实验两种基本类型。

直接实验是指将实验手段直接作用于研究对象的实验。实验中只涉及实验者、实验手段与实验对象三者之间的关系。血液循环就是英国著名医生哈维运用直接实验方法发现的。哈维通过用绳子结扎动物血管的实验发现,动脉的血是从心脏流出来的,而静脉的血是流入心脏的,从而发现了血液循环现象及其与心脏的关系。

模拟实验是指通过与原型相似的模拟对象(称之为模型)间接考察研究对象的实验。实验中涉及实验者、实验工具、实验模型和客观原型四者之间的关系。在科学研究中,有时受客观条件限制不能对某些研究对象直接进行实验,这时往往需要借助于模拟实验。

实验方法对于科学发现、技术发明以及日常生活的特殊作用主要表现在 3 个方面。

第一,实验方法可以纯化和简化研究对象。例如,1957 年,物理学家吴健雄为了检验李政道、杨振宁提出的基本粒子在弱相互作用下"宇称不守恒"假说,用放射性钴-60 做了实验。她把钴-60 冷却到 0.01 K,从而排除了钴核热运动这一因素的干扰,使钴原子核在 $\beta$ 衰变中上下不对称的现象显示出来,成功地证实了弱相互作用下宇称是不守恒的。

第二,实验方法可以强化和激化研究对象。例如,在常温下地球表面的大气压力只有 1 个大气压。即使在世界上最深的马里亚纳海沟中,其深达 1 万米的海底也仅为 1 000 个大气压。而目前在实验中已可使静态高压达到 200 万~300 万个大气压,动态高压可达到 1 000 万个大气压。超高压能使得物质的性质发生突变,如使松软的石墨变成坚硬的金刚石,使不导电的黄磷变成导电的黑磷,可以造出烫手的冰块,等等。

第三,实验方法可以模拟或重演自然过程。1953 年,美国科学家米勒在研究生命起源时,成功地设计了一个有关地球原始大气及闪电的模拟实验。他用甲烷、氨、氢和水蒸气混合成一种与原始大气基本相似的气体,把它放进真空的玻璃仪器中,并施以电火花,以模拟原始大气层的闪电。结果只用了一个星期,便在其中得到了甘氨酸、丙氨酸、谷氨酸、天门冬氨酸 4 种构成蛋白质的重要氨基酸,重演了原始地球从无机物向有机物演化的过程,为生命起源于化学途径的假说提供了证据。

**2. 逆向异想法**

这种方法是指运用逆向思维来构思发明创新,设计出新产品或发明出新方法。其主要运用了逆反创新原理。逆向异想法主要有三大类型:

(1)反转型逆向思维法。这种方法是指从已知事物的相反方向进行思考,产生发明构思的途径。"事物的相反方向"可以从事物的功能、结构、因果关系等方面做反向思维。例如,市场上出售的无烟煎鱼锅就是把原有煎鱼锅的热源由锅的下面安装到锅的上面。这就是利用逆向思维对结构进行反转型思考的产物。

(2)转换型逆向思维法。这是指在研究某一问题时,由于解决这一问题的手段受阻,而转换成另一种手段,或转换思考角度,以使问题得以顺利解决的思维方法。如历史上被传为佳话的司马光砸缸救落水儿童的故事，实质上就是一个用转换型逆向思维法的例子。

（3）缺点逆用思维法。这是一种利用事物的缺点，将缺点变为可利用的东西，化被动为主动，化不利为有利的思维发明方法。这种方法并不以克服事物的缺点为目的，相反，它是将缺点化弊为利，从而找到解决问题的方法。例如，金属腐蚀是一种坏事，但人们利用金属腐蚀原理进行金属粉末的生产，或进行电镀等其他用途，就是缺点逆用思维法的一种有利应用。

例43：洗衣机中脱水缸的转轴设计是一个通过逆向思维而创造发明的典型例子。在设计初期，为了解决脱水缸的颤抖和由此产生的噪声问题，工程技术人员想了许多办法，如先加粗转轴，无效；后加硬转轴，仍然无效；最后，他们用软轴代替硬轴，人们用手轻轻一推脱水缸的转轴，脱水缸就会发生倾斜，在高速旋转时转轴却非常平稳，脱水效果很好。采用"软"代替"硬"这种逆向思维，成功地解决了脱水缸颤抖和噪声两大问题。

例44：传统的破冰船，都是依靠自身的重量来压碎冰块的，因此，其头部都采用高硬度材料制成，而且设计得十分笨重，转向非常不灵活，所以这种破冰船遇到侧向水流很不方便。苏联科学家运用逆向思维，变向下压冰为向上推冰，即让破冰船潜入水下，依靠浮力从冰下向上破冰。新的破冰船设计得非常灵巧，不仅节约了许多原材料，而且不需要很大的动力，自身的安全性也大为提高。遇到较坚厚的冰层，破冰船就像海豚那样上下起伏前进，破冰效果非常好。这种破冰船被誉为"20世纪最有前途的破冰船"。

例45：为了节约资源，日本理光公司的科学家通过逆向思维，发明了一种"反复印机"，已复印过的纸张通过它以后，上面的图文会消失，重新还原成一张白纸。这样一来，一张白纸可以重复使用许多次，节约了能源。

### 3. 巧用专利文献法

巧用专利文献是指利用专利文献引发创新构思的一种创新技法。利用专利文献具有重要的意义。首先，专利文献是人们发明创造的重要信息来源，只有站得高，才可以看得远；其次，对专利文献的查阅可以避免重复，少走弯路。

例46：美国一位在钢铁厂工作的化学家，曾经耗资5万美元完成了一项技术改进，结果图书馆的工作人员告诉他，馆内收藏了一份德国早年的专利说明书，只需3美元复印费便可将其全部问题解决。仅仅因为没有利用好已有的科技情报，而造成项目重复建设的巨大损失。

利用专利文献法进行创新的途径主要有3个：

（1）引申，即通过对专利文献的调查和研究，在某一专利文献的基础上或受到某一专利文献的启发，提出或引发新的创新设想。

（2）综合，即在对专利文献调查研究的基础上，通过对几种专利成果的综合而产生新的创造。

（3）寻隙，即在对专利文献的调查研究中，通过发现被人忽视的专利空隙来形成技术创新的目标或设想。

对于从事设计的人员来说，一是可以利用专利文献来进行发明创造；二是要学会利用专利文献来解决设计中的实际问题。

# 习　题

1. 智力激励法的基本原理是什么？

2. 脱水机主要根据什么创新原理设计而来？机电一体化产品的创新原理又有哪些？

3. 新型无扇叶风扇的设计主要运用了什么创新原理？此产品可以用于哪些领域？

4. 举例说明什么是联想创新。

5. 美国人卡尔森发明的完全干式照相复印技术主要采用了什么技术？运用了什么创新技法？

6. 根据表 4.1，运用奥斯本核检表法，对除尘器进行分析并提出解决方案，填入表 4.2 中。

表 4.2　除尘器创新设计设问探求表

| 序号 | 核检项目 | 发散设想 | 初选方案 |
|------|----------|----------|----------|
| 1 | 能否它用 | | |
| 2 | 能否借用 | | |
| 3 | 能否变化 | | |
| 4 | 能否缩小 | | |
| 5 | 能否扩大 | | |
| 6 | 能否代用 | | |
| 7 | 能否调整 | | |
| 8 | 能否颠倒 | | |
| 9 | 能否组合 | | |

7.《战国策》中记录了这样一个故事：齐使者如梁，孙膑以刑徒阴见，说齐使。齐使以为奇，窃载与之齐。齐将田忌善而客待之。忌数与齐诸公子驰逐重射。孙子见其马足不甚相远，马有上、中、下辈。于是孙子谓田忌曰："君弟重射，臣能令君胜。"田忌信然之，与王及诸公子逐射千金。及临质，孙子曰："今以君之下驷彼上驷，取君上驷与彼中驷，取君中驷与彼下驷。"既驰三辈毕，而田忌一不胜而再胜，卒得王千金。于是忌进孙子于威王。威王问兵法，遂以为师。

试用组合法分析这一案例，并指出故事主人公采用了何种组合技法赢得胜利。

8. 在四面墙壁中，砌入一根塑料长管。两个管头都在墙外，管径 25 mm，这样的管子有 3 次呈 90°弯曲。试用联想创新法把一根软电线从这根塑料管子的一头穿进去，从另一头穿出来。

# 5 原理方案设计

产品开发一般要经过产品规划、方案设计、技术设计、施工设计等几个阶段。其中，方案设计是机械创新设计、机械系统设计的核心环节，对产品的结构、工艺、成本、性能和使用维护等都有很大影响，是关系产品水平和竞争能力的关键环节。原理方案的创新设计在方案设计中有着举足轻重的意义。

原理方案是指针对机械产品的主要功能所提出的原理性构思，即实现机械产品功能的原理设计。这一过程是创造性思维的过程，要针对产品的主要功能，探索解决问题的物理效应和工作原理，并用机构运动简图、液压图、电路图等示意图表达构思的内容。

原理方案设计过程是一个动态优化过程，需要不断补充和更新信息，因此，它也是一个反复修改的过程。必要时，原理方案设计阶段也可以安排模型和样机试验。原理方案的设计是发散-收敛的过程，是从功能分析入手，通过创新构思探求多种方案，然后进行技术经济评价，经优化筛选，求得最佳原理方案。这一过程可以按照功能分析设计方法进行。

## 5.1 功能分析设计方法

功能分析是原理方案设计的出发点，是产品设计的第一道工序。机械产品的常规设计是从结构件开始，而功能分析是从对机械结构的思考转为对它的功能进行思考，从而做到不受现有结构的束缚，以便形成新的设计构思，提出创造性方案。功能分析设计方法的基本思想是，先避开具体的结构方案，将设计任务及要求抽象为功能，通过功能分解、分功能求解、功能解组合、方案评价等设计步骤求得最佳设计结果，其基本设计步骤和各阶段应用的主要方法如图 5.1 所示。

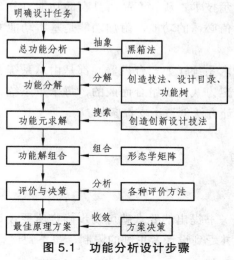

图 5.1 功能分析设计步骤

## 5.1.1 功能概念

进行功能分析设计方法，首先应对"功能"及其相关概念有一定的认识。

### 1. 需 求

需求是人类在生产生活中的物质或精神需要。人们都知道的需求是显性需求，而人们还没有意识到，但客观上已经存在的需求则是隐形需求。隐形需求的发现与实现，往往会为产品设计提供一个新的空间。

机械产品的设计是根据用户的客观需求，借助已掌握的科技知识，通过设计者创造性的思维活动，经过反复判断决策，做出具有特定功能的机械产品的工作。需求是产品设计的基础，如果离开了需求，设计就毫无意义。所以，需求的发现与满足，既是产品设计的起点，也是产品设计的终点。

原理方案设计是对产品成败起决定性作用的工作。一个好的功能原理设计应该既有创新构思，又应同时考虑其市场竞争潜力，要么满足市场需要，要么开拓市场需求，这样的功能原理设计才是有意义的。

### 2. 产品功能

19 世纪 40 年代，美国通用电气公司的工程师麦尔斯（Miles）在他的《价值工程》（Value Engineering）一书中，首先提出功能（Function）的概念，并把它作为价值工程研究的核心问题。他认为，顾客购买的不是产品本身，而是产品的功能。

20 世纪 60 年代，"功能"的概念被明确地用作设计学的一个基本概念。在设计科学的研究过程中，人们也逐渐认识到产品机构或结构的设计往往首先由工作原理确定，而工作原理构思的关键是满足产品的功能要求。

功能是产品或技术系统特定工作能力抽象化的描述。它与产品的用途、能力、性能等概念不尽相同。例如，钢笔的用途是写字，而其功能是"储存输送墨水"；电动机的用途是作原动机，具体用途可能是驱动水泵、机床或搅拌机，但反映其特定工作能力的功能是能量转化，即电能转化为机械能；减速器的功能是传递转矩，变换转速等。所以，功能揭示物理等自然科学实质，功用、用途等揭示技术本质。产品所具有的功能可分为基本功能和附加功能两部分，基本功能是体现产品价值必需的功能，附加功能是基本功能的延伸与补充，可体现产品的独特性。

具有确定功能的任何技术系统（如一台机器）都是由总系统、分系统、子系统、零件、部件、机构装置等，通过一定方式有机组合而成的，每个子系统、零件、部件都有自身承担的任务，这就为功能分析设计方法创造了支撑条件。

## 5.1.2 确定产品功能

### 1. 设计任务抽象化

一般来说，根据设计任务书提出的要求就可初步确定所要设计产品应具有的功能，但这样只看到问题的表面现象，并受到设计者思维的限制，得不到理想的设计方案。

　　认识事物的关键是透过现象看本质，本质抓住了，就会有许多解决问题的途径和办法。设计任务抽象化就是对设计任务进行由外向内、由表及里的分析与抽象，找出设计问题的主要矛盾和核心。例如，设计一辆自行车，可能立刻想到"由前、后两轮组成，由脚踏链条传动"，深入分析后得知，最基本的要求是"以人为动力的运输工具"，按此进行"抽象化"后便会产生各式各样的设计方案。再如，水果削皮问题，现象是削皮，那只能用刀具来完成，实质是"果皮与果肉分离"问题，那么，除了用刀具这种机械方法外，也可以采用溶解果皮的化学方法等。

　　因此，要从自然科学原理出发，抽象出问题的本质，并准确、简洁地描述功能，抓住其本质，避免带有倾向性的提法，这样能避免方案构思时形成种种框框，使思路更为开阔；同时，产品功能定义要求以事实为依据，尽量全面、细致、简洁、准确，既要考虑到实现产品功能的现实制约条件，也要适当抽象或者定量化表达其功能。

　　设计任务抽象化有助于激发设计者摆脱具体的东西，而在更为广阔的设计领域中寻求更多、更新、更好的设计方案，这在开发原创技术系统或产品创新设计中尤为重要。设计任务抽象化的最终目的是明确设计对象的功能和约束条件。

**2．黑箱法**

　　关于功能的概念也可以这样定义：功能是能量、物质、信息在载体（物体）之间的合理流动，能量、物质和信息流入载体，使得物体的状态（形态、性态）发生改变后，再从载体中流出。在这里，我们所看到的是能量、物质和信息的流入、流出及变化，而物体是如何变化的，事前是未知的，犹如不透明、不知内部结构的"黑箱"。用"黑箱法"描述技术系统的功能如图 5.2 所示。

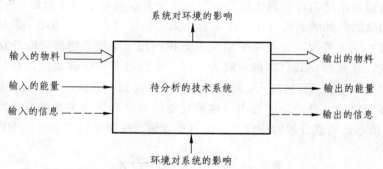

**图 5.2　用"黑箱法"描述技术系统的功能**

　　对于要解决的技术问题，利用对未知系统的外部观测，分析比较系统输入输出的能量、物料和信号的转换关系，确定系统的功能、特性，进一步寻求能实现该功能、特性所需具备的工作原理与内部结构，这种方法称为黑箱法。黑箱法要求设计者不要从产品结构着手，而应从系统的功能出发设计产品，这是一种设计方法的转变。黑箱法有利于抓住问题本质、扩大思路、摆脱传统结构的旧框框，获得新颖的较高水平的设计方案。

　　图 5.3 为金属切削机床的黑箱图，系统两边输入和输出都有能量、物料和信号 3 种形式，图下方表示周围环境（灰尘、温度、湿度、地基震动）对机床工作的干扰，图上方表示机床工作时，对周围环境的影响，有散热、振动、噪声等。通过输入输出的转换，得到机床的总功能是将毛坯加工成所需零件。

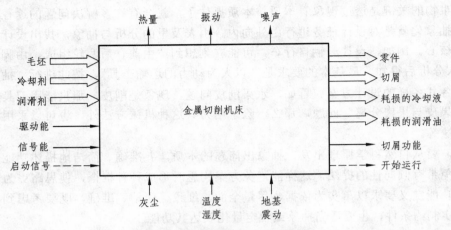

图 5.3　金属切削机床的黑箱图

　　运用黑箱法时，头脑中要想象"黑箱"的存在，然后抽象其功能，再求解，这有利于拓展设计思路，求得多种设计方案，特别适宜于解决全新创新设计问题。

## 5.1.3　功能分解

　　确定了总功能后，就可寻求功能解，即实现功能的技术物理效应及功能载体。但一般情况下，设计系统都比较复杂，难以直接求得满足总功能的解决方案，即便可以求得，也可能难以实现，或者造成后续设计的结构方案过于复杂，带来一系列其他问题。

　　系统分析法根据系统的可分解性把系统的总功能分解成复杂程度较低、较简单的分功能，通过找出各分功能的解和解的组合即可探求整个系统的原理方案解。那么，总功能如何分解？分解到何种程度？这主要取决于在哪个层次上能找到相应的技术物理效应及功能载体。对于复杂的技术系统，往往要将其总功能分解为一级、二级等若干级分功能，有的需要分解到最后不能再分解的基本单位——功能元。同级分功能组合起来应能满足上一级分功能的要求，最后组合成的整体应能满足总功能的要求，这种功能的分解和组合关系称为功能结构。功能结构分解如图 5.4 所示。功能分解时应注意：能量要守恒，按照逻辑或者时间顺序分解，排除系统外的功能。

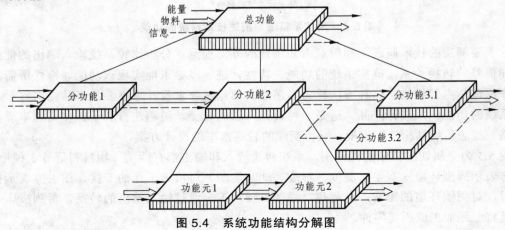

图 5.4　系统功能结构分解图

### 1. 功能元

功能元是功能的基本单位，也是最小单元，表示某功能最末端的功能结构。在机械设计中常用的基本功能元有：物理功能元、数学功能元、逻辑功能元。

物理功能元反映系统中能量、物料、信号变化的物理基本动作，有变换、缩放、联接分离、传导、离合、储存 6 类。

功能元"变换"包括各种类型能量或信号形式的转变、运动形式的转变、材料性质的转变、物态的转变及信号种类的转变等。

功能元"缩放"是指各种能量、信号向量（力、速度等）或物理量的放大及缩小，以及物料性质的缩放（压敏材料电阻随外压力的变化）。

功能元"联接"、"分离"包括能量、物料、信号、同质或不同质数量上的结合和分离。除物料之间的合并、分离外，流体与能量结合成压力流体（泵）的功能也属此范围。

功能元"传导"和"离合"反映能量、物料、信号的位置变化。传导包括单向传导、变向传导；离合包括离合器、开关、阀门等。

功能元"储存"体现一定时间范围内对能量、物料、信号保存的功能。如飞轮、弹簧、电池、电容器等，反映能量的储存；录音带与磁鼓反映声音、信号的储存。

数学功能元反映数学的基本动作，如加和减、乘和除、乘方和开方、积分和微分。数学功能元主要用于机械式的加减机构和除法机构，如差动轮系、机械台式计算机、求积仪等。

逻辑功能元包括"与"、"或"、"非"3 种逻辑关系，主要用于控制功能。

### 2. 功能结构

常用功能结构的基本组合方式有串联、并联和环形 3 种，依此组合关系绘制的图形称为功能结构图，也称为功能树。功能树既显示各功能元、分功能与总功能之间的关系，又可通过各功能元解的有机组合求总功能，同时又为后续的工艺方案设计创造了条件和依据。功能结构类似电气系统线路图，分功能的关系也可以用图来描述，表达分功能关系的图为功能结构图。功能结构图的建立是结合初步的工作原理或简单的构形设想进行的。

（1）3 种基本结构形式，如图 5.5 所示。

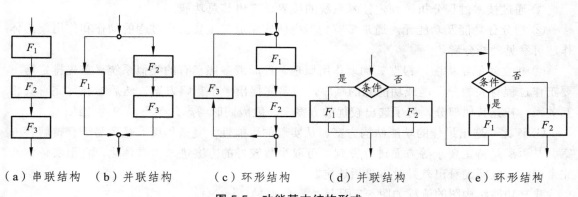

（a）串联结构　　（b）并联结构　　（c）环形结构　　（d）并联结构　　（e）环形结构

**图 5.5　功能基本结构形式**

① 串联结构，又称顺序结构，它反映了分功能之间的因果关系或时间、空间顺序关系，其基本形式如图 5.5（a）所示，$F_1$、$F_2$、$F_3$ 为分功能，如虎钳的施力与夹紧两个分功能就是串联关系。

② 并联结构，又称选择结构，几个分功能作为手段共同完成一个目的，或同时完成某些分功能后才能继续执行下一个分功能，则这几个分功能处于并联关系，其一般形式如图 5.5（b）所示，如车床需要工件与刀具共同运动来完成加工物料的功能，如图 5.6 所示。

**图 5.6　车床部分功能结构图**

当按逻辑条件考虑分功能关系时，如果它们处于图 5.5（d）所示的选择关系，执行分功能 $F_1$ 还是 $F_2$ 取决于是否满足特定条件。这种选择结构在机械设计中常常遇见，如安全离合器的"离"与"合"取决于传递载荷的数值。

③ 环形结构，又称循环结构，输出反馈为输入的结构为循环结构，如图 5.5（c）所示。按逻辑条件分析，满足一定条件而循环进行的结构如图 5.5（e）所示。

（2）建立功能结构图的要求。

功能结构图的建立是使技术系统从抽象走向具体的重要环节之一。建立功能结构图时应注意以下要求：① 体现功能元或分功能之间的顺序关系。这是功能结构图与功能分解图之间的重要区别。② 各分功能或功能元的划分及其排列要有一定的理论依据（物理作用原理）或经验支持，以确保分功能或功能元有明确解答。③ 不能漏掉必要的分功能或功能元。要保证得到预期的结果。④ 尽可能简单明了，便于实体解答方案的求取。

（3）功能结构图的变化。

实现同一总功能的功能结构有多种，改变功能结构常可开发出新的产品。改变的途径有：① 功能的进一步分解或重新组合。② 顺序的改变。如能量进入系统以后，其转换与传递顺序不同，实体解答方案也将不同。③ 分功能联接形式改变。④ 系统边界的改变。必要时可扩大或缩小系统的功能，以求得更合理的解答方案。提高系统机械化、自动化程度是其重要方面。

（4）建立功能结构图的步骤。

① 通过技术过程分析，划定技术系统的边界，定出其总功能。

② 划分分功能及功能元。通常多首先考虑所应完成的主要工作过程的动作和作用，具体作法可参见功能分解。

③ 建立功能结构图，根据其物理作用原理、经验或参照已有的类似系统，首先排定与主要工作过程有关的分功能或功能元的顺序，通常先提出一个粗略方案，然后检验并完善其相互关系，补充其他部分。为了选出较优的方案，一般应同时考虑几个不同的功能结构。

④ 评比，选出最佳的功能结构方案。从实现的可能性、复杂程度、是否易于获得解答方案、是否满足特定要求等方面进行评判，可取少数较好的方案进一步具体化，直至实体解答完全确定，能明确看出差异时再最后选定。

建立功能结构图的流程如图 5.7 所示。

**例 1**：食盐包装机的功能分析与分解过程，其总功能是定量包装。若采用卷纸带，则总功能可分解为取出（分离）食盐、供袋（卷纸袋）、定量（称重）、装袋。若此时能找到各分功能的实现方法，则可不必再分解；若找不到，则需要进一步分解。例如，没有纸袋就没法供袋，所以供袋过程可分解为送纸、切纸、制袋，装袋过程也可分解为送盐、送袋、将盐装入袋、封口、输出袋等。依次分解，即可绘出食盐包装机的功能树，如图 5.8 所示。

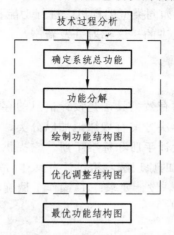

图 5.7　建立功能结构的流程

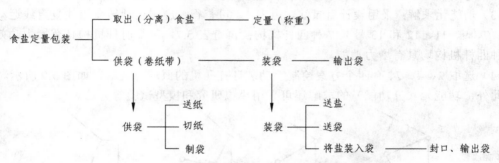

图 5.8　食盐包装机的功能结构图

## 5.1.4　功能元（分功能）求解

通过前面进行的各个工作步骤，已经弄清机械系统的总功能、分功能、功能元之间的关系。这种功能关系说明系统的输入和输出以及内部的转换。那么怎样才能实现这些功能呢？这就是分功能或功能元的求解问题。分功能求解是方案设计中重要的发散、搜索阶段，它就是要寻求实现分功能的技术实体——功能载体。

现在的任务是，寻找实现各个分功能的物理作用，就是求得功能元的原理解。下面介绍几种求解方法。

### 1. 直觉法

直觉法是设计者凭借个人的智慧、经验和创造能力，包括采用前面论述的几种创造性思维方法，充分调动设计者的灵感思维，来寻求各种分功能的原理解。

### 2. 调查分析法

设计者要了解当前国内外技术发展状况，查阅大量文献资料，包括专业书刊、专利资料、学术报告、研究论文等，掌握多种专业门类的最新研究成果。这是解决设计问题的重要源泉。

我们的知识来源于大自然，设计者有意识地研究大自然的形状、结构变化过程，对动植物生态特点深入研究，必将得到更多的启示，诱发出更多新的、可应用的功能解或技术方案。

调查分析已有的机械产品，如同类型的样机，进行功能和结构分析，哪些是先进可靠的；哪些是陈旧落后的、需要更新改进的，这都对开发新产品，构思新方案，寻找功能原理解法大有益处。

### 3. 设计目录法

设计目录是设计工作的一种有效工具，是设计信息的存储器、知识库。它以清晰的表格形式把设计过程中所需的大量解决方案有规律地加以分类、排列、储存，便于设计者查找和调用。设计目录不同于传统的设计手册和标准手册，它提供给设计者的不是零件的设计计算方法，而是提供分功能或功能元的原理解，给设计者具体启发，帮助设计者具体构思。

**例2**：设计手动装订打孔机。设计要求：① 操作手柄旋转运动；② 打孔针作直线往复运动；③ 杆件数目为4个；④ 省力。

**解**：（1）确定总功能：打孔。

（2）总功能分解：输入旋转运动转换为输出直线运动；力增大。

（3）功能元求解：采用设计目录法，由表5.1可查得：旋转运动转变为往复直线运动的有2、4、7、9、11、12和13号共7种四杆机构；再查表5.7，可知肘杆机构具有增力功效，即这7种四杆机构均具有增力功能。

（4）选取2、4、7、9四个方案绘制手动装订打孔机的原理方案解，如图5.9所示。

此外，功能元（分功能）的求解还可采用模拟研究和模型试验等方法。

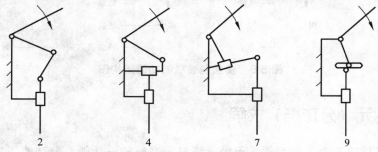

**图 5.9　手动订书打孔机的原理方案解**

**表 5.1　四杆机构运动转换解法目录**

| 四杆机构图 | | 运动副转换 | | | 四杆机构图 | | 运动副转换 | | |
|---|---|---|---|---|---|---|---|---|---|
| | | 旋转/旋转 | 旋转/平移 | 平移/平移 | | | 旋转/旋转 | 旋转/平移 | 平移/平移 |
| 1 | | ○ | ⊗ | ⊗ | 4 | | ⊗ | ○ | ⊗ |
| 2 | | ⊗ | ○ | ⊗ | 5 | | ⊗ | ⊗ | ○ |
| 3 | | ○ | ⊗ | ⊗ | 6 | | ○ | ⊗ | ⊗ |

续表 5.1

| 四杆机构图 | 运动副转换 旋转/旋转 | 运动副转换 旋转/平移 | 运动副转换 平移/平移 | 四杆机构图 | 运动副转换 旋转/旋转 | 运动副转换 旋转/平移 | 运动副转换 平移/平移 |
|---|---|---|---|---|---|---|---|
| 7 | ⊗ | ○ | ⊗ | 12 | ⊗ | ○ | ○ |
| 8 | ○ | ⊗ | ⊗ | 13 | ○ | ⊗ | ⊗ |
| 9 | ⊗ | ○ | ⊗ | 14 | ⊗ | ⊗ | ○ |
| 10 | ⊗ | ⊗ | ○ | 15 | ⊗ | ⊗ | ○ |
| 11 | ○ | ○ | ⊗ | 16 | ⊗ | ⊗ | ⊗ |

注：○行；⊗不行；▭移动副；◁回转副；滑动框轴，高副。

## 5.1.5　确定设计方案

确定设计方案是把分功能解法合成一个整体以实现总功能的过程。

### 1. 形态学矩阵

形态综合法建立在形态学矩阵的基础上，通过系统的分解和组合寻找各种答案。形态学（Morphology）是 19 世纪美国加州理工学院 F.兹维奇教授（Fritz Zwicky）从希腊词根发展创造出来的词，是用集合代数的表达方法描述系统形态和分类问题的学科。

形态学矩阵是一种系统搜索和程序化求解分功能组合的求解方法。因素和形态是形态学矩阵中的两个基本概念，因素是指构成机械产品总功能的各个分功能，而相应的实现各分功能的执行机构和技术手段，则称之为形态。

形态学矩阵是表达前面各步工作成果的一种较为清晰的形式。它采用矩阵的形式（见表 5.2），第一列 $A$、$B$、$\cdots$、$N$ 为分功能，对应每个分功能的横行为其解答，如 $A_1$、$A_2$、$A_3$。在每个分功能解中挑选一个解，经过组合可以形成一个包括全部分功能的整体方案，如 $A_2—B_3\cdots N_2$，$A_1—B_2\cdots N_1$ 等。

表 5.2　形态学矩阵

| 分功能 ＼ 载体功能 | 1 | 2 | 3 | 4 | 5 |
|---|---|---|---|---|---|
| $A$ | $A_1$ | $A_2$ | $A_3$ | | |
| $B$ | $B_1$ | $B_2$ | $B_3$ | $B_4$ | $B_5$ |
| $\cdots$ | $\cdots$ | | | | |
| $N$ | $N_1$ | $N_2$ | $\cdots$ | | |

表 5.3 是一个液墨书写器形态学矩阵的例子。

**表 5.3　液墨书写器形态学矩阵**

| 分功能＼功能载体 | 1 | 2 | 3 | 4 |
|---|---|---|---|---|
| A 墨库 | 刚性管 | 可折叠笔 | 纤维物质 | — |
| B 装填机构 | 真空式 | 毛细作用 | 可更换的储液器 | 墨液注入储液器 |
| C 输出墨液 | 裂缝笔尖 | 圆珠黏性墨 | 纤维物质笔尖 | — |

### 2. 功能载体的组合

在功能分析阶段，确定产品的分功能；通过分功能求解，经选择与变异，得到一些分功能载体的备选方案；在变体分析中，对主要分功能解的发展有了较清楚的认识，各备选方案在机构、产品发展演化中的地位有了大致的了解；在这些工作的基础上，把分功能解加以组合寻求整体方案最优。

从理论上说，可以组成整体方案的数量，为各行解法个数的连乘积。

在建立形态学矩阵时，功能解法应尽可能多列些，但在组合时应先舍弃一些明显不合理或意义不大的方案，把精力集中在比较合理可行的组合上，并从物理学原理的相容性、技术的可行性、先进性、经济性，动力性能的匹配，机械运动性能、尺寸的宜人性等方面对这些组合方案进行复核、检验、评审，从中选择少数较优候选方案。

如果形态学矩阵组成的方案数目过大，难以进行评选。一般通过以下要点组成少数几个整体方案供评价决策使用，以便确定 1～2 个进一步设计的方案。

① 相容性。功能结构中的能量流、物料流、信息流可以不受干扰地连续通过，功能元的原理方案在几何学、运动学上没有矛盾，就称为相容。分功能解之间必须相容，否则不能组合，如往复式油泵与转动的链传动是不能直接耦合的，微波与金属是不相容的。表 5.3 中的圆珠黏性墨书写器（$C_2$）同毛细作用（$B_2$）在输送墨水上是不相容的，因为黏滞力的作用会阻碍产生毛细作用的表面张力，使表面张力失效而不能产生任何有效的墨流量。此外，$A_1-B_2-C_2$、$A_1-B_4-C_2$ 也都是不相容的。

② 优先选用主要分功能的较优解，由该解出发，选择与它相容的其他分功能解。

③ 剔除对设计要求、约束条件不满足，或不令人满意的解，如成本偏高、效率低、污染严重、不安全、加工困难等。

对于复杂机械，如果采用一个形态学矩阵表示整个系统的功能解，则该矩阵会过于庞大，难以组合。此时，可先建立各分功能的形态学矩阵，分别考虑局部的设计方案，然后再综合为整体方案。

从大量可能方案中选定少数方案作进一步设计时，设计人员的实际经验将起重要作用，因此，要特别注意防止只按常规与旧框框设计，要处理好"继承与创新"这一对矛盾。

## 5.1.6　原理方案的实施过程设计

确定原理设计方案后，只是得到了所设计问题的功能解，这些功能解应按照怎样的程序及其顺序进行实施呢？例如，水果削皮问题，可以先把水果夹持住再用刀切削，也可以边夹持边切削，可以使水果保持不动让刀运动切削，也可以让刀不动使水果运动实现切削。显然，采用不同的原理方案实施过程，得到的最终结果可能无差异，但作用过程千差万别，会影响产品的加工质量、生产率、成本、劳动条件等。

由于一项功能往往不是一步或一次作用就能实现的，而是分步按照一定的顺序依次逐步实现的，所以对于具有多项功能的设计问题，更需要合理安排原理方案的实施过程。我们把功能解实施的程序及顺序称为实施功能解的技术过程或路线，简称为技术路线或工艺路线。

技术路线设计主要是解决各个分功能解的排列与组合的方式以及顺序。设计的基本依据是原理方案设计中确定的功能结构关系。当然，有些功能结构是唯一的、固定的、不可变更的。例如，机床加工零件只能先粗加工再精加工才能保证零件的表面粗糙度；产品多层包装只能由内向外一层一层进行。实现这种功能结构的技术路线是唯一的，只能严格按照功能结构关系设计方案。而生产中多数功能结构是松散的、可变的，某个功能解既可提前实施，也可推后进行。例如，盘类零件（法兰、轴承盖等）可以先加工两个平面再加工外圆、内圆；反之亦可，这就为技术路线设计提供了条件。

为了简化技术路线，应做好以下几项工作。

（1）合理选择原材料及毛坯状态，并提高产品结构的工艺性。合理选择原材料及毛坯状态（如尺寸、形状、精度等）可以简化实施路线。例如，在产品包装中，采用卷筒纸边包装边裁剪比采用单张纸包装简化了包装动作，提高了效率。

产品结构的工艺性好有利于简化工艺方案，必要时还可增设工艺结构（如工艺凸台、工艺孔）、标记（送料、识别、定位）等来保证工艺过程的实施。

（2）适当、合理的功能分解。功能分解得越细，就越容易找到相应的功能解，但这些功能解实施起来比较麻烦。所以找到功能解后，应进行适当、合理的简化、合并和集中。

例如，根据工序集中原则设计的组合机床、数控铣镗床、加工中心等，可把工件一次定位装夹在加工工位上，采用多刀、多面同时完成多个加工面的一次加工。这样可以减少中间辅助环节，使执行上述动作的机构得以简化和减少，以提高生产率，保证加工精度及质量，减少机床台数，节省生产面积。

（3）避免交叉、复杂的功能结构。功能结构图越复杂，实施起来就越困难。

技术路线可用技术路线图来表示。图 5.10 为链条装配工艺路线图。

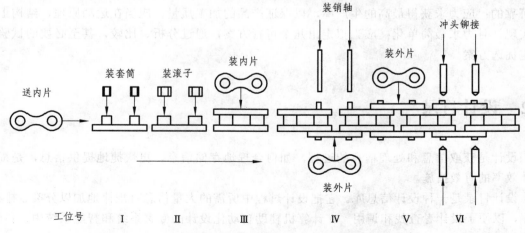

图 5.10　链条装配工艺路线图

装配过程共分 6 步（工位）。首先把一个内片送上工位 I，在此工位将两个套筒同步由上向下压入内片内孔；进入工位 II，将两个滚子套在套筒上；在工位 III，压套上另一个内片；在工位 IV，将两节由内片、套筒、滚子组成的链条对正，由下向上送一个外片，由上向下将两个销轴穿过套筒内孔而压入外片内孔；在工位 V，将另一个外片压套在销轴上；在工位 VI，用 4 个冲头同步将销轴与 2 个外片铆接，依次连续自动完成装配任务。由图 5.10 可知如下内容：一节链条是由 2 个销轴、2 个套筒、2 个滚子、2 个内片和 2 个外片共 10 个零件组成的；工艺过程的工位数目；在各工位装入零件的名称、数量和位置；装配的工艺方法、方式；工具的动作情况及要求；工艺路线、工件的传送方向等。

图 5.11 是压缩饼干包装工艺原理图。工艺过程共分 6 步（工位）。在工位 I，橡皮纸卷筒 1 送下定长度的纸，送料机构 4 将已装料的饼干向右推送的同时，旋转切纸刀 2 切断纸；在工位 II、III、IV、V、VI，折边器 3 等依次进行折边包裹，最后送出成品。图 5.11 中还显示出各个执行机构的工作原理及结构形式。

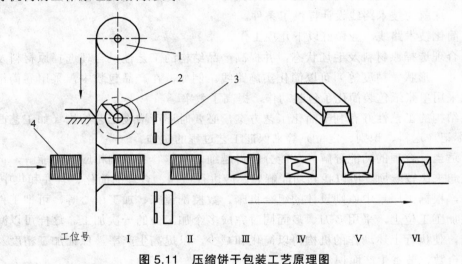

**图 5.11　压缩饼干包装工艺原理图**
1—橡皮纸卷筒；2—切纸刀；3—折边器；4—送料机构

总之，在进行技术实施路线设计时，应尽可能采用新技术、新工艺，但必须是切实可行和可靠的；应力求获得最高的生产率，以保证产品的加工质量；应当在运动原理、结构上可以实现，且力求最简单化；应当拟定出几个可行方案，通过分析、比较，甚至必要的试验后确定优选方案。

## 5.2　设计目录

设计是获取信息和处理信息的过程。如何合理地存储信息、更快捷地提供信息，是提高设计效率的有效措施。

设计目录是一种设计信息库。它把设计过程中所需的大量信息有规律地加以分类、排列、储存，以便于设计者查找和调用。在计算机辅助自动化设计的专家系统和智能系统中，科学、完备的设计信息库是解决问题的重要基本条件。

设计目录不同于一般手册和资料,它密切结合设计的过程和需要编制,每个目录的目的明确,提供信息面广,内容清晰有条理,提取方便。为达到这样的要求,必须采用系统工程方法建立目录,针对有关对象进行系统分析和系统搜索。

## 5.2.1 原理解法的设计目录

用功能分析设计法进行原理方案设计,功能元解是组合原理方案的基础。工程系统的基本功能元可归结为物理功能元、逻辑功能元和数学功能元 3 类。

逻辑功能元基本逻辑关系如表 5.4 所示。在机械、强电、电子、射流、气体、液体等领域可以寻找相应的"与"、"或"、"非"逻辑动作的解法,其部分目录如表 5.5 所示。

表 5.4 基本逻辑关系

| 功能元 | 关 系 | 符 号 | 逻辑方程 | 真值表 |
|---|---|---|---|---|
| 与 | 若 $A$ 与 $B$ 有,则 $C$ 有 | 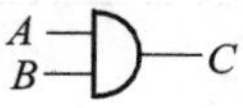 | $C = A \wedge B$ | $A$ 0 1 0 1 / $B$ 0 0 1 1 / $C$ 0 0 0 1 |
| 或 | 若 $A$ 或 $B$ 有,则 $C$ 有 | 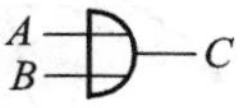 | $C = A \vee B$ | $A$ 0 1 0 1 / $B$ 0 0 1 1 / $C$ 0 1 1 1 |
| 非 | 若 $A$ 有,则 $C$ 无 | 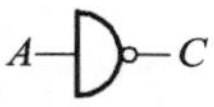 | $C = -A$ | $A$ 0 1 / $C$ 1 0 |

表 5.5 逻辑功能的解法目录

| | "与"元 | "或"元 | "非"元 |
|---|---|---|---|
| 机械系统 | 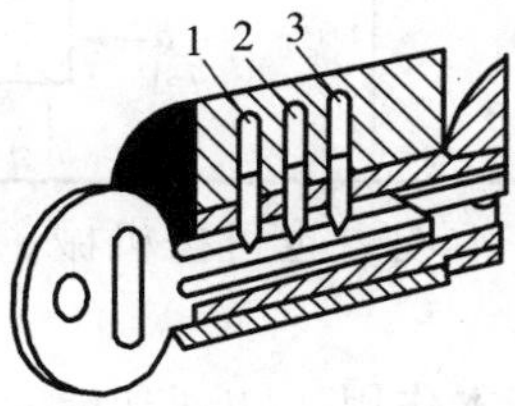 | 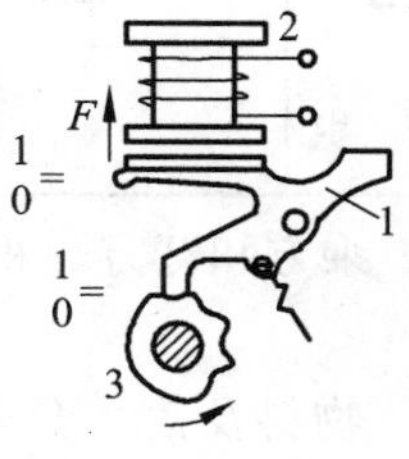 | 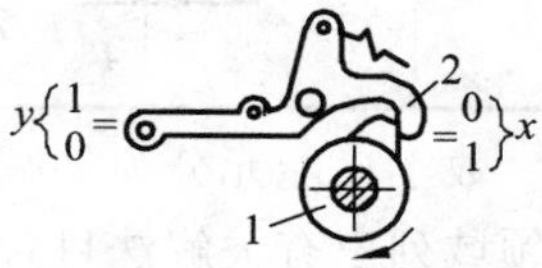 |
| 强电系统 | 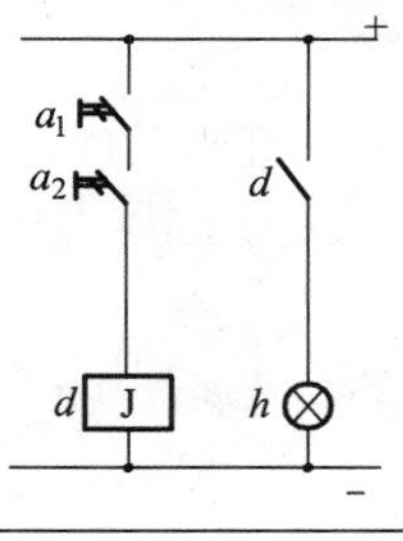 | 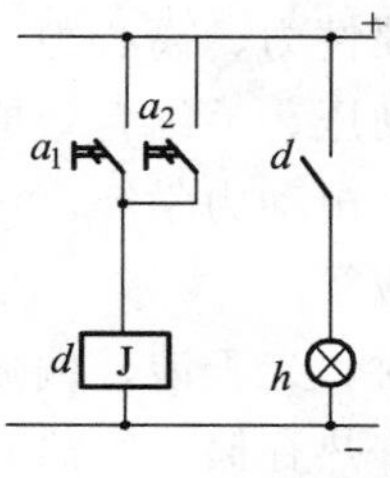 | 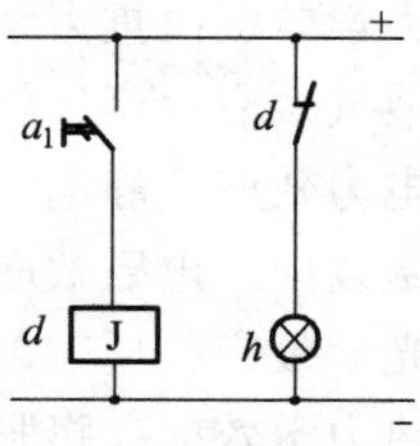 |

续表 5.5

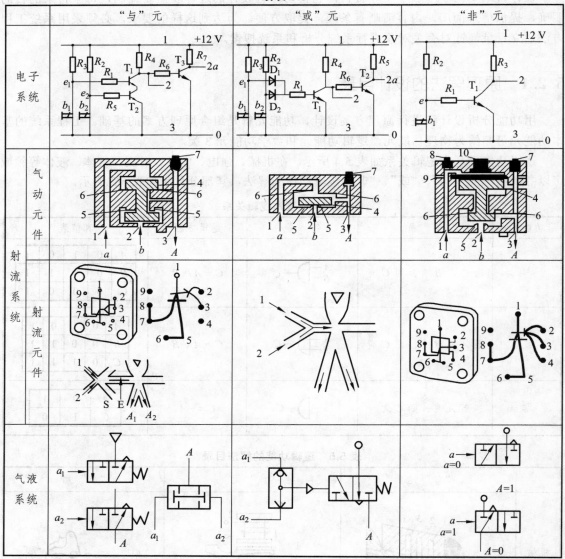

数学功能元分为加减、乘除、乘方和开方、积分和微分 4 组，也可按机械、强电、电子各领域列出有关解法目录。

物理功能元反映系统中能量、物料及信号变化的物理基本作用，物理功能元用物理效应求解，工程系统中常用的物理效应如下：

力学效应：重力、弹性力、惯性力、离心力、摩擦力等。

液气效应：流体静压、流体动压、毛细管效应、帕斯卡效应、虹吸效应、负压效应等。

电力效应：静电、压电效应，电动力学等。

磁效应：电磁效应、永磁效应等。

光学效应：反射、折射、衍射、光干涉、偏振、激光效应等。

热力学效应：膨胀、热传导、热存储、绝热效应等。

核效应：辐射、同位素效应等。

同一物理效应能完成不同功能。如物体回转的离心效应可以产生离心力（能量转换）、分离不同液体（物料分离）或测转速（信号转换）。

功能元可通过多种物理效应搜索求解，表 5.6 为部分物理功能元的解法目录。

表 5.6  部分物理功能元的解法目录

在一定的物理效应下需进一步采用多种机构求解，如力的放大功能元解可用表 5.7 基本增力机构和表 5.8 二次增力机构来表达。

表 5.7　基本增力机构

| 机构 | 杠杆 | | 曲杆（肘杆） | 楔 | 斜面 | 螺旋 | 滑轮 |
|---|---|---|---|---|---|---|---|
| 简图 | 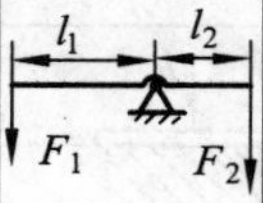 | 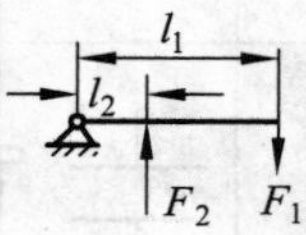 | 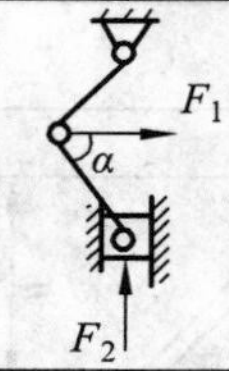 | 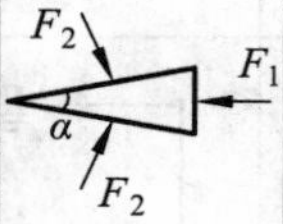 | 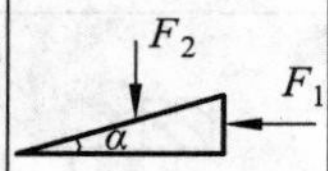 | 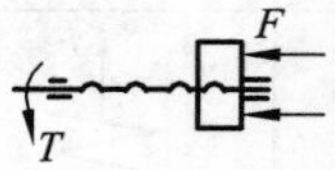 | 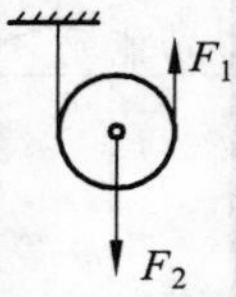 |
| 公式 | $F_2 = F_1 \dfrac{l_1}{l_2}$ $(l_1 > l_2)$ | $F_2 = F_1 \dfrac{l_1}{l_2}$ | $F_2 = \dfrac{F_1}{2}\tan\alpha$ $(\alpha > 45°)$ | $F_2 = \dfrac{F_1}{2\sin\dfrac{\alpha}{2}}$ | $F_2 = \dfrac{F_1}{\tan\alpha}$ | $F = \dfrac{2T}{d_2\tan\alpha(\lambda+\rho)}$ $d_2$：螺杆中径 $\lambda$：螺杆升角 $\rho$：当量摩擦角 | $F_2 = \dfrac{F_1}{2}$ |

表 5.8　二次增力机构

| 输出\输入 | | 斜面 | 肘杆 | 杠杆 | 滑轮 |
|---|---|---|---|---|---|
| | NO. | 1 | 2 | 3 | 4 |
| 斜面（螺旋） | 1 | 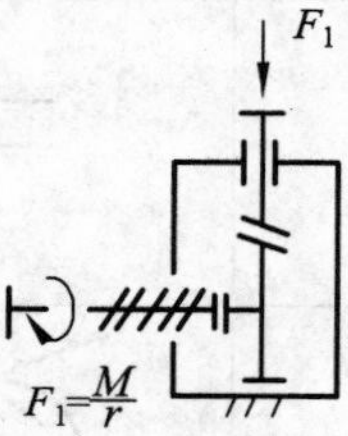 | 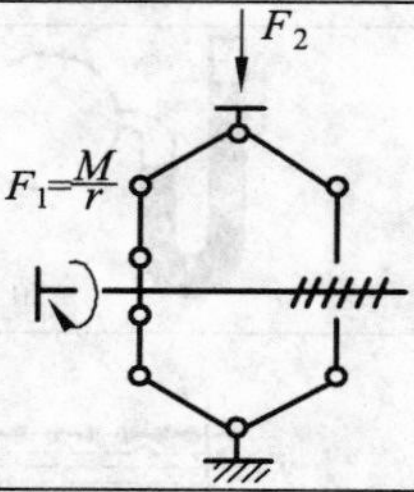 | 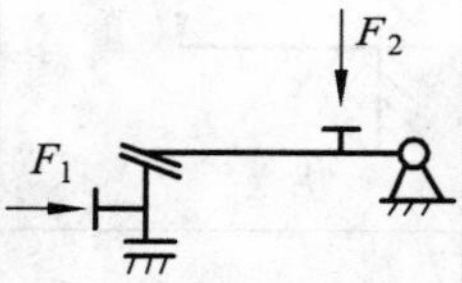 | 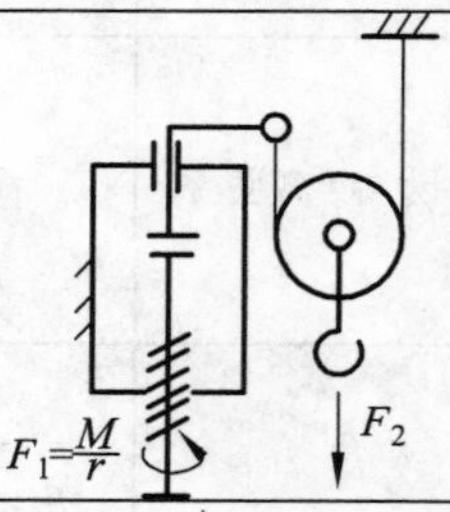 |
| 肘杆 | 2 | 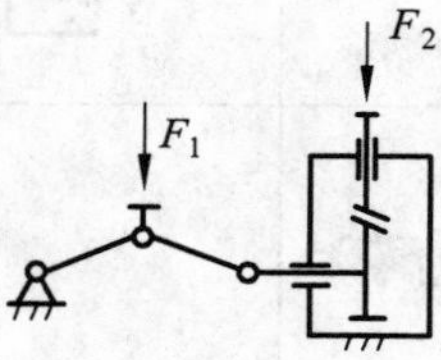 | 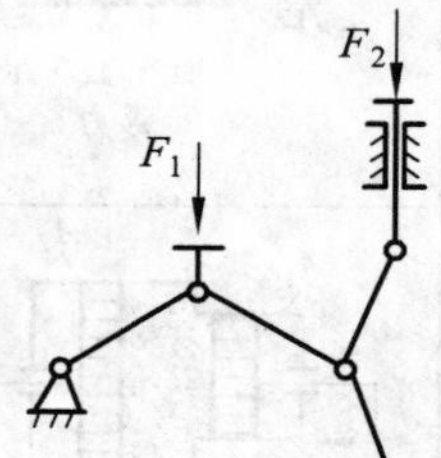 | 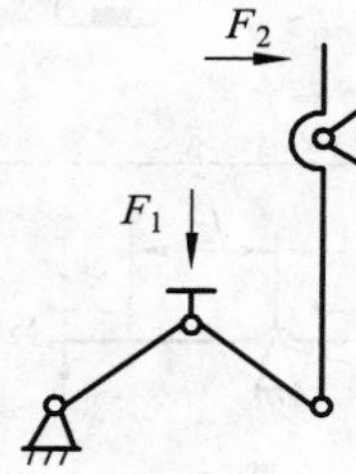 | 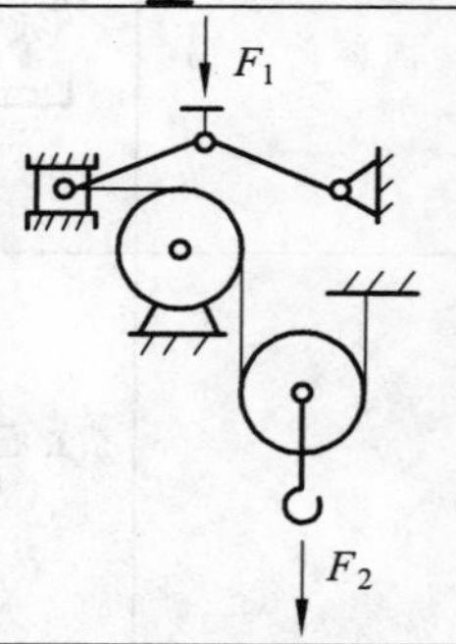 |
| 杠杆 | 3 | 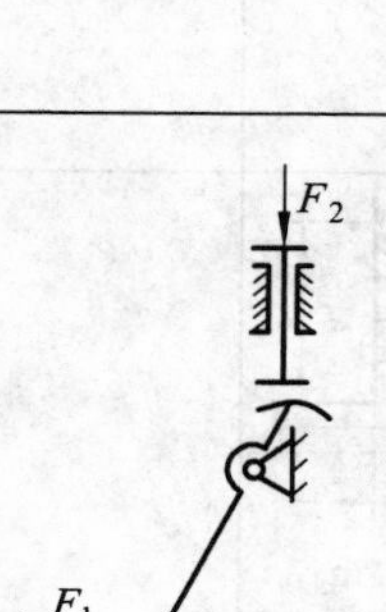 | 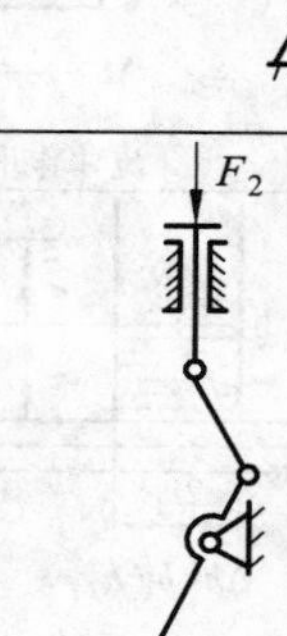 | 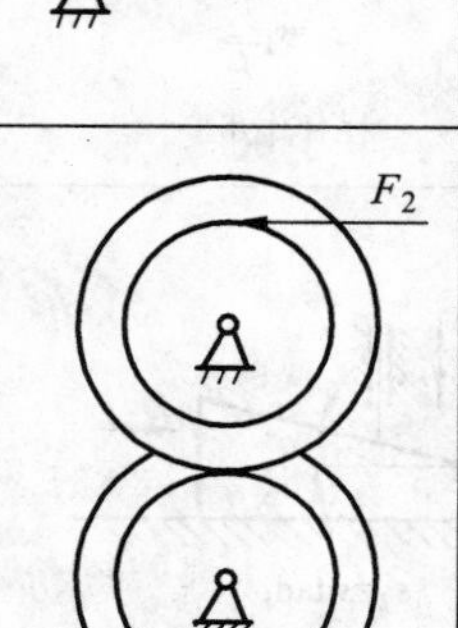 | 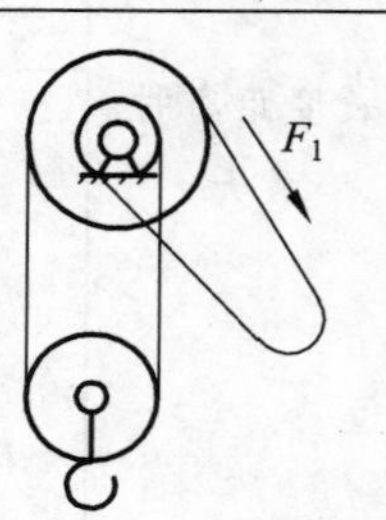 |

**续表 5.8**

| 输出 / 输入 | NO. | 斜面 / 1 | 肘杆 / 2 | 杠杆 / 3 | 滑轮 / 4 |
|---|---|---|---|---|---|
| 滑轮 | 4 | | | | |

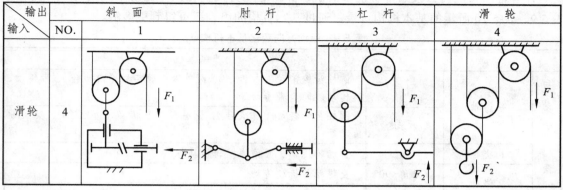

## 5.2.2 设计目录的编制

设计目录的编制也是采用系统工程分析的方法和系统搜索的思路。以下用机械传动系统的设计目录编制为例加以说明。

机械传动系统的功能分析如图 5.12 所示。

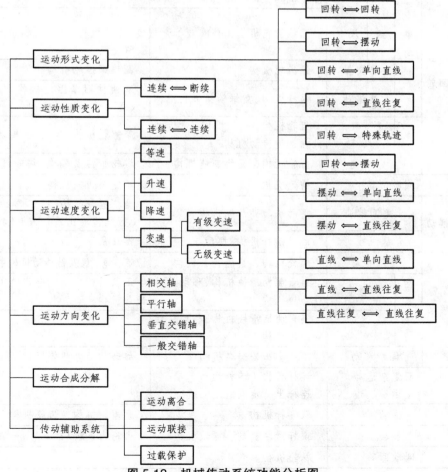

**图 5.12 机械传动系统功能分析图**

针对每项功能元去搜索尽可能多的解，如"运动方向变化"、"运动形式变化"可列出如表 5.9、表 5.10 所示的基本机构目录，通过基本机构的组合还可得到更多解。

**表 5.9　运动方向变化基本机构**

| 功　能 | | | 基本机构 |
|---|---|---|---|
| 运动方向变化 | 平行轴 | 同向 | 圆柱齿轮传动（内啮合）、圆柱摩擦轮传动（内啮合）、带传动、链传动、同步带传动等 |
| | | 反向 | 圆柱齿轮传动（外啮合）、圆柱摩擦轮传动（外啮合）、交叉带传动等 |
| | 相交轴 | | 锥齿轮传动、圆锥摩擦轮传动等 |
| | 交错轴 | 轴错角≠90° | 交错轴斜齿轮传动 |
| | | 轴错角=90° | 蜗杆传动、交错轴斜齿轮传动、摩擦轮传动等 |

**表 5.10　实现运动形式变化的常用机构**

| 运动形式变换 | | | | 基本机构 | 其他机构 |
|---|---|---|---|---|---|
| 原动运动 | 从动运动 | | | | |
| 连续回转 | 连续回转 | 变向 | 平行轴 同向 | 圆柱齿轮机构（内啮合）、带传动机构、链传动机构 | 双曲柄机构、回转导杆机构 |
| | | | 平行轴 反向 | 圆柱齿轮机构（外啮合） | 圆柱摩擦轮机构、交叉带（或绳、线）传动机构、反平行四边形机构(两长杆交叉) |
| | | | 相交轴 | 锥齿轮机构 | 圆锥摩擦轮机构 |
| | | | 交错轴 | 蜗杆机构、交错轴斜齿轮机构 | 双曲柱面摩擦轮机构、半交叉带（或绳、线）传动机构 |
| | | 变速 | 减速 增速 | 齿轮机构、蜗杆机构、带传动机构、链传动机构 | 摩擦轮机构，绳、线传动机构 |
| | | | 变速 | 齿轮机构、无级变速机构 | 塔轮带传动机构、塔轮链传动机构 |
| | 间歇回转 | | | 槽轮机构 | 不完全齿轮机构 |
| | 摆动 | 无急回性质 | | 摆动从动件凸轮机构 | 曲柄摇杆机构（行程传动比系数 $K=1$） |
| | | 有急回性质 | | 曲柄摇杆机构、摆动导杆机构 | 摆动从动件凸轮机构 |
| | 移动 | 连续移动 | | 螺旋机构、齿轮齿条机构 | 带、绳、线及链传动机构中的挠性件 |
| | | 往复移动 | 无急回 | 对心曲柄滑块机构、移动从动件凸轮机构 | 正弦机构、不完全齿轮（上、下）齿条机构 |
| | | | 有急回 | 偏置曲柄滑块机构、移动从动件凸轮机构 | |
| | | 间歇移动 | | 不完全齿轮齿条机构 | 移动从动件凸轮机构 |
| | 平面复杂运动 特定运动轨迹 | | | 连杆机构（连杆运动）连杆上特定点的运动轨迹 | |
| 摆动 | 摆动 | | | 双摇杆机构 | 摩擦轮机构、齿轮机构 |
| | 移动 | | | 摆杆滑块机构、摇块机构 | 齿轮齿条机构 |
| | 间歇回转 | | | 棘轮机构 | |

　　设计目录是计算机辅助设计系统中知识库的重要内容，为了更好地描述知识还有必要将每个基本机构作为特定的功能模块列出其基本性能特点（如传动比、功率范围等）、特殊性能（如远距离传动、自锁等）、评价数据（如对性能、成本、工艺性等基本评价目标的评分或隶属度）等。每个功能模块也列为一个基本目录，这将是具体选择并确定原理方案的依据。

## 5.3　产品价值分析

　　价值工程（Value Engineering，VE）是一门相对独立的学科，它是一种技术和经济相结合的分析方法，同时又是一门管理技术。它研究产品的功能与成本之间的关系，寻找功能与成本之间最佳的对应配比，以尽量小的代价取得尽可能大的经济效益和社会效益，提高产品的价值，这是价值工程的根本任务和最终目的。因此，在与产品功能设计有关的许多方面，都有其重要的用途。价值工程不仅可用于新产品的创造，也可用于对已有产品和现有设计方案的分析和评价，尤其在产品的功能实现与成本控制方面具有独特的应用价值。所以，在产品原理方案设计过程中，特别是产品功能的开发设计中，必须运用价值工程分析的方法对产品的功能设计方案进行评价和改进。

### 5.3.1　产品价值分析定义

　　"价值分析"和"价值工程"虽然名称不同，但是内涵是相同的。一般应用于新产品的开发设计上，习惯称"价值工程"；应用于老产品的改造上，习惯称"价值分析"。而作为通称，国际、国内都以"价值工程"为主。但在工业设计领域，价值工程的内容有所缩减，重点放在产品设计总体观念和总体方法的把握上，因此称为"价值分析"。

　　价值分析是一种方案创造与优选的技术，可定义为以提高产品实用价值为目的，以功能分析为核心，以开发集体智力资源为基础，以科学的分析方法为工具，用最少的成本去实现产品必要功能的一种设计分析方法，是产品功能设计中非常重要的评价工具。它研究产品如何以最低的生命周期费用，可靠地实现用户所需的必要功能，以提高其价值取得更好的技术经济效益。

　　从价值分析的定义可以看出，它是进行产品方案创新和优选的技术；它研究的对象主要是产品的功能和成本之间的关系，产品的功能研究是价值分析的重点；价值分析的目的是提高产品的价值，是以最低的产品生命周期费用，来可靠地实现用户所需要的必要功能，以便取得更好的技术经济效益。

　　在价值工程中，产品的价值是指产品所具有的功能与取得该功能所需成本的比值，这个成本包括产品的设计、制造、销售等所需的经济成本，也包括相应的社会成本，即

$$V = F/C$$

式中，$V$ 为产品的价值；$F$ 为产品具有的功能；$C$ 为取得产品功能所耗费的成本。

　　因此，最理想的比值就是 $F$ 很高而 $C$ 很低，即产品的功能很强大，产品的成本很低，得到最大化的 $V$ 值是设计者在产品设计中追求的最大目标。

　　上述价值的概念表明，产品的价值与产品的功能成正比，与提供产品的相应功能所花费

的成本成反比。如果两个产品的成本相同，功能水平高的产品价值高，功能水平低的产品价值低；如果两个产品的功能水平相同，成本高的价值低，成本低的价值高。

常见的提高产品价值的 5 种途径如下：

（1）在产品成本不变的情况下，使产品功能有所提高，从而提高产品的价值。如适时对产品进行重新设计，使产品的样式和颜色适应时代的变化，则无需增加成本就可以提高产品的美学功能，从而提高产品的价值。这是现代企业最普遍采用的方法，也是相对比较容易实现的方法。

（2）产品的功能不变而成本降低，使产品的价值提高。如新材料、新工艺的应用，可使产品成本降低，而不影响产品正常功能的实现。

（3）使产品的功能适当提高，而成本却有所降低，以提高产品的价值。实现的方式一般是找到更好的提高功能的方法和能寻找到成本更低、技术与形式更好的产品，这是提高产品价值最为理想的途径。

（4）虽然产品的成本有所提高，但功能成倍地提高，从而使产品的价值提高。这种方法一般用在使产品由单功能向多功能的发展或产品的研发阶段，如现在汽车的设计，同一款汽车，可以增加它的配置，虽然成本有所增加，但是极大地提高了汽车的功能，使汽车的价值得到了提高。

（5）对原产品的功能进行分析。将原产品中多余和不常用的功能剔除，使次要功能和不必要的辅助功能减少，使产品更加实用和经济，节省大量的功能成本和原材料成本，减少加工工序，使产品成本大幅度降低，从而提高产品的价值。

价值分析就是通过对产品功能和成本的分析，促使产品形式和技术完美地结合，使产品的功能与消费者的需求相适应，产品的功能与人机工程相结合，实现产品的技术先进性和高度可用性，同时适当降低产品的成本，使产品从竞争者中脱颖而出。

## 5.3.2　产品价值分析意义

价值分析是研究产品技术经济效益的一门学科。它通过提高产品功能与成本的合理化程度来提供价值更高的产品，并以此来提高企业的技术经济效益。

经过设计的产品进入市场环节就变成了商品，消费者选择产品时主要考虑产品的功能、形态、价格等因素，而这些因素都是在设计阶段就必须确定的。因此，如何在产品设计阶段提高产品功能，从而提高产品价值、降低生产成本是设计者必须掌握的基本方法。

价值分析（Value Analysis，VA）产生于 20 世纪 40 年代。当时正值第二次世界大战时期，美国军火工业迅猛发展，战争对物资的消耗和为了保证武器性能及交货期限，使得有限资源被大肆滥用，美国物资短缺的矛盾非常尖锐，在 100 种重要资源中有 88 种需要进口，资源不足给美国的工业生产带来了很大困难。如何合理使用原材料，以及在保证质量的前提下寻找代用材料成为当时亟待解决的重大问题。

当时，美国通用电气公司生产使用的石棉板货源十分短缺，不仅价格昂贵，而且不能按时供货。当时设计工程师麦尔斯为解决这一问题，提出用一种价格较低且货源充足的材料来代替市场短缺的石棉板的想法。通过仔细研究发现，当时石棉板的功能就是铺在地板上防止给产品喷涂料时玷污地板而引起火灾，所以满足石棉板防潮和防火的功能是寻找替代材料的前提。通过市场调查，终于找到了一种不易燃烧的纸，这种纸不但功能与石棉板相同，而且货源十分充足，价格只是石棉板的 1/4。之后，麦尔斯从寻找相互替代的材料中得到了启发，并进一步通过实践总结出以下几点：

（1）用户在购买产品时，实际上购买的是产品所具有的功能，这是产品具有使用价值的前提。

（2）用户在购买产品的功能时，希望所花的费用越少越好。

（3）研究产品的功能和实现这种功能所投入的资源之间的关系，是提高产品价值的有效方法。

麦尔斯于 1947 年在《美国机械师》杂志上发表了论文，提出了价值分析的概念。之后，在麦尔斯的大力宣传下，价值分析得到了迅速发展。1954 年，美国海军舰船局开始采用价值分析方法进行舰船的设计，并更名为"价值工程"。美国海军舰船局应用价值工程技术后，第一年节约了 3 500 万美元，取得了显著的经济效果。而后，价值工程在建筑、农业、邮电、卫生等领域得到广泛应用。接着，在加拿大、日本、瑞典、丹麦、英国、法国进行交流传播。

1978 年，价值工程引入我国，首先在上海的企业得到应用，并取得了满意的效果。价值工程的引入，把产品的评价提高到一个新的水平。它是一种把功能和成本结合起来的评价方式。价值高的产品无疑是好产品，价值低的产品则需要改进。

## 5.3.3 价值分析应用步骤

在产品的开发设计中，除了对产品设计方案进行全面系统的综合分析外，设计者要有意识地注意产品的功能价值问题，尽量提高产品的价值成本比例，为消费者提供性价比高的产品。在实际产品的设计中，可以参照表 5.11 所示的步骤对设计过程进行检核，改进设计方案，从而有效地提高产品设计水平，减少在功能价值方面设计的失误和不足。

**表 5.11　产品价值分析的步骤**

| 分析问题的过程 | 价值分析在产品设计中的工作步骤 | | |
|---|---|---|---|
| | 基本步骤 | 详细步骤 | 价值分析提问 |
| 提出问题 | 确定目标 | 确定对象<br>收集信息 | 对象是什么<br>该了解什么情况 |
| 分析问题 | 功能分析 | 功能定义<br>功能整理<br>功能评价 | 它的功能是什么<br>它所处的位置是什么<br>它的成本与销售额是多少 |
| 综合研究 | 方案创造 | 方案创造<br>概略评价 | 有什么更好的方案实现同样的功能<br>哪种方案最好 |
| 对比评价 | 方案评价 | 制订具体方案<br>实验研究<br>详细评价 | 新方案有什么具体问题<br>能可靠地实现功能吗<br>新方案与旧方案相比有什么优点 |
| 选定实施 | 方案实施 | 提案报批<br>方案实施<br>成果总评 | 新旧方案对比是否充分<br>新方案的可行性有多大<br>实施成果与预计相比较效果如何 |

自价值分析产生以来，价值分析演绎出许多程序和步骤，但归纳起来不外乎4步：分析、综合、评价、选定。

（1）分析。分析是从功能和成本两个方面对产品的功能进行分析，分析的重点是产品功能和实现功能的成本，分析的目的是为了更好地进行综合设计，以提高产品的功能价值比。

（2）综合。综合是把分析的问题的各个因素进行整理、重组、变化、叠加等的过程，这是设计创意与设计构思的过程。通过这一过程，可以得到产品功能实现的诸多解决方案，以便进行优选。

（3）评价。评价过程就是对已得到的产品设计方案进行评判，主要针对产品的功能与成本之间的关系。对于不同的产品，在不同的阶段，采用的评价标准是不完全相同的，但最终的评价标准是以产品价值的高低来决定功能的实现方式。

（4）选定。选定就是通过对产品实现功能的技术可行性和完成功能所需要的经济成本可能性之间关系的比较，从价值高低的角度来选择最佳的设计方案的过程。

无论如何，功能是产品具有使用价值的前提，功能的开发设计是产品设计的核心。在进行产品功能开发设计的过程中，首先应通过对产品功能进行分类和定义，明确产品功能的实质，为产品的创新设计打下基础。在此基础上，通过对产品进行功能的分解和整理，以及使用产品形态学矩阵的组合方法，从系统的角度对产品的功能进行设计。最后，通过对产品进行功能价值的分析，保证产品更加符合消费者的需求，更加满足企业和社会的需求，从根本上提高产品的全面质量。

# 5.4 方案评价

方案评价的目的是通过对可行的候选方案进行技术、经济、社会、环境等多方面的评定，提出原理方案的评价意见，为决策者最后确定设计方案提供依据。

## 5.4.1 评价原则

在对评价对象进行评价时，应坚持客观性、可比性、合理性和整体性等基本原则。

### 1. 客观性原则

客观性是进行正确评价的首要原则。客观性包括参与评价人员的客观性和评价资料的客观性。评价人员应站在客观、公正的立场，实事求是地进行评价，统一评价尺度，对评价结果作客观解释。收集的评价资料应真实可靠，尽量完整。

### 2. 可比性原则

可比性是指被评价的方案之间在基本功能、基本属性和评价强度等方面应具有可比性，能够建立共同的评价指标体系。切忌把基本功能和基本属性等不相关的方案进行评价和比较。

### 3. 合理性原则

合理性是指所选择的评价指标应能够合理地反映预定的评价目标。评价指标的选择要尽量避免相互牵连和影响，要符合逻辑，有科学依据。

#### 4. 整体性原则

整体性是指评价指标应能够全面有代表性地反映评价对象，能综合反映设计方案的整体目标在技术、经济、社会、环境等各方面的要求。评价应从评价对象整体的角度出发，评价指标相互关联、互补，从多个侧面反映评价对象。避免片面强调某一方面指标，而导致决策失误。

值得注意的是，评价人员的经验和评价角度等均有一定的主观性，往往会导致评价结果产生一定的差异，因此，评价通常只具有相对价值。

### 5.4.2 评价目标

#### 1. 评价目标的内容

进行方案评价时，在遵循评价原则的基础上，首先要根据系统功能设定一组评价目标，也可称为评价指标，然后再针对各评价目标给予定性或定量的计算。不同的系统会有不同的评价目标，后者是由构成前者的性能要素来确定的，主要有功能、成本、可靠性、实用性、适应性、寿命、技术水平、竞争力、质量、体积、外观、能耗等要素。

作为产品或技术方案评价依据的评价目标一般包含 3 个方面的内容：

（1）技术评价目标：工作性能指标、加工装配工艺性、使用维护性、技术上的先进性等。

（2）经济评价目标：成本、利润、投资回收期等。

（3）社会评价目标：方案实施的社会影响、市场效应、节能、环境保护、可持续发展等。

通过分析，选择主要的要素和约束条件作为实际评价目标，一般不超过 6～8 项，评价目标过多容易掩盖主要影响因素，不利于方案的评价与选择。如机床产品的评价目标一般包括：机床加工范围、机床精度、机床强度、机床静刚度、抗振性、低速运动平稳性、耐磨性、热变形、噪声等。在具体对某一类机床的原理方案进行评价时，可从中选择主要的几项，不一定上述评价目标面面俱到。

确定评价目标时，应尽可能完整，对方案决策有重大影响的目标不要遗漏；确保各评价指标的相互独立性，不要一个评价目标中包括或隐含另一个评价目标；还要保证各评价目标所需的资料和信息易于获得。

#### 2. 加权系数

定量评价时需根据各评价目标的重要程度设置加权系数。加权系数是反映目标重要程度的量化系数，加权系数大意味着重要程度高。为便于分析计算，取各评价目标加权系数 $g_i<1$，且 $\sum g_i=1$。

加权系数值可由经验确定或采用强制评分法（Forced Decision，FD）计算。用 FD 法计算各评价目标的加权系数时，将评价目标和比较目标分别列于判别表的纵、横坐标，根据评价目标的重要程度两两加以比较，并在相应格中给出评分。强制评分的表达式如下：

$$S_{kj} = \begin{cases} 1, & \text{评价目标 } k \text{ 比 } j \text{ 重要} \\ 0.5, & \text{评价目标 } k \text{ 比 } j \text{ 同等重要} \\ 0, & \text{评价目标 } k \text{ 不及 } j \text{ 重要} \end{cases} \tag{5-1}$$

也可以将上述标准进一步细化，如两目标同等重要各给 2 分；某项比另一项重要分别给 3 分和 1 分；某项比另一项重要得多则分别给 4 分和 0 分。

$$S_{kj} = \begin{cases} 4, & \text{评价目标 } k \text{ 比 } j \text{ 重要得多} \\ 3, & \text{评价目标 } k \text{ 比 } j \text{ 重要} \\ 2, & \text{评价目标 } k \text{ 与 } j \text{ 同等重要} \\ 1, & \text{评价目标 } k \text{ 不及 } j \text{ 重要} \\ 0, & \text{评价目标 } j \text{ 比 } k \text{ 重要得多} \end{cases} \tag{5-2}$$

最后通过式（5-3）求出各加权系数 $g_i$：

$$g_i = k_i / \sum k_i \tag{5-3}$$

式中，$k_i$ 是各评价目标的总分；$n$ 为各评价目标。

**例 3**：根据用户要求，对某机床选定的 6 项评价目标按重要程度排列，依次为：价格、加工精度、维修性、寿命、能耗和外观。其中，用户认为维修性与寿命同等重要。试用强制评分法对某机床的评价目标进行权重系数的计算。

**解**：根据题意，列出各评价目标、判别结果和加权系数，如表 5.12 所示。

表 5.12　机床的加权系数计算

| 比较目标<br>评价目标 | 价格 | 加工精度 | 维修性 | 寿命 | 能耗 | 外观 | $k_i$ | 加权系数 $g_i = k_i / \sum k_i$ |
|---|---|---|---|---|---|---|---|---|
| 价格 | — | 3 | 4 | 4 | 4 | 4 | 19 | 0.31 |
| 加工精度 | 1 | — | 3 | 3 | 4 | 4 | 15 | 0.25 |
| 维修性 | 0 | 1 | — | 2 | 3 | 4 | 10 | 0.17 |
| 寿命 | 0 | 1 | 2 | — | 3 | 4 | 10 | 0.17 |
| 能耗 | 0 | 0 | 1 | 1 | — | 3 | 5 | 0.08 |
| 外观 | 0 | 0 | 0 | 0 | 1 | — | 1 | 0.02 |
| 合计 | | | | | | | $\sum k_i = 60$ | $\sum g_i = 1$ |

### 3. 评价目标体系

评价目标体系是分析表达评价目标的一种有效手段。用系统分析方法对目标系统进行分解并图示，将总目标具体化为便于定性或定量评价的目标元，从而形成目标体系。图 5.13 为某一目标体系的层次结构示意图。$z$ 为总目标，$z_1$、$z_2$ 为第一级子目标，$z_{11}$、$z_{12}$ 为 $z_1$ 的二级子目标，依此类推。目标树的最后分枝为总目标的各具体评价目标元。图中 $g$ 为各目标的加权

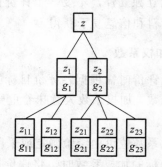

图 5.13　评价目标体系的层次结构图

系数，子目标加权系数之和为上级目标的加权系数，每一级加权系数之和等于 1。

## 5.4.3　评价方法

### 1. 评分法

评分法用分值作为衡量方案优劣的定量评价，对于多个评价目标的系统先分别取各目标的分值，再求总分。

（1）评分。一般采用集体评分，以减少由于个人主观因素对分值产生较大偏差的影响。对所评的分数取平均值或去除最大、最小值后的平均值作为有效分值。

评分标准多采用 10 分制，"理想状态"取为 10 分，"不能用"取为 0 分，分数可参考表5.13。

表 5.13　评分标准（10 分制）

| 0 | 1 | 2 | 3 | 4 | 5 | 6 | 7 | 8 | 9 | 10 |
|---|---|---|---|---|---|---|---|---|---|----|
| 不能用 | 差 | 较差 | 勉强可用 | 可用 | 中 | 良 | 较好 | 好 | 优 | 理想 |

对于某些产品，若能根据工作要求定出具体评分值则更便于操作。表 5.14 为某单位对内燃发动机的特性参数评价的分值表。

表 5.14　发动机的评价分值表

| 评价分值 | 特性参数 | | | |
|---|---|---|---|---|
| | 燃料消耗/[g/(kW·h)] | 单位功率质量/（kg/kW） | 铸件的复杂性 | 寿命/km |
| 0 | 400 | 3.5 | 极复杂 | $20\times10^3$ |
| 1 | 380 | 3.3 | | $30\times10^3$ |
| 2 | 360 | 3.1 | 复杂 | $40\times10^3$ |
| 3 | 340 | 2.9 | | $60\times10^3$ |
| 4 | 320 | 2.7 | 中等 | $80\times10^3$ |
| 5 | 300 | 2.5 | | $100\times10^3$ |
| 6 | 280 | 2.3 | 简单 | $120\times10^3$ |
| 7 | 260 | 2.1 | | $140\times10^3$ |
| 8 | 240 | 1.9 | 极简单 | $200\times10^3$ |
| 9 | 220 | 1.7 | | $300\times10^3$ |
| 10 | 200 | 1.5 | 理想 | $500\times10^3$ |

（2）加权计分法。对于多评价目标的方案，常按加权计分法求其总分，其评价计分过程如下：

① 确定评价目标 $u=(u_1, u_2, \cdots, u_N)$。

② 确定各评价目标的加权系数，矩阵表达为

$$\boldsymbol{G}=[g_1 \quad g_2 \cdots g_N]$$

其中 $g_i<1$，$\sum g_i=1$。

③ 按评分制式（如 10 分制）列出评分标准。

④ 对各评价目标评分，用矩阵列出 $m$ 个方案对 $n$ 个评价目标的评分值：

$$P = \begin{bmatrix} P_1 \\ P_2 \\ \vdots \\ P_j \\ \vdots \\ P_m \end{bmatrix} = \begin{bmatrix} P_{11} & P_{12} & \cdots & P_{1n} \\ P_{21} & P_{22} & \cdots & P_{2n} \\ \vdots & & & \\ P_{j1} & P_{j2} & \cdots & P_{jn} \\ \vdots & & & \\ P_{m1} & P_{m2} & \cdots & P_{mn} \end{bmatrix}$$

⑤ 求各方案总分 $N_j$ 并作比较，分值高者为优。

$m$ 个方案的总分矩阵为

$$N = GP^{\mathrm{T}} = [\, N_1 \quad N_2 \quad \cdots \quad N_j \quad \cdots \quad N_m \,] \tag{5-4}$$

其中第 $j$ 个方案的总分值

$$N_j = GP_j^{\mathrm{T}} = g_1 P_{j1} + g_2 P_{j2} + \cdots + g_n P_{jn} \tag{5-5}$$

### 2. 模糊评价法

对于某些评价目标，如美观、安全性、舒适度等，人们往往用好、中、差等不定量的"模糊概念"来评价。模糊评价法就是利用集合和模糊数学将模糊信息数值化，以进行设计方案的定量评价的方法。模糊评价的表达不是用分值的大小，而是方案对某些评价标准隶属度的高低。运用这种方法评价方案，需要理解几个概念：评价目标的加权系数矩阵、评价尺度向量、隶属度、隶属度矩阵。

① 评价指标的加权系数矩阵：用一维矩阵的形式表示评价指标的权重大小，一般以字母 $A$ 表示。如某越障轮椅，人们认为其产品越障平稳性的重要性是使用可靠性的 2 倍，而可靠性的重要性又是能耗的 3 倍，那么对应[平稳性 可靠性 能耗]这 3 个评价指标的加权系数矩阵就是 $A = [0.6 \quad 0.3 \quad 0.1]$。

② 评价尺度向量：对每一个评价目标提出的"很好"、"好"、"一般"、"差"等模糊概念进行评价、量化的一个向量，可以用字母 $E$ 表示，其中根据人们的思维习惯，"很好"对应的数值偏大，接近数字"1"，而"很差"对应的数值就低，接近数字"0"。如对某种机床的加工精度进行评价，其评价尺度为优、良、中、差，评价尺度向量表达为集合的形式就可以写成：

$$E = [0.9 \quad 0.7 \quad 0.5 \quad 0.3]$$

用[5 4 3 1]、[0.9 0.7 0.4 0.1]或者类似的由高到低的数值来表达这个评价尺度向量都可以，因为它对于每一个方案的评价标准是一致的，但按等差数列来表达这个尺度更美观，更符合心理习惯；而小于"1"的数在之后的连乘计算中，最终结果会是一个"0～1"的数，方便人们对方案的优劣做出评判和选择，所以不建议采用大于"1"的一系列评价值作为评价尺度。一般采用等差数列、数值小于"1"的数字来表达评价目标的评价尺度。

③ 隶属度：表示某方案对评价标准的从属程度，用 0～1 的一个实数表达，数值越接近 1，说明隶属度越高，即对评价标准的从属程度越高。例如，对某种汽车的运行平稳性进行评价，其评价标准为优、良、中、差，模糊评价表达为矩阵的形式为

$$R = [0.2 \quad 0.1 \quad 0.2 \quad 0.5]$$

该式说明汽车平稳性对优、良、中、差的隶属度分别为 20%、10%、20%、50%，对差的从属程度最高。

确定隶属度可采用统计法或隶属函数法。

统计法是收集一定量的评价信息，通过统计得到隶属度。如汽车平稳性的模糊评价，可通过对一些司机和乘客进行调查统计求得，若其中各 20% 的人评价为"优"和"中"，评价为良的占 10%，而有 50% 的人对其评价为差，即可得出隶属度：

$$\boldsymbol{R}=[0.2 \quad 0.1 \quad 0.2 \quad 0.5]$$

进行模糊统计试验的次数或者人数应足够多，以使统计得到的隶属度稳定在某一数值范围内。

隶属度也可通过隶属函数求得，模糊数学有关资料中推荐十几种常用的隶属函数，可根据评价对象选择合适的隶属函数，从中求取特定条件下的隶属度。

④ 隶属度矩阵：对一个目标进行从属程度的认定是一个一维的隶属度矩阵，对多个目标进行判定时，得到的就是一个多维的隶属度矩阵。如对 3 个评价目标按照如上所写的"很好"、"好"、"一般"、"差"这种评价尺度进行评判，就可以得到一个 3×4 的隶属度矩阵。

（1）单因素的模糊评价法。

单因素评价是指对评价对象的某一评价目标的单独评价。例如，某工艺产品的美观程度评价；某生活用品的价格评价等，这些评价都属于单因素评价。在单因素的模糊评价时，可按下列步骤进行：

① 建立评价尺度向量，表示评价标准和标准分值，如很好为 0.9、较好为 0.7、一般为 0.5、较差为 0.3 等。评价尺度向量 $\boldsymbol{E}$ 可表示为

$$\begin{aligned}\boldsymbol{E}&=\{e_1{'} \quad e_2{'} \quad e_3{'} \quad \cdots \quad e_n{'}\}\\&=(e_1 \quad e_2 \quad e_3 \quad \cdots \quad e_n)\end{aligned} \tag{5-6}$$

式中，$e_i{'}$（$i=1$，2，…，$n$）为评价尺度；$e_i$（$i=1$，2，…，$n$）为与评价尺度对应的标准分元素。

② 给出隶属度矩阵。根据专家评价（或民意测验）结果，按对评价尺度中每项元素（评价标准）所占的百分数值，给出隶属度矩阵 $\boldsymbol{R}$，即

$$\boldsymbol{R}=[r_1 \quad r_2 \quad \cdots \quad r_n] \tag{5-7}$$

式中，$r_i$（$i=1$，2，…，$n$）为评价标准元素对应的模糊评判元素。

③ 综合评分。在评价时应给出最后的评价得分，综合评分 $\boldsymbol{Z}$ 可用下式计算：

$$\boldsymbol{Z}=\boldsymbol{E}\times\boldsymbol{R}^{\mathrm{T}}=\sum e_i r_i \tag{5-8}$$

应注意，评价尺度集中的元素视具体情况而定，一般以 4～5 项为宜，太少不能充分反映不同的评价意见，太多则没有必要。

**例 4**：规定某数控机床的外观是否美观的评价尺度与标准分是：很美观为 0.9、美观为 0.7、不太美观为 0.5、不美观为 0.3，对应 4 种评价的人数分别是 15%、50%、30% 和 5%。试判断该机床外观是否美观。

**解**：根据题意，建立评价尺度向量：

$$\begin{aligned}\boldsymbol{E}&=\{很美观 \quad 美观 \quad 不太美观 \quad 不美观\}\\&=(0.9 \quad 0.7 \quad 0.5 \quad 0.3)\end{aligned}$$

隶属度矩阵：$\boldsymbol{R}=[0.15 \quad 0.5 \quad 0.3 \quad 0.05]$

由式（5-8）可算出综合评分：

$$\boldsymbol{Z}=\boldsymbol{E}\times\boldsymbol{R}^{\mathrm{T}}=\sum e_i r_i=0.9\times0.15+0.7\times0.5+0.5\times0.3+0.3\times0.05=0.65$$

比较评价尺度以及对应的标准分，可知该数控机床外观的美观程度介于"美观"与"不太美观"之间。

（2）模糊综合评价法。

对于一个机械系统或设计方案，往往要针对多项评价指标进行评价。例如，机械产品的功能、性能、结构、可靠性、工艺性、体积、质量、操作等，这时可以采用多因素模糊评价法进行综合评价。多因素模糊综合评价可按下列步骤进行：

① 建立各评价指标的加权系数矩阵和评价尺度向量。前者来表示评价对象的具体评价指标和权重系数。如某设备设计方案的功能、作用原理、结构、工艺性、安全性等，对应每项评价指标的权重系数，可用经验法、强制判定法等确定，分别为 0.35、0.25、0.15、0.15 和 0.1。评价尺度向量由单项评价指标的评价尺度和标准分改为对多项评价指标的评价尺度和标准分。

加权系数矩阵和评价尺度向量可表示为

$$\left.\begin{aligned} \boldsymbol{A} &= \{a_1' \quad a_2' \quad a_3' \quad \cdots \quad e_m'\} \\ &= (a_1 \quad a_2 \quad a_3 \quad \cdots \quad a_m) \\ \boldsymbol{E} &= \{e_1' \quad e_2' \quad e_3' \quad \cdots \quad e_n'\} \\ &= (e_1 \quad e_2 \quad e_3 \quad \cdots \quad e_n) \end{aligned}\right\} \tag{5-9}$$

式中，$a_i'$（$i=1, 2, \cdots, n$）为各项评价指标；$a_i$（$i=1, 2, \cdots, n$）是与各评价指标相对应的权重系数值，且 $\sum a_i = 1$。$e_i'$（$i=1, 2, \cdots, n$）为各项指标的评价尺度；$e_i$（$i=1, 2, \cdots, n$）是与各评价尺度相对应的标准分值。

② 建立隶属度矩阵。对应评价指标中的每一项元素，按评价尺度进行评价，构成的隶属度矩阵为

$$\boldsymbol{R} = \left\{\begin{matrix} r_{11} & r_{12} & r_{13} & \cdots & r_{1n} \\ r_{21} & r_{22} & r_{23} & \cdots & r_{2n} \\ \vdots & \vdots & \vdots & & \vdots \\ r_{m1} & r_{m2} & r_{m3} & \cdots & r_{mn} \end{matrix}\right\} \tag{5-10}$$

③ 综合计算评分。

最后的综合评分：$\boldsymbol{Z} = \boldsymbol{A}_{1 \times m} \cdot \boldsymbol{R}_{m \times n} \cdot \boldsymbol{E}^{\mathrm{T}}_{n \times 1}$ （5-11）

根据 $\boldsymbol{Z}$ 值的大小可以判断方案的优劣。

例 5：有两个机械产品设计方案，评价指标为 $\boldsymbol{A} = \{$使用 加工 装配 美观 维修$\}$，评价尺度为 $\boldsymbol{E} = \{$很好 较好 一般 较差$\}$。由相关专家对两个方案进行评价，结果如表 5.15 所示。试用模糊评价法评判两个设计方案的优劣。

表 5.15 对两个设计方案的评价

| 方案 | 方案一 | | | | 方案二 | | | |
|---|---|---|---|---|---|---|---|---|
| | 很好 | 较好 | 一般 | 较差 | 很好 | 较好 | 一般 | 较差 |
| 使用 | 0.21 | 0.25 | 0.29 | 0.25 | 0.44 | 0.38 | 0.12 | 0.06 |
| 加工 | 0.16 | 0.42 | 0.39 | 0.03 | 0.05 | 0.20 | 0.35 | 0.40 |
| 装配 | 0.25 | 0.50 | 0.18 | 0.07 | 0.10 | 0.28 | 0.37 | 0.25 |
| 美观 | 0.31 | 0.37 | 0.30 | 0.02 | 0.52 | 0.41 | 0.07 | 0 |
| 维修 | 0.22 | 0.47 | 0.29 | 0.02 | 0.30 | 0.42 | 0.22 | 0.06 |

**解**：① 建立各评价指标的加权系数矩阵和评价尺度向量。考虑使用、加工、装配、美观和维修对该机械产品的综合影响程度，取各评价指标的权数分别为 0.3、0.15、0.15、0.25 和 0.15，则有

$$A = \{使用 \quad 加工 \quad 装配 \quad 美观 \quad 维修\}$$
$$= (0.3 \quad 0.15 \quad 0.15 \quad 0.25 \quad 0.15)$$

建立评价尺度向量：

$$E = \{很好 \quad 较好 \quad 一般 \quad 较差\}$$
$$= (0.9 \quad 0.7 \quad 0.5 \quad 0.3)$$

② 构建隶属度矩阵。根据表 5.15 可列出两设计方案的隶属度矩阵为

$$R_1 = \begin{pmatrix} 0.21 & 0.25 & 0.29 & 0.25 \\ 0.16 & 0.42 & 0.39 & 0.03 \\ 0.25 & 0.50 & 0.18 & 0.07 \\ 0.31 & 0.37 & 0.30 & 0.02 \\ 0.22 & 0.47 & 0.29 & 0.02 \end{pmatrix}$$

$$R_2 = \begin{pmatrix} 0.44 & 0.38 & 0.12 & 0.06 \\ 0.05 & 0.20 & 0.35 & 0.40 \\ 0.10 & 0.28 & 0.37 & 0.25 \\ 0.52 & 0.41 & 0.07 & 0 \\ 0.30 & 0.42 & 0.22 & 0.06 \end{pmatrix}$$

③ 综合计算评分。由式（5-11）可分别计算出两设计方案的综合评分：

$$Z_1 = A_{1 \times 5} \cdot R_{15 \times 4} \cdot E^{T}_{4 \times 1} = 0.596$$
$$Z_2 = A_{1 \times 5} \cdot R_{25 \times 4} \cdot E^{T}_{4 \times 1} = 0.664$$

比较上述结果可以看出，方案二优于方案一。

# 5.5 小 结

本章原理方案设计的主要步骤为：

（1）明确设计任务。把设计任务作为更大的系统的一部分，研究社会需求与技术发展趋势，确定设计目标，并分析设计的产品将产生的社会、经济、技术效益。设计人员要有责任心，设计的产品需对社会、对人们、对环境负责。

这一阶段的成果是设计任务书（设计要求表）。

（2）确定系统的整体目的——总功能。把设计对象看作黑箱，通过系统与环境的输入和输出，明确系统的整体功能目标和约束条件，由功能出发确定系统内部结构。

（3）进行功能分析。系统是由互相联系的分层次的诸要素组成的，这是系统的可分解性和相关性。通过功能分析把总功能分解为相互联系的分功能（功能元），使问题变得易于求解；分功能的相互联系可用功能树或功能结构图表达。

（4）分功能求解，原理探索。功能求解的基本思路是通过能实现分功能的工作原理选择或设计出功能载体。

（5）分功能求解，组合方法。除了关键问题或无现成解答的分功能需要从探索原理着手进行构思外，设计任务的大部分，甚至全部分功能可以通过组合方法求解，即对已有的科技成果进行检索与选择，然后进行变异操作，使之符合特定的约束条件。

（6）将分功能解综合为整体解。原理方案用形态学矩阵表达分功能求解的结果，将相容的分功能解综合为整体方案。综合时从最重要的分功能的较优解出发，追求整体最优。整体性原则是功能分析设计方法的核心，这一原则认为，任何系统都是由部分组成的，但整体不等于部分的机械相加，这是由于各部分之间的相互作用、关系和层次产生了系统的整体特性。

（7）方案评价与决策。最后筛选出几个整体方案，通过评价比较，优选出 1～2 个原理方案，作为继续进行技术设计的基础。

# 习　题

1. 什么是原理方案设计？为什么在创新设计中，要进行机械产品的原理方案设计？
2. 什么是产品的功能？功能与需求有什么关系？
3. 功能元是什么？常用的功能元有哪些？
4. 什么是功能结构？功能树在产品的功能分析中有何作用？
5. 常用的功能求解方法有哪些？
6. 以桥式起重机为例，对其功能进行分解，建立形态学矩阵。
7. 举例说明如何开展原理方案实施过程的设计。
8. 价值工程在产品创新设计中的意义是什么？
9. 选择一件产品，对其进行功能价值分析，提出改进方案。
10. 根据用户要求，对某洗衣机选定的 5 项评价目标按重要程度排列，依次为：价格、洗净度、寿命、能耗和外观，其中，用户认为寿命与能耗同等重要。试用强制评分法对洗衣机的评价目标进行权重系数的计算。
11. 在某机器设计中，有两种备选方案，为了确定选择哪个方案，组织了一个 20 人的评价小组对两个方案进行评价。已知① 评价指标：产品性能（$B_1$）、可靠性（$B_2$）、使用方便性（$B_3$）、制造成本（$B_4$）、使用成本（$B_5$）；每个评价指标分为{优 良 中 较差 很差}5 个等级，对应的标准分值为：0.9、0.7、0.5、0.3、0.1；② 评价指标 $B_1$、$B_2$、$B_3$、$B_4$、$B_5$ 的权重分别为：0.25、0.2、0.2、0.2、0.15；③ 投票结果如表 5.16 所示。

**表 5.16　对两个设计方案的评价**

| 评价指标 | 评价等级（$A_1$ 方案） | | | | | 评价等级（$A_2$ 方案） | | | | |
|---|---|---|---|---|---|---|---|---|---|---|
| | 优 | 良 | 中 | 较差 | 很差 | 优 | 良 | 中 | 较差 | 很差 |
| $B_1$ | 10 | 4 | 4 | 2 | 0 | 8 | 6 | 4 | 2 | 0 |
| $B_2$ | 10 | 4 | 2 | 4 | 0 | 8 | 4 | 4 | 2 | 2 |
| $B_3$ | 8 | 4 | 4 | 2 | 2 | 8 | 4 | 4 | 2 | 2 |
| $B_4$ | 8 | 4 | 4 | 4 | 0 | 6 | 4 | 4 | 4 | 2 |
| $B_5$ | 8 | 6 | 4 | 2 | 0 | 6 | 4 | 4 | 6 | 0 |

试用模糊评价法评判两个设计方案的优劣。

# 6　机构创新设计

无论多么先进的机械，其各种机械运动一般都是由机构来实现的，常用的基本机构主要有连杆机构、齿轮机构、凸轮机构和间歇机构等。常用机构形式的设计方法有两大类，即机构的选型和机构的构型。选型是指选择常用的基本机构；构型是指机构的组合和变异。机构变异是机构创新设计的主要方法之一，它是以现有机构为基础，对组成机构的结构元素进行某些改变或变换，从而演化形成一种功能不同或性能改进的新机构。机构变异的目的是改善机构的运动性能、受力状态，提高构件强度、刚度或实现一些新的、复杂的功能，也为机构的组合提供更多的基本机构。

## 6.1　机构形式设计的原则

机构形式设计具有多样性和复杂性，满足同一原理方案的要求，可采用不同的机构类型。在进行机构形式设计时，除满足基本的运动形式、运动规律或运动轨迹要求外，还应遵循以下几项原则。

### 6.1.1　机构尽可能简单

#### 1. 机构运动链尽量简短

完成同样的运动要求，应优先选用构件数和运动副数最少的机构，这样可以简化机器的构造，从而减轻质量、降低成本。此外，也可减少由于零件的制造误差而形成的运动链的累积误差，从而提高零件加工工艺性和增强机构工作的可靠性。运动链简短也有利于提高机构的刚度，减少产生振动的环节。考虑以上因素，在机构选型时，采用有较小设计误差的简单近似机构，而不采用理论上无误差但结构复杂的机构。图 6.1 为两个直线轨迹机构，其中图（a）为 $E$ 点有近似直线轨迹的四杆机构，图（b）为理论上 $E$ 点有精确直线轨迹的八杆机构。实际分析表明，在保证同一制造精度的条件下，后者的实际传动误差约为前者的 2～3 倍，其主要原因在于运动副数目增多而造成运动累积误差增大。

#### 2. 适当选择运动副

在基本机构中，高副机构只有 3 个构件和 3 个运动副，低副机构则至少有 4 个构件和 4 个运动副。因此，从减少构件数和运动副数以及从设计简便等方面考虑，应优先采用高副机构。但从低副机构的运动副元素加工方便、容易保证配合精度以及有较高的承载能力等方面考虑，应优先采用低副机构。究竟选择何种机构，应根据具体设计要求全面衡量得失，尽可能做到"扬长避短"。一般情况下，应先考虑低副机构，而且尽量少采用移动副（制造中不易保证高精度，运动中易出现自锁）。在执行构件的运动规律要求复杂，采用连杆机构很难完成精确设计时，应考虑采用高副机构，如凸轮机构或连杆-凸轮组合机构。

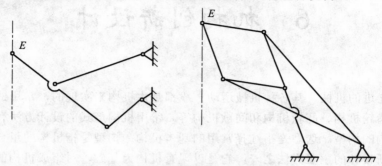

图 6.1　实现直线轨迹的机构

### 3. 适当选择原动机

执行机构的形式与原动机的形式密切相关，不要仅局限于选择传统的电动机驱动形式。在只要求执行构件实现简单的工作位置变换的机构中，采用图 6.2 所示的气压或液压缸作为原动机比较方便。它与采用电动机驱动相比，可省去一些减速传动机构和运动变换机构，从而可缩短运动链，简化结构，且具有传动平稳、操作方便、易于调速等优点。再如，对图 6.3 所示的钢板叠放机构的动作要求是将轨道上的钢板顺滑到叠放槽中（图中右侧未示出）。图 6.3（a）为六杆机构，采用电动机作为原动机，带动机构中的曲柄转动（未画出减速装置）；图 6.3（b）为连杆-凸轮（固定件）机构，采用液压缸作为原动件直接带动执行构件运动。可以看出，后者比前者简单。以上两例说明，改变原动件的驱动方式有可能使机构结构简化。

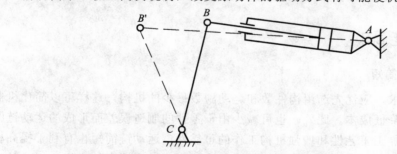

图 6.2　实现位置变换的液压机构

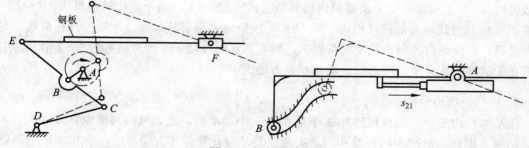

图 6.3　钢板叠放机构

此外，改变原动机的传输方式，也可能使结构简化。在多个执行构件运动的复杂机器中，若由单机（原动）统一驱动改成多机分别驱动，虽然增加了原动机的数目和电控部分的要求，但传动部分的运动链却可大为简化，功率损耗也可减少。因此，在一台机器中只采用一个原动机驱动不一定就是最佳方案。

**4. 选用广义机构**

不要仅限于刚性机构，还可选用柔性机构，以及利用光、电、磁和摩擦力、重力、惯性等原理工作的广义机构，许多场合可使机构更加简单、实用。

## 6.1.2 尽量缩小机构尺寸

机械的尺寸和质量随所选用的机构类型不同而有很大差别。众所周知，在相同的传动比情况下，周转轮系减速器的尺寸和质量比普通定轴轮系减速器要小得多。在连杆机构和齿轮机构中，也可利用齿轮传动时节圆作纯滚动的原理或利用杠杆放大或缩小的原理等来缩小机构尺寸。在图 6.4 所示的连杆-齿轮机构中，因为利用了小齿轮 3 的节圆与活动齿条 5 在 $E$ 点相切作纯滚动，而与固定齿条 4 在 $D$ 点相切，且 $D$ 点为绝对瞬心。因此，活动齿条上 $E$ 点的位移是 $C$ 点位移的 2 倍，是曲柄长的 4 倍。显然在输出位移相同的前提下，其曲柄比一般对心曲柄滑块机构的曲柄长可缩小一半，从而可缩小整个机构尺寸。

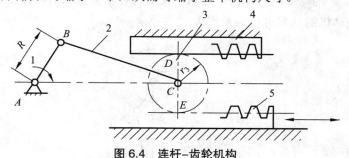

**图 6.4 连杆-齿轮机构**

1—曲柄；2—连杆；3—齿轮；4—固定齿条；5—活动齿条

一般来说，圆柱凸轮机构尺寸比较紧凑，尤其是在从动件行程较大的情况下。盘状凸轮机构的尺寸也可借助杠杆原理相应缩小。在图 6.5 所示的凸轮-连杆机构中，利用一个输出端半径 $r_2$ 大于输入端半径 $r_1$ 的摇杆 $BAC$，使 $C$ 点的位移大于 $B$ 点的位移，从而可在凸轮尺寸较小的情况下，使滑块获得较大行程。

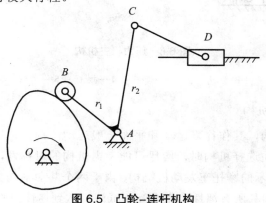

**图 6.5 凸轮-连杆机构**

## 6.1.3 应使机构具有较好的动力学特性

机构在机械系统中不仅传递运动，而且还起传递和承受力（或力矩）的作用，因此，要选择有较好动力学特性的机构。

### 1. 采用传动角较大的机构

要尽可能选择传动角较大的机构，以提高机器的传动效率，减少功耗。尤其对于传力大的机构，这一点更为重要。如在可获得执行构件为往复摆动的连杆机构中，摆动导杆机构最为理想，其压力角始终为零。从减小运动副摩擦、防止机构出现自锁现象考虑，则尽可能采用全由转动副组成的连杆机构，因为转动副制造方便、摩擦小、机构传动灵活。

### 2. 采用增力机构

对于执行构件行程不大，而短时克服工作阻力很大的机构（如冲压机械中的主机构），应采用"增力"的方法，即瞬时有较大机械增益的机构。图 6.6 为某压力机的主机构，曲柄 $AB$ 为原动件，滑块 5 为冲头。当冲压工件时，机构所处的位置是 $\alpha$ 和 $\theta$ 角都很小的位置。通过分析可知，虽然冲头受到较大的冲压阻力 $F$，但曲柄传给连杆 2 的驱动力 $F_{12}$ 很小。当 $\theta \approx 0°$、$\alpha = 2°$ 时，$F_{12}$ 仅为 $F$ 的 7% 左右。由此可知，采用这种增力方法后，即使该瞬时需要克服的工作阻力很大，电动机的功率也不需要很大。

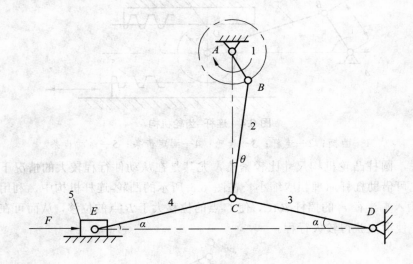

图 6.6　压力机主机构

1—曲柄；2，3—连杆；4—摆杆；5—滑块

### 3. 采用对称布置的机构

对于高速运转的机构，其作往复运动和平面一般运动的构件，以及偏心的回转构件的惯性力和惯性力矩较大，在选择机构时，应尽可能考虑机构的对称性，以减小运转过程中的动载荷和振动。如图 6.7 所示的摩托车发动机机构，由于两个共曲柄的曲柄滑块机构以点 $A$ 为对称中心，所以在每一瞬间其所有惯性力完全互相抵消，达到惯性力的平衡。

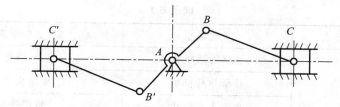

图 6.7  对称布置的连杆机构

## 6.2  机构的选型

所谓机构的选型，是指利用发散思维的方法，将前人创造发明出的各种机构按照运动特性或实现的功能进行分类，然后根据原理方案确定的执行构件所需要的运动特性或功能进行搜索、选择、比较和评价，选出合适的机构形式。

### 6.2.1  按运动形式要求选择机构

机构选型一般先按执行构件的运动形式要求选择机构，同时还应考虑机构的功能特点和原动机的形式。下面以原动机采用电动机为例，说明机构选型的基本方法。

在机械系统中，电动机输出轴的运动为连续回转运动，经过速度变换后，执行机构的原动件的运动形式也为连续回转运动时，完成各分功能的执行构件的运动形式却是各种各样的。表 6.1 给出了当机构的原动件为转动时，各种执行构件的运动形式、实现机构及应用举例，供机构选型时参考。当机构执行动作的功用很明确，如夹紧、分度、定位、制动、导向等功用时，设计者可按照这些功用查阅有关机构手册，分析相应功能的各类机构进行选择。

表 6.1  执行构件运动形式及其实现机构

| 执行构件运动形式 | 机构类型 | 应用实例 |
|---|---|---|
| 匀速转动 | 平行四边形机构 | 机车车轮连动机构、联轴器 |
| | 双转块机构 | 联轴器 |
| | 齿轮机构 | 减速、增速、变速装置 |
| | 摆线针轮机构 | 大减速比变速装置 |
| | 谐波传动机构 | 减速装置 |
| | 周转轮系 | 减速、增速、运动合成和分解装置 |
| | 挠性件传动机构 | 远距离传动、无级变速装置 |
| | 摩擦轮机构 | 无级变速装置 |
| 非匀速转动 | 双曲柄机构 | 惯性振动筛 |
| | 转动导杆机构 | 刨床 |
| | 滑块曲柄机构 | 发动机 |
| | 非圆齿轮机构 | 轻工机械变速运动装置 |
| | 挠性件传动机构 | 钢丝软轴 |

续表 6.1

| 执行构件运动形式 | 机构类型 | 应用实例 |
|---|---|---|
| 往复移动 | 曲柄滑块机构 | 锻压机 |
| | 移动导杆机构 | 缝纫机挑针机构 |
| | 齿轮齿条机构 | 机床进给机构 |
| | 移动凸轮机构 | 配气机构 |
| | 楔块机构 | 压力机、夹紧装置 |
| | 螺旋机构 | 千斤顶、车床传动机构 |
| | 挠性件传动机构 | 远距离传动装置 |
| | 气、液动机构 | 升降机、自动门 |
| 往复摆动 | 曲柄摇杆机构 | 破碎机 |
| | 滑块摇杆机构 | 车门启闭机构 |
| | 摆动导杆机构 | 刨床 |
| | 曲柄摇块机构 | 装卸机构 |
| | 摆动凸轮机构 | |
| | 齿条齿轮机构 | 手动剃须刀、陀螺玩具 |
| | 挠性件传动机构 | |
| | 气、液动机构 | 挖掘机、割台升降装置 |
| 间歇运动 | 棘轮机构 | 机床进给、转位、分度等机构 |
| | 槽轮机构 | 转位装置、电影放映机 |
| | 凸轮机构 | 分度装置、移动工作台 |
| | 不完全齿轮机构 | 间歇回转、移动工作台 |
| 特定运动轨迹 | 铰链四杆机构 | 鹤式起重机、搅拌机构 |
| | 行星轮系 | 研磨机构、搅拌机构 |

实现同一功能或运动形式要求的机构可以有多种类型，选型时应尽可能将现有的各种机构搜索到，以便选出最优方案。例如，能使牛头刨床的刨刀具有急回特性的往复直线运动的机构有多种方案，如图 6.8 所示，可对这些方案进行分析、评价，最终选出理想方案。

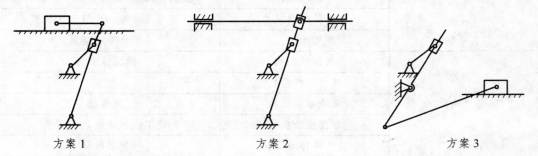

方案 1          方案 2          方案 3

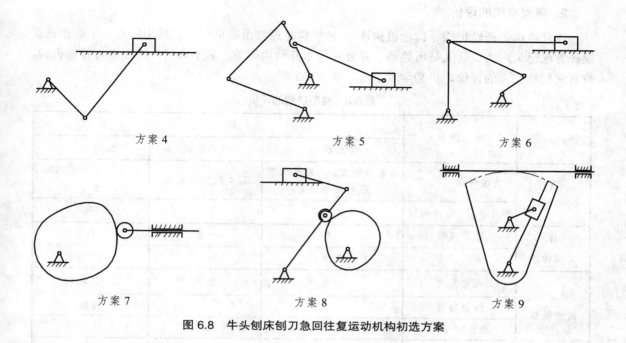

图 6.8  牛头刨床刨刀急回往复运动机构初选方案

## 6.2.2  机构方案的评价

**1. 评价指标和评价体系**

满足同一运动形式或功能要求的机构方案有多种，应从运动性能、工作性能、动力性能等方面对这些方案进行综合评价。表 6.2 列出了各项评价指标及其具体项目。

表 6.2  机构方案评价指标

| 评价指标 | A 运动性能 | B 工作性能 | C 动力性能 | D 经济性 | E 结构紧凑 |
|---|---|---|---|---|---|
| 具体项目 | （1）运动规律、运动轨迹<br>（2）运转速度、运动精度 | （1）效率高低<br>（2）使用范围 | （1）承载能力<br>（2）传力特性<br>（3）振动、噪声 | （1）加工难易<br>（2）维护方便性<br>（3）能耗大小 | （1）尺寸<br>（2）质量<br>（3）结构复杂性 |

需要指出的是，表 6.2 所列的各项评价指标及其具体项目，是根据机构系统设计的主要性能要求和机械设计专家的意见设定的。对于具体的机构，这些评价指标和具体项目还需要依实际情况加以增减和完善，以形成一个比较完整的评价指标。

所谓评价体系，是通过一定范围内的专家咨询，确定评价指标及其评定方法。对于不同的设计任务，应根据具体情况，拟定不同的评价体系。例如，对于重载机械，应对其承载能力一项给予较大的重视；对于加速度较大的机械，应特别重视其振动、噪声等问题。针对具体的设计任务，科学地选取评价指标和建立评价体系是一项十分细致和复杂的工作，也是设计者面临的重要问题。只有建立科学的评价体系，才可以避免个人决定的主观片面性，减少盲目性，从而提高设计的质量和效率。

**2. 典型机构的评价**

连杆机构、凸轮机构、齿轮机构这 3 种机构是最常用的机构，其机构特点、工作原理、设计方法已为广大设计人员所熟悉，并且它们本身结构简单，易于应用，往往成为首选机构，故对它们作初步的评价，供初学者参考，如表 6.3 所示。

表 6.3　典型机构的评价

| 评价指标 | 具体项目 | 评　价 | | |
|---|---|---|---|---|
| | | 连杆机构 | 凸轮机构 | 齿轮机构 |
| A 运动性能 | 运动规律、轨迹 | 任意性较差，只能达到有限个精确位置 | 基本能任意运动 | 一般作定比传动或移动 |
| | 运转速度、运动精度 | 较低 | 较高 | 高 |
| B 工作性能 | 效率高低 | 一般 | 一般 | 高 |
| | 使用范围 | 较大 | 较小 | 较小 |
| C 动力性能 | 承载能力 | 较大 | 较小 | 较大 |
| | 传力特性 | 一般 | 一般 | 较好 |
| | 振动、噪声 | 较大 | 较小 | 较小 |
| D 经济性 | 加工难易 | 易 | 难 | 一般 |
| | 维护方便性 | 较方便 | 较麻烦 | 方便 |
| | 能耗大小 | 一般 | 一般 | 一般 |
| E 结构紧凑 | 尺寸 | 较大 | 较小 | 较小 |
| | 质量 | 较轻 | 较重 | 较重 |
| | 结构复杂性 | 复杂 | 一般 | 简单 |

# 6.3　机构的构型

当应用选型的方法初选出的机构形式不能完全实现预期的要求，或虽能实现功能要求但存在结构复杂、运动精度不够或动力性能欠佳等缺点时，设计者可以采用创新构型的方法，重新构筑机构的形式，这是比机构选型更具有创造性的工作。

机构创新构型的基本思路是，以通过选型初步确定的机构方案为雏形，通过组合、变异、再生等方法进行突破，获得新的机构。机构创新构型的方法很多，下面介绍几种常用的方法。

## 6.3.1　利用组合原理构型新机构

机构的组合就是将几个简单的基本机构按照一定的原则或规律组合成一个复杂的机构，以便实现一些复杂动作或运动规律。四杆机构、凸轮机构、齿轮机构、间歇机构以及这些机构的倒置机构是常用的基本机构，应用广泛。但随着生产过程机械化、自动化的发展，对机构输出的运动和动力特性提出了更高的要求，而单一的基本机构具有一定的局限性，在某些性能上不能满足使用要求。单一的连杆机构难以实现一些特殊的运动规律，例如，连杆机构在高速运转时动平衡问题比较突出；凸轮机构虽然可以实现任意的运动规律，但行程小，且行程不可调；齿轮机构具有良好的运动与动力特性，但运动形式简单，并且不适合远距离传动。类似的问题在各种单一的基本机构中都有不同形式的体现，因此，往往需要将某些基本机构进行组合，克服单一机构的缺陷，以满足现代机械的复杂运动与动作要求。可见，探索机构组合创新的方法与规律很有必要。

组合机构的类型很多，每种组合机构具有各自特有的型组合、尺寸综合及分析设计方法。组合机构结构比较复杂，设计计算烦琐，研究起来比较困难。随着计算机和现代设计方法的发展，极大地推动了组合机构的研究发展，目前许多场合都采用了组合结构，尤其在各种自动机器和自动生产线上得到广泛应用。下面按组成组合机构的基本机构的名称来分类，主要介绍常用组合机构的性能特点和适用场合。

**1. 齿轮-连杆机构**

（1）实现间歇传送运动。

图 6.9 为间歇传送机构，一对曲柄 3 与 3′ 由齿轮 1 经两个齿轮 2 与 2′ 推动同步回转，曲柄使连杆 4（送料动梁）平动，5 为工作滑轨，6 为被推送的工件。由于动梁上任一点的运动轨迹如图中点画线所示，故可间歇地推送工件。该机构常用于自动机的物料间歇送进，如冲床的间歇送料机构、轧钢厂成品冷却车间的钢材送进机构、糖果包装机的送纸和送糖条机构等。

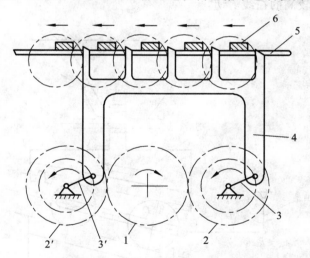

**图 6.9  齿轮-连杆间歇传送机构**

1，2，2′—齿轮；3，3′—曲柄；4—连杆；5—工作滑轨；6—工件

（2）实现大摆角、大行程的往复运动。

设计曲柄摇杆机构时，因许用传动角的关系，摇杆的摆角常受到限制。如果采用图 6.10（a）所示的曲柄摇杆机构和齿轮机构构成的组合机构，则可增大从动件的输出摆角。该机构常用于仪表中将敏感元件的微小位移放大后送到指示机构（指针、刻度盘）或输出装置（电位计）的场合。图 6.10（b）为飞机上使用的高度表，由于飞机飞行高度不同，受到的大气压

力会发生变化，使膜盒 1 与连杆 2 的铰链点 C 右移，通过连杆 2 使摆杆 3 绕轴心 A 摆动，与摆杆 3 相固联的扇形齿轮 4 带动齿轮放大装置 5，使指针 6 在刻度盘 7 上指出相应的飞机高度。

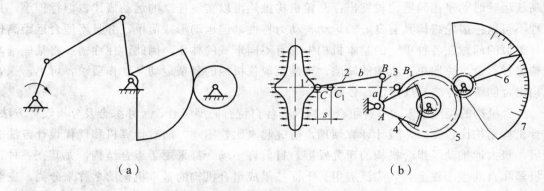

（a）　　　　　　　　　　　　（b）

**图 6.10　用以扩大摆角的连杆–齿轮机构**

1—膜盒；2—连杆；3—摆杆；4—扇形齿轮；5—齿轮放大装置；6—指针；7—刻度盘

　　图 6.4 所示的连杆-齿轮机构是一种典型的实现大行程的齿轮-连杆组合机构，常用于印刷机械、轧钢辅助机械。图 6.11 为一种用于线材连续轧制生产线上的飞剪机剪切机构运动示意图，它由电动机驱动，通过减速器的输出轴（图中未画出）带动曲柄作连续回转运动，再通过连杆带动齿轮齿条倍速机构，使活动齿条（即下刀台）的速度比 D 点的速度提高一倍，该机构适用于轧制速度较高的在线剪切。

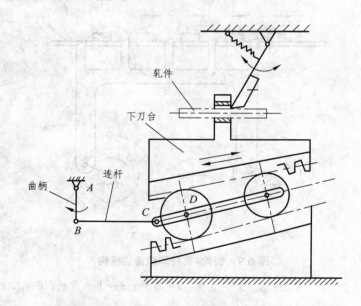

**图 6.11　倍速剪切机构**

（3）较精确地实现给定的运动轨迹。

　　图 6.12 为振摆式轧钢机轧辊驱动装置中使用的齿轮-连杆组合机构。主动齿轮 1 转动时，带动齿轮 2 和 3 转动，通过五杆机构 ABCDE 使连杆上的 M 点实现如图所示的复杂轨迹，从

而使轧辊的运动轨迹符合轧制工艺的要求。调节两曲柄 $AB$ 和 $DE$ 的相位角，可方便地改变 $M$ 点的轨迹，以满足轧制生产中的不同工艺要求。

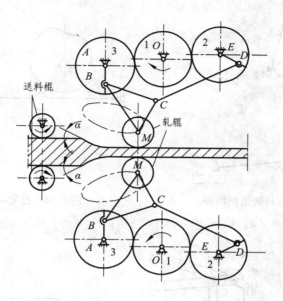

**图 6.12 振摆式轧机示意图**

1—主动齿轮；2，3—齿轮

## 2. 凸轮-连杆机构

凸轮-连杆机构较齿轮-连杆机构更能精确实现给定的复杂运动规律和轨迹。凸轮机构虽也可实现任意的给定运动规律的往复运动，但在从动件作往复摆动时，受压力角的限制，其摆角不能太大。如果将简单的连杆机构与凸轮机构组合起来，可以克服上述缺点，达到很好的效果。图 6.13 为平板印刷机上的吸纸机构的运动示意图。该机构由自由度为 2 的五杆机构和两个自由度为 1 的摆动从动件凸轮机构组成。两个盘形凸轮固接在同一转轴上，工作时要求吸纸盘 $P$ 按图示点画线所示轨迹运动。当凸轮转动时，推动从动件 2、3 分别按要求的运动规律运动，并带动五杆机构的两个连架杆，使固接在连杆 5 上的吸纸盘 $P$ 按要求的矩形轨迹运动，以完成吸纸和送进等动作。

图 6.14 为印刷机械中常用的齐纸机构，凸轮 1 为主动件，从动件 5 为齐纸块。当递纸吸嘴（图中未画出）开始向前递纸时，摆杆 3 上的滚子与凸轮 1 小面接触，在弹簧 2 的作用下，摆杆 3 逆时针摆动，通过连杆 4 带动摆杆 6 和齐纸块 5 绕 $O_1$ 点逆时针方向摆动让纸。当递纸吸嘴放下纸张、压纸吸嘴离开纸堆、固定吹嘴吹风时，凸轮 1 大面与滚子接触，摆杆 3 顺时针方向摆动，推动连杆 4 使摆杆 6 和齐纸块 5 顺时针方向摆动靠向纸堆，把纸张理齐。

图 6.15 为糖果包装机剪切机构，它采用了凸轮-连杆机构，槽凸轮 1 绕定轴 $B$ 转动，摇杆 2 与机架铰接于 $A$ 点。构件 5 和 6 与摇杆 2 组成转动副 $D$ 和 $C$，与构件 3 和 4（剪刀）组成转动副 $E$ 和 $F$。构件 3 和 4 绕定轴 $K$ 转动。机构尺寸满足条件：$ED=FC$ 和 $KE=KF$。凸轮 1 转动时，通过构件 2、3、5 和 6，使剪刀打开或关闭。

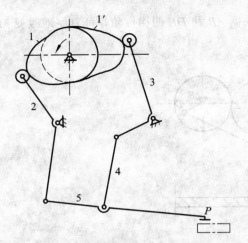

图 6.13　凸轮–连杆吸纸机构图

1，1′—凸轮；2，3—从动件；4，5—连杆

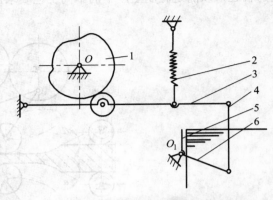

图 6.14　凸轮–连杆齐纸机构

1—凸轮；2—弹簧；3，6—摆杆；4—连杆；5—齐纸块

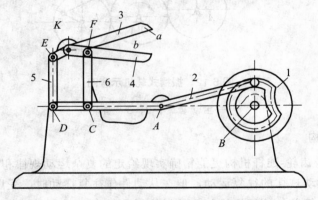

图 6.15　凸轮–连杆糖果包装机剪切机构

1—凸轮；2—摇杆；3，4—剪刀；5，6—构件

### 3. 齿轮-凸轮机构

齿轮-凸轮机构常以自由度为 2 的差动轮系为基础机构，并用凸轮机构为附加机构。后者使差动轮系中的两构件有一定的运动联系，约束掉 1 个自由度，组成自由度为 1 的封闭式组合机构。齿轮-凸轮机构主要应用于以下场合。

（1）实现给定运动规律的变速回转运动。

齿轮、双曲柄和转动导杆机构虽能传递匀速和变速转动，但无法实现任意给定的运动规律的转动，而由齿轮和凸轮组合而成的组合机构，则能实现这一要求，如图 6.16 所示。图中系杆 3 为原动件，齿轮 1 为输出件。摆杆 5 与行星轮 2 固连，由于固定凸轮的作用，行星轮 2 相对系杆 3 产生往复摆动，使齿轮 1 得到预期的变速转动。

图 6.17 所示的基础机构也是差动轮系 $H$-1-2-3-4，附加机构为凸轮机构 $H$-2-5-4，同样组成封闭式组合机构。原动件为齿轮 1，输出件为齿轮 3，凸轮与行星轮固连，系杆 $H$ 由行星轮和凸轮带动而往复摆动。

图 6.18 和图 6.19 所示的齿轮-凸轮机构，常用于机床的分度补偿机构中。图 6.18 为圆柱

凸轮与蜗杆固连，圆柱凸轮将蜗杆的转动和移动联系起来，组成自由度为 1 的齿轮-凸轮机构。凸轮为主动件，输出蜗轮的角位移由两部分组成，一部分是由蜗杆转动产生的，即

$$\varphi_{21} = \varphi_1 z_1 / z_2$$

另一部分由蜗杆轴向移动产生，即

$$\varphi_{22} = s_1 / r_2$$

式中，$s_1$ 为蜗杆轴向位移，$r_2$ 为蜗轮节圆半径，于是

$$\varphi_2 = \varphi_1 z_1 / z_2 \pm s_1 / r_2$$

若蜗杆移动所产生的蜗轮转动与蜗杆转动所产生的蜗轮转动方向相同，取"+"号；反之，取"−"号。

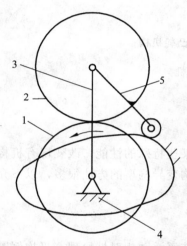

图 6.16 实现变速转动的齿轮-凸轮组合机构图

1—齿轮；2—行星轮；3—系杆；4—机架；5—摆杆

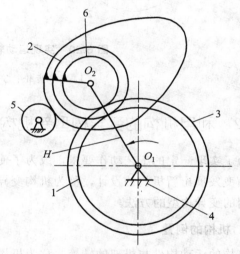

图 6.17 凸轮与行星轮固连的齿轮-凸轮机构

1，2，3，5，6—齿轮；4—机架

图 6.19 所示的机构由蜗杆的输入运动带动蜗轮转动，蜗轮与凸轮固连，通过凸轮机构的从动件推动蜗杆做轴向移动，使蜗轮产生附加转动，从而使误差得到校正。

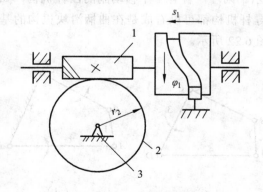

图 6.18 蜗杆蜗轮-圆柱凸轮机构

1—蜗杆；2—蜗轮；3—机架

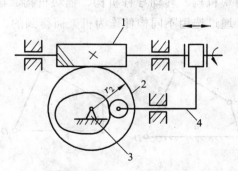

图 6.19 蜗杆蜗轮-盘状凸轮机构

1—蜗杆；2—蜗轮；3—机架；4—摆杆

（2）实现给定运动轨迹。

图 6.20 所示的齿轮-凸轮机构可用来实现给定的运动轨迹。原动件是传动比为 1 的一对齿轮中的 1 或 2，摆杆 3 和构件 1 以转动副在 $A$ 点铰接，齿轮 2 上 $B$ 点的滚子在摆杆 3 的曲线槽中运动，从而使摆杆 3 上的 $P$ 点实现给定的轨迹。

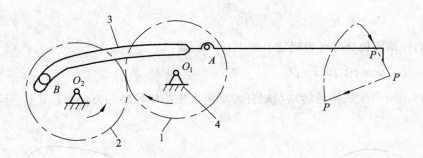

图 6.20　实现运动轨迹的齿轮–凸轮机构

1，2—齿轮；3—摆杆；4—机架

## 6.3.2　利用机构的变异构型新机构

为了实现一定的工艺动作要求，或为了使机构具有某些特殊的性能，改变现有机构的结构，演变发展出新机构的设计，称为机构变异构型。机构变异构型的方法很多，以下介绍几种常用的变异构型的方法。

### 1. 机构的倒置

机构的运动构件与机架的转换，称为机构的倒置。按照运动相对性原理，机构倒置后各构件间的相对运动关系不变，但可以得到不同特性的机构。

平面连杆机构具有运动可逆的特性，即变换机架后，构件之间的运动关系不会发生变化。例如，铰链四杆机构在满足曲柄存在的条件下，取不同构件为机架，可以分别得到曲柄摇杆机构、双曲柄机构、双摇杆机构，如图 6.21 所示。同理，含有一个移动副的四杆机构，如曲柄滑块机构、转动导杆机构、摇块机构、移动导杆机构都可以看成是在曲柄滑块机构的基础上，通过选用不同构件作为机架而得到的，如图 6.22 所示。

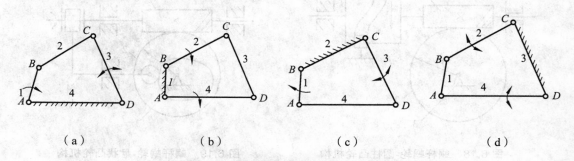

（a）　　　　　　　（b）　　　　　　　（c）　　　　　　　（d）

图 6.21　铰链四杆机构的机构倒置变换

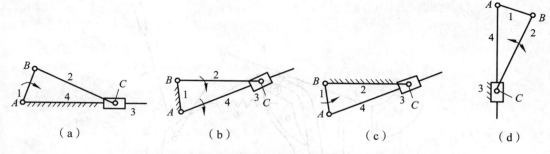

图 6.22　含有一个移动副四杆机构的机构变换

## 2. 机构的扩展

以原有机构为基础，增加新的构件，构成一个新机构，称为机构的扩展。机构扩展后，原有各构件间的相对运动关系不变，但所构成的新机构的某些性能与原机构有很大差别。

图 6.23 所示的机构是由图 6.22（a）所示的卡当机构扩展得到的。因为两导轨为直角，故点 $O_1$ 与线段 $PS$ 的中点重合，且 $PS$ 中点至中心 $O$ 的距离也恒为 $r = PS/2$。由于这一特殊的几何关系，曲柄 $OO_1$ 与构件 $PS$ 所构成的转动副 $O_1$ 的约束为虚约束，于是曲柄 $OO_1$ 可以省略。若改变图 6.22（a）所示机构的机架，令十字槽为主动件，并使它绕固定铰链中心 $O$ 转动，连杆 4 延伸到点 $W$，驱动滑块 5 往复运动，就得到如图 6.23（b）所示的机构。它是在卡当机构的基础上，增加滑块 5 扩展得到的。此机构的主要特点是，当机构的十字槽每转动 1/4 周，点 $O_1$ 在半径为 $r$ 的圆周上绕过 1/2 周；十字槽每转动 1 周，点 $O_1$ 绕过 2 周，滑块输出两次往复行程。

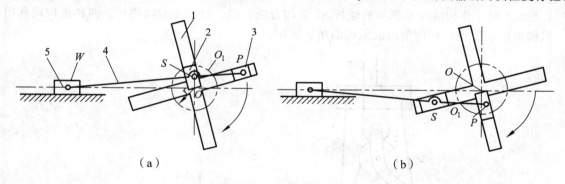

图 6.23　机构扩展实例

1—导轨；2，3，5—滑块；4—连杆

图 6.24 为插秧机的手动分秧、插秧机构。当用手来回摆动摇杆 1 时，连杆 5 上的滚子 $B$ 将沿着机架上的凸槽 2 运动，迫使连杆 5 上 $M$ 点沿着图示点画线轨迹运动。装于 $M$ 点处的插秧爪，先在秧箱 4 中取出一小撮秧苗，并带着秧苗沿着铅垂路线向下运动，将秧苗插于泥土中，然后沿另一条路线返回。

为了保证秧爪运行的正反路线不同，在凸轮机构中附加了一个辅助构件——活动舌 3。当滚子 $B$ 沿左侧凸轮轮廓线向下运动时，滚子压开活动舌左端而向下运动，当滚子离开活动舌后，活动舌在弹簧 6 的作用下恢复原位，使滚子向上运动时只能沿右侧凸轮轮廓线返回。在通过活动舌的右端时，又将其压开而向上运动，待其通过以后，活动舌在弹簧 6 的作用下又恢复原位，使滚子只能继续向前（即向左下方）运动，从而实现预期的运动。

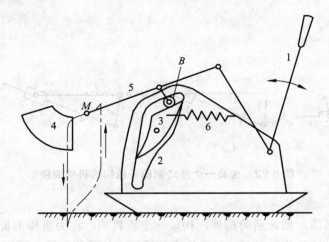

**图 6.24　插秧机分秧、插秧机构**

1—摇杆；2—凸槽；3—活动舌；4—秧箱；5—连杆；6—弹簧

图 6.25 为两种抓斗机构，图（a）是由行星轮系 1-2-3 和两边对称布置的杆 4、5 组成的。1、2 为齿轮，3 为系杆。系杆扩展为抓斗的左侧爪，齿轮 2 扩展为抓斗的右侧爪。再加上对称的两边连杆 4、5 可使左右两侧爪对称动作。绳索 6 可控制两侧爪的开或闭。这一新型抓斗机构的创新构型，是应用了简单的周转轮系，将齿轮和系杆 3 的形状和功能加以扩展，利用两构件的运动关系而构成的。图（b）是将两摇杆滑块机构组成完全对称的形式，当拉动滑块 7 上下运动时，使构成左右抓斗的连杆 8、9 闭合或开启，以装卸散状物料。两种机构均利用了机构扩展的原理，使构型出的机构简单、适用。

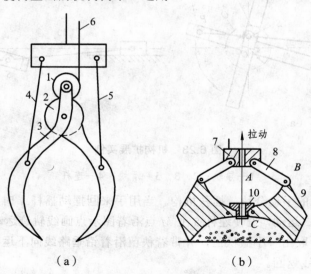

（a）　　　　　　　　　　（b）

**图 6.25　抓斗机构**

1，2—齿轮；3—系杆；4，5，8，9—连杆；6—绳索；7，10—滑块

### 3. 机构局部结构的改变

改变机构的局部结构，可以获得有特殊运动特性的机构。图 6.26 为一种左边极限位置附

近有停歇的导杆机构。此机构之所以有停歇的运动性能，是因为将导杆槽的中线某一部分做成了圆弧形，圆弧半径等于曲柄的长度，且圆心在 $O_1$ 点。

　　改变机构的局部结构最常见的情况是，机构的主动件被另一自由度为 1 的机构或构件组合所置换。图 6.27 是以行星轮系替代了曲柄滑块机构的曲柄而得到的滑块右极限位置有停歇的机构。该机构以系杆 1 带动行星齿轮 2 在固定中心轮 5 上滚动，行星齿轮和连杆之间的运动副 $B$ 做摆线运动（如图中点画线所示）。其中，行星齿轮的节圆半径 $r$ 等于内齿轮的节圆半径 $R$ 的 1/3，连杆 3 的长度等于摆线在点 $P$ 的曲率半径，其值为 $7r$。因运动副 $B$ 在近似于圆弧的摆线线段上运动，滑块与连杆之间的运动副位于近似圆弧的圆心处，故有近似停歇的运动特性。

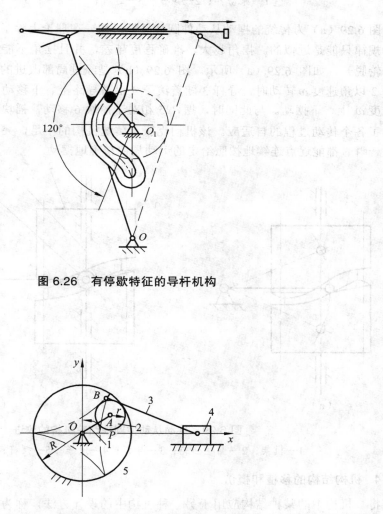

**图 6.26　有停歇特征的导杆机构**

**图 6.27　有停歇特征的行星轮系–连杆机构**

1—系杆；2—行星齿轮；3—连杆；4—滑块；5—中心轮

　　图 6.28 是以倒置后的凸轮机构取代曲柄的情形。因为凸轮 5 的沟槽有一段凹圆弧 $ab$，其半径等于连杆 3 的长度，故原动件 1 在转过 $\alpha$ 角的过程中，滑块处于停歇状态。

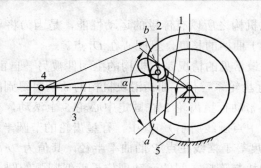

**图 6.28 有停歇特征的凸轮–连杆机构**

1—原动件；2—滚子；3—连杆；4—滑块；5—凸轮

图 6.29（a）为传统的摆动从动件圆柱凸轮机构，在理论上除了两个特殊点之外，摆杆的运动规律只能是近似的。摆角越大，准确程度越差，并且摆角不能太大，否则滚子可能与圆柱凸轮脱开，如图 6.29（a）所示。图 6.29（b）是经过局部改进的方案，由图可见，当圆柱凸轮 2 以角速度 $\omega$ 转动时，导杆 3 随着滚子 4 沿着导路上、下移动。滚子 4 又带动摆杆 5 以角速度 $\omega_0$ 上、下摆动。与此同时，摆杆 5 相对于摇块 6 移动，摇块 6 相对机架 1 转动，从而实现了各个传动过程的自适应。该机构克服了传统机构的不足，突破其对摆角的局限，并且在每一瞬时都能逐点连续地按照给定的运动规律精确地摆动。

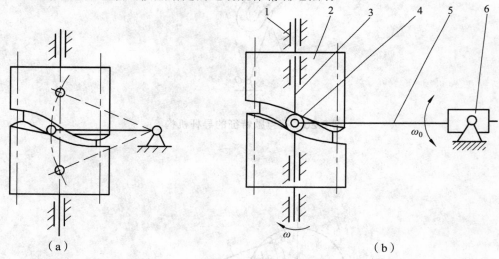

**图 6.29 摆动从动件圆柱凸轮机构的改进**

1—机架；2—圆柱凸轮；3—导杆；4—滚子；5—摆杆；6—摇块

### 4．机构结构的移植和模仿

将一机构中的某种结构应用于另一种机构中的设计方法，称为结构的移植。利用某一结构特点设计新机构，称为结构的模仿。

要有效利用结构的移植和模仿构型出新的机构，必须注意了解、掌握一些机构之间实质上的共同点，以便在不同条件下灵活运用。例如，圆柱齿轮的半径无限增大时，齿轮演变为齿条，运动形式由转动演变为直线移动。运动形式虽然改变了，但齿廓啮合的工作原理没有改变。这种变异方式，可视为移植中的变异。掌握了机构之间的这一实质性的共同点，可以开拓直线移动机构的设计途径。

　　图 6.30 所示的不完全齿轮齿条机构，可视为由不完全齿轮机构移植变异而成。此机构的主动齿条做往复直线运动，使不完全齿轮 2 在摆动的中间位置有停歇。图 6.31 所示的机构中的构件 2 可视为将槽轮展直而成。此机构的主动件 1 连续转动，从动件 2 间歇直移，锁止方式与槽轮机构相同。

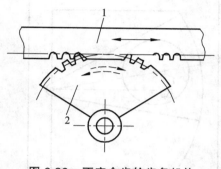

图 6.30　不完全齿轮齿条机构

1—齿条；2—不完全齿轮

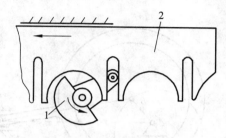

图 6.31　槽轮展直得到的机构

1—主动件；2—从动件

　　图 6.32 所示的凸轮-滑块机构是综合模仿了凸轮和曲柄滑块两种机构的结构特点创新设计而成的。该机构用在泵上，其蚕状凸轮 1 推动 4 个滚子，从而推动 4 个活塞做往复移动。若选取适当的凸轮轮廓线，则该机构的动力性能会比单纯应用的曲柄滑块机构（见图 6.33）优越。

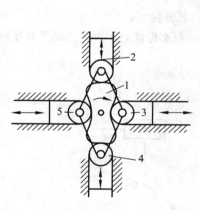

图 6.32　凸轮–滑块机构

1—蚕状凸轮；2，3，4，5—滚子

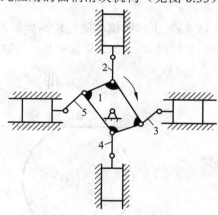

图 6.33　共曲柄的多滑块机构

1—主动件；2，3，4，5—连杆

### 5. 运动副的变异

　　改变机构中运动副的形式，可构型出不同运动性能的机构。运动副的变换方式有很多种，常用的有高副与低副之间的变换、运动副尺寸的变换和运动副类型的变换。

　　图 6.34 为比较常见的对心曲柄滑块机构，将其运动副元素进行变异可以得到不同形式的曲柄滑块机构。例如，扩大 $B$ 处转动副，使其包含 $A$ 处的转动副，即得到如图 6.34（b）所示的偏心圆盘曲柄滑块机构；扩大 $C$ 处移动副的尺寸，将滑块尺寸增大并将曲柄 1、连杆 2 包含在内，即得到如图 6.34（c）所示的大滑块曲柄滑块机构。

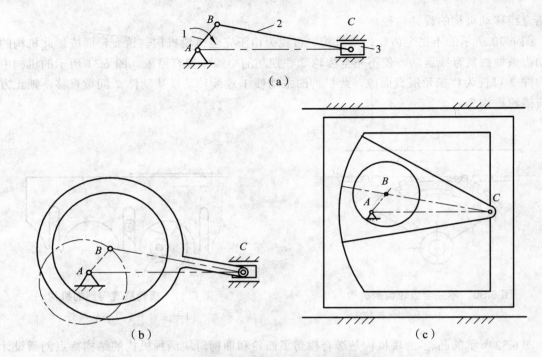

图 6.34　运动副尺寸变化和类型变换

1—曲柄；2—连杆；3—滑块

　　图 6.35（a）所示的偏心圆凸轮高副机构，当以低副替换后，如图 6.35（b）所示，虽然对其运动特性没有影响，但由于低副是面接触易于加工，耐磨性能好，因而提高了其使用性能。

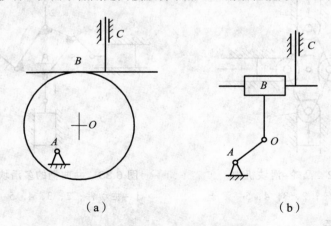

图 6.35　高副低代法构型的机构

　　图 6.36 所示的平面六杆机构用于手套自动加工机的传动装置。机构由原动件 1，Ⅱ级杆组 2-3、4-5 及机架 6 组成，故为Ⅱ级机构。当原动件曲柄 1 连续回转时可使输出件 5 实现大行程的往复移动。在该机构中滑块 4 与导杆 3 组成的移动副位于其上方，不仅润滑困难，且易污染产品。为了改善这一条件，将有关运动副变异，所得机构如图 6.36（b）所示。该机构由原动件 1、Ⅲ级杆组 2-3-4-5 及机架 6 组成，为Ⅲ级机构。

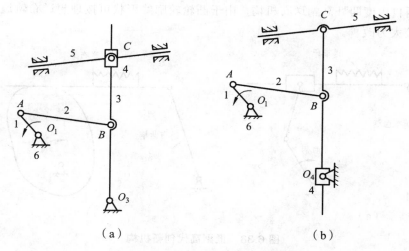

**图 6.36 手套自动加工机传动装置**

1—曲柄；2—连杆；3—导杆；4—滑块；5—输出件；6—机架

### 6. 机构类型的替换

高低副互代法的目的有两个：一是改变机构的类型，避开产品的专利；二是有利于改变或改善机构工作特性，提高产品性能。

（1）高副低代创新机构。

图 6.37（a）是某一型号绣花机的挑线-刺布机构，它的供线-收线功能主要依靠凸轮来完成。为了避开专利，改善机构性能，可以采用高副低代方法，将凸轮副改为低副。其中，图 6.37（b）是它的替代机构，为了简化结构，在图 6.37（c）中构件 1、2 处采用了高副接触的滑槽。经过高副低代后的机构不但避开了专利，还使挑线机构断线率大大下降，机械噪声也得到降低。

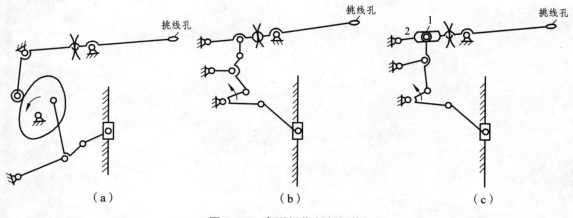

**图 6.37 高副低代创新机构**

1—滚子；2—滑槽

（2）低副高代创新机构。

图 6.38（a）为两自由度五杆低副送布机构，它的送布轨迹形状无法达到水平布置的近似长方形的理想水平。为了传送布轨迹能达到水平布置的长方形，用低副高代方法得到如图 6.38

（b）所示的两自由度四杆高副送布机构，由于凸轮轮廓线形状可按理想送布轨迹要求来设计，它的送布轨迹大为改善。

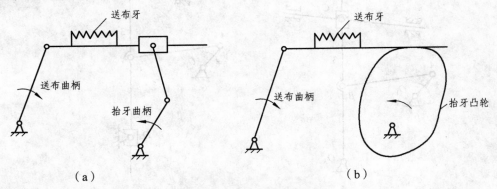

图 6.38　低副高代创新机构

## 习　题

1. 机构创新的手段主要有哪些？
2. 当执行机构的运动比较复杂时，可能采用的机构有哪些类型？
3. 尝试将生活中常见的机构进行倒置，会出现什么现象？

# 7　结构方案的创新设计

　　机械结构设计的任务是在总体设计的基础上，根据所确定的原理方案，决定满足功能要求的机械结构，需要决定的内容包括结构的类型和组成，结构中所有零部件的形状、尺寸、位置、数量、材料、热处理方式和表面状况。所确定的结构除了能够实现原理方案所规定的动作要求外，还应能满足设计对结构的强度、刚度、精度、稳定性、工艺性、寿命、可靠性等方面的要求。结构设计是机械设计中，涉及问题最多、最具体、工作量最大的工作阶段，包括机器的总体结构设计和零部件结构设计两方面的内容。结构设计的主要目标是保证功能、提高性能、降低成本。

　　机械结构设计的重要特征之一是设计问题的多解性，即满足同一设计要求的机械结构并不是唯一的，结构设计中得到一个可行的结构方案一般并不很难，然而，机械结构设计的任务是在众多的可行结构方案中寻求较好或最好的方案。现有的数学分析方法能够使我们从一个可行方案出发在一个单峰区间内寻求到局部最优解，但是，并不能使我们遍历全部的可行区域，找出所有的局部最优解，并从中找出全局最优解，得到最好的设计方案。这就需要发挥创造性思维方法的作用。

## 7.1　结构设计的基本要求

　　确定和选择结构方案时应遵循三项基本原则：明确、简单和安全可靠。

### 1. 明　确

明确是指对产品设计中所考虑的问题都应在结构方案中获得明确的体现与分担。

　　（1）功能明确。所确定的结构方案应能明确地体现产品或结构所要求的各种功能的分担情况，既不能遗漏，也不应重复。

　　（2）工作原理明确。所依据的工作原理应预先考虑到可能出现的各种物理效应，以免出现使载荷、变形或磨损超出允许范围的有害情况。

　　在图 7.1（a）中，传递转矩是键还是圆锥面，零件的轴向定位是轴的台阶面还是圆锥面，两者均不明确，这是一种功能不明确的结构。在图 7.1（b）中，两种功能都是由圆锥面承担，是一种比较好的结构。

　　（3）使用工况及承载状态明确。材料选择及尺寸计算要依据载荷情况进行，不应盲目采用双重保险措施。

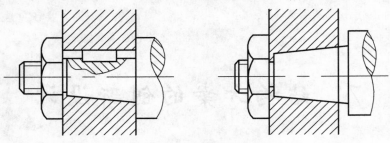

图 7.1　锥面联接

### 2. 简　单

在确定结构方案时，应使其所含零件数目、加工工序数量与类型尽可能少，零件的几何形状力求简单，尽量减少零件的机械加工面、机械加工次数及热处理程序，减少或简化与相关零件的装配关系及调整措施。简单不但降低了产品的制造成本，而且还提高了产品工作的可靠性。

### 3. 安全可靠

安全技术可分为直接的、间接的和提示性的 3 种类型。在结构中直接满足安全要求，使用中不存在危险性的称为直接安全技术。通过采用防护系统或保护装置来保证安全的称为间接安全技术。既不能直接保证安全可靠，又没有保护或防护措施，仅能在发生危险之前进行预报和报警的，则称为提示性安全技术。

## 7.2　结构方案的变异设计

创造性思维在机械结构设计中的重要应用之一就是结构方案的变异设计方法。它能使设计者从一个已知的可行结构方案出发，通过变换得到大量的可行方案。通过对这些方案中参数的优化，可以使设计者得到多个局部最优解，再通过对这些局部最优解的分析和比较，就可以得到较优解或全局最优解。变异设计的目的是寻求满足设计要求的独立的设计方案，以便对其进行参数优化设计，通过变异设计所得到的独立的设计方案数量越多，覆盖的范围越广泛，通过优化得到全局最优解的可能性就越大。

变异设计的基本方法是首先通过对结构设计方案的分析，得出一般结构设计方案中所包含的技术要素的构成，然后再分析每一个技术要素的取值范围，通过对这些技术要素在各自的取值范围内的充分组合，就可以得到足够多的独立的结构设计方案。

变异设计的目的是为设计提供大量的可供选择的设计方案，使设计者可以在其中进行评价、比较和选择，并进行参数优化。

一般机械结构的技术要素包括零件的几何形状、零件之间的联接和零件的材料及热处理方式。以下分别分析这几个技术要素的变异设计方法。

### 7.2.1　功能面的变异

机械结构的功能主要是靠机械零部件的几何形状及各个零部件之间的相对位置关系实现的。

　　零件的几何形状由它的表面所构成，一个零件通常有多个表面，在这些表面中与其他零部件相接触的表面、与工作介质或被加工物体相接触的表面称为功能表面。

　　零件的功能表面是决定机械功能的重要因素，功能表面的设计是零部件设计的核心问题。通过对功能表面的变异设计，可以得到为实现同一技术功能的多种结构方案。

　　描述功能表面的主要几何参数有表面的形状、尺寸大小、表面数量、位置、顺序等。通过对这几个方面的变异，可以得到多组构型方案。

　　例如，要实现用弹簧产生的压紧力压紧某零件，使其保持确定位置。设计时可以选择的弹簧类型有拉簧、压簧、扭簧、板簧，被压紧的零件形状可以有平面、圆柱面、球面、螺旋面，通过对这些因素的组合可以得到如表 7.1 所示的多种方案。其中，压簧的压缩距离不应过大，否则容易引起弹簧的失稳，如确需使用较大的压缩距离则应设置导向结构；拉簧因无失稳问题，设计中受空间约束较少，既可单独使用，也可与摇杆及绳索等配合使用；板簧通常刚度较大，可在较小的变形条件下产生较大的压紧力。

表 7.1　功能面变异设计

　　螺钉用于联接时需要通过螺钉头部对其进行拧紧，而变换旋拧功能面的形状、数量和位置（内、外）可以得到螺钉头的多种设计方案。图7.2有12种方案，其中前3种头部结构使用一般扳手拧紧，可获得较大的预紧力，但不同的头部形状所需的最小工作空间（扳手空间）不同。滚花型和元宝型螺钉头用于手工拧紧，不需专门工具，使用方便；第6、7、8种方案的扳手作用在螺钉头的内表面，可使螺纹联接件表面整齐美观；最后4种分别是用"十字"型螺丝刀和"一字"型螺丝刀拧紧的螺钉头部形状，所需的扳手空间小，但拧紧力矩也小。可以想象，还有许多可以作为螺钉头部形状的设计方案，实际上所有的可加工表面都是可选方案，只是不同的头部形状需要用不同的专用工具拧紧，在设计新的螺钉头部形状方案时要同时考虑拧紧工具的形状和操作方法。

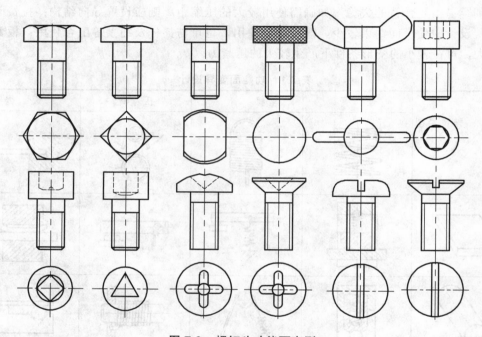

图 7.2　螺钉头功能面变型

　　机器上的按键外形通常为方形或圆形，这种形状的按键在控制面板上占用较大的面积。为减小手机的体积，有人做出如图7.3所示的手机面板设计，面板上每个按键的宽度为10 mm，相邻两键的间距为2 mm。如采用方形或圆形按键，则每行按键所占用的面板最小宽度为34 mm，由于采用三角形按键，使最小宽度缩小为24 mm，比原方案减小29%。

　　在图7.4（a）所示的结构中，挺杆2与摇杆1通过一球面相接触，球面在挺杆上。当摇杆的位置变化时，摇杆端面与挺杆球面接触点的法线方向随之变化，由于法线方向与挺杆的轴线方向不平行，挺杆与摇杆间作用力的压力角不等于零，所以会产生横向推力，这种横向推力需要挺杆与导轨之间的反力与之平衡。当挺杆的垂直位置较高时，这种反力产

图 7.3　三角按键手机

生的摩擦力的数值会超过球面接触点的有效轴向推力，而造成挺杆运动卡死。如果将球面改在摇杆上，如图 7.4（b）所示，则接触面上的法线方向始终平行于挺杆轴线方向，不产生横向推力。

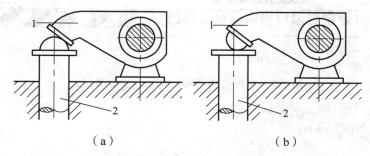

（a） （b）

**图 7.4 摆杆与推杆的球面位置变换**

1—摇杆；2—挺杆

在图 7.5（a）所示的 V 形导轨结构中，上方零件为凹形，下方零件为凸形，在重力作用下摩擦表面上的润滑剂会自然流失。如果改变凸凹零件的位置，使上方零件为凸形，下方零件为凹形，如图 7.5（b）所示，则可以有效地改善导轨的润滑状况。

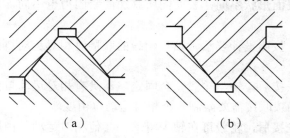

（a） （b）

**图 7.5 滑动导轨位置变换**

图 7.6（a）为曲柄摇杆机构，若使机构中销孔尺寸变化，图 7.6（a）中的曲柄摇杆机构就演变为图 7.6（b）所示的偏心轮机构。

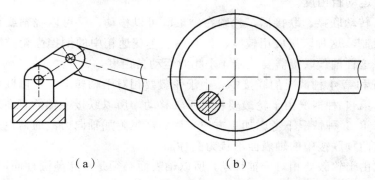

（a） （b）

**图 7.6 曲柄机构尺寸变换**

普通电动机中转子和定子的布置方式如图 7.7（a）所示，将沿圆周布置的转子和定子改变为沿直线方向布置，如图 7.7（b）所示，则旋转电机演变为直线电机。如使沿直线方向布置的转子和定子再沿另一轴线（与旋转电机轴线方向相垂直）旋转，则直线电机演变为圆筒形直线电机（电动炮），如图 7.7（c）所示。

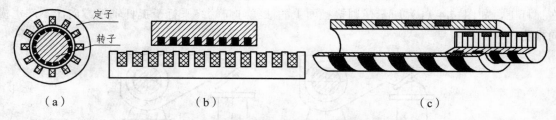

（a）　　　　　　　　（b）　　　　　　　　　（c）

**图 7.7　电动机转子和定子形状的变异设计**

## 7.2.2　联接的变异

机器中的零部件通过各种各样的联接组成完整的机器。

机器由零件组成，一个不与其他零部件相接触的零件具有 6 个自由度，机械设计中通过规定零件之间适当的联接方式限制零件的某些自由度，保留机器的功能所必需的自由度，使机器在工作中能够实现确定形式的运动关系。

联接的作用是通过零件的工作表面与其他零件的相应表面的接触实现的。不同形式的联接由于相接触的工作表面形状不同，表面间所施加的紧固力也不同，从而对零件的自由度形成不同的约束。

以轴毂联接为例。按照设计要求，轴与轮毂的联接对相对运动自由度的限制可能有以下几种情况：

（1）固定联接。联接后，轴与轮毂完全固定，不具有相对运动自由度，通常的轴毂联接多为这种情况，这种轴毂联接需要限制 6 个相对运动自由度。

（2）滑动联接。联接后，轮毂可在轴上滑动，其他相对运动自由度被限制。例如，齿轮变速机构中的滑移齿轮与轴的联接就属于这种联接。这种轴毂联接需要限制 5 个相对运动自由度。

（3）转动联接。联接后，轮毂可在轴上绕轴线转动，其他相对运动自由度被限制。例如，齿轮箱中为解决润滑问题设置的油轮与固定心轴的联接就属于这种情况。这种轴毂联接也需要限制 5 个相对运动自由度。

（4）移动、转动联接。联接后，轮毂在轴上既可以移动，又可以绕轴线转动，其他相对运动自由度被限制，这种联接应用较少，如有些汽车变速箱中的倒挡齿轮与固定心轴的联接属于这种情况。这种轴毂联接需要限制 4 个相对运动自由度。

第 3 种情况和第 4 种情况的联接中，由于轮毂要相对于轴转动，所以联接中轴的截面形状必须是圆形。第 4 种情况由于轮毂要相对于轴移动，所以联接中轴的表面形状必须是柱面（不能是锥面）；第 3 种情况下考虑加工方便和避免产生附加轴向力，通常也采用柱面，综合这两点分析，这两种联接中的轴表面形状为圆柱面。

第 2 种情况由于轮毂要相对于轴移动，所以轴表面必须是除完整圆柱面以外的其他柱面，通过改变轴的截面形状可以形成不同的联接形式，常用的有滑键联接、导键联接、花键联接和特形柱面联接（如方形轴联接）等。

第 1 种情况为固定联接，限制条件少，所有满足可加工性和可装配性条件的表面形状都可以作为这种轴毂联接的表面形状，通过变换用以限制零件间相对运动自由度的方法和结构要素可以得到多种轴毂联接方式。按照联接中形成锁合力的条件，可将固定式轴毂联接分为形锁合联接和力锁合联接。形锁合联接要求被联接表面为非圆形，可以是如图 7.8 所示的三角形、正方形、六边形或其他特殊形状表面，但是由于非圆截面加工困难，特别是非圆截面孔加工更困难，所以这些形状的截面实际应用较少。由于圆形截面加工较容易，所以非圆截面通常通过在圆形截面上铣平面、铣槽或钻孔等方法产生。通过变换这些平面、槽或孔的尺寸、数量、在轴段的位置和方向就形成不同形式的轴毂联接。以在圆轴上钻孔为例，孔的方向可以垂直于轴线也可以平行于轴线，孔的位置可以通过轴心也可以通过轴外表面，孔的深度可以是通孔也可以是盲孔，孔的形状可以是圆柱孔也可以是圆锥孔、台阶孔或螺纹孔，孔的数量可以是单个也可以是多个。常用的形锁合联接有销联接、平键联接、半圆键联接、花键联接、成形联接和切向键联接等。力锁合联接依靠被联接件表面间的压力所派生的摩擦力传递转矩和轴向力，表面间压力的产生可以依靠多种不同的结构措施。过盈配合是一种常用的结构措施，它以最简单的结构形状获得足够的压力，使联接具有较大的承载能力，但是圆柱面过盈联接的装配和拆卸都很不方便，并引起较大的应力集中；圆锥面过盈联接的轴向定位精度差。为构造装拆方便的力锁合联接结构必须使联接装配时表面间无过盈，装配后通过其他调整措施使表面间产生过盈，拆卸过程则相反。基于这一目的的不同调整结构派生出不同的力锁合轴毂联接形式，常用的力锁合联接有楔键联接、弹性环联接、圆柱面过盈联接、圆锥面过盈联接、顶丝联接、容差环联接、星盘联接、压套联接和液压胀套联接等，其中有些是通过在联接面间楔入其他零件（楔键、顶丝）或介质（液体）使其产生过盈，有些则是通过调整使零件变形（弹性环、星盘、压套），从而产生过盈。常用于静联接的轴毂联接方式的结构如图 7.9 所示。这些联接结构中的工作表面多为最容易加工的圆柱面、圆锥面和平面，其余为可用大批量加工方法加工的专用零件（如螺纹联接件、星盘、压套等），这是通过变异设计方法开发新型联接结构时应遵循的原则，否则即使结构在其他方面的特性再好也是难于推广使用的。以上各种联接结构中没有哪一种结构在各方面的特性均较好，但是每一种结构都在某一方面或某几方面具有其他结构所没有的优越性，正是这种优越性使它们具有各自的应用范围和不可替代的作用，在设计新型联接结构时也要注意新结构只有具备某种其他结构没有的突出特性才可能在某些应用中被采用。由于机械产品生产领域竞争的加剧使机械产品的开发周期缩短，这也使各种通用性好、装拆方便、零件适宜大批量生产的联接结构更受欢迎。

图 7.8　非圆形轴截面

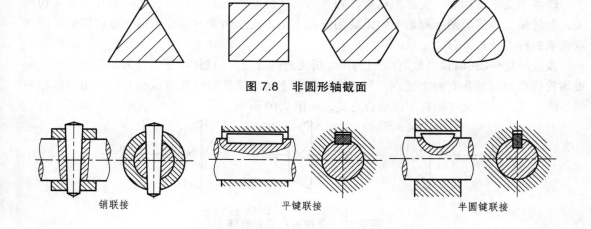

销联接　　　　　　　　　平键联接　　　　　　　　　半圆键联接

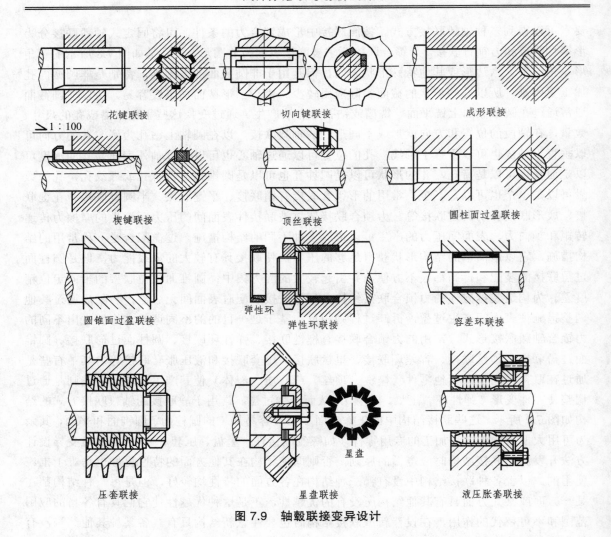

图 7.9  轴毂联接变异设计

## 7.2.3  支承的变异

轴系的支承结构是一类典型结构,轴系的工作性能与它的支承设计的状况和质量密切相关。旋转轴至少需要两个相距一定距离的支点支承,支承的变异设计包括支点位置变异和支点轴承的种类及其组合的变异。

以锥齿轮传动(两轴夹角为 90°)为例分析支点位置变异问题(以下假设为滚动轴承轴系),锥齿轮传动的两轴各有两个支点,每个支点相对于传动零件的位置可以在左侧,也可以在右侧,两个支点的位置可能有 3 种组合方式,如图 7.10 所示。

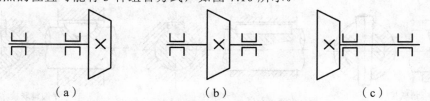

图 7.10  单轴支点位置变异

将两轴的支点位置进行组合可以得到9种结构方案，如图7.11所示。这9种方案中除最后一种方案在结构安排上有困难外，其余8种均被采用。

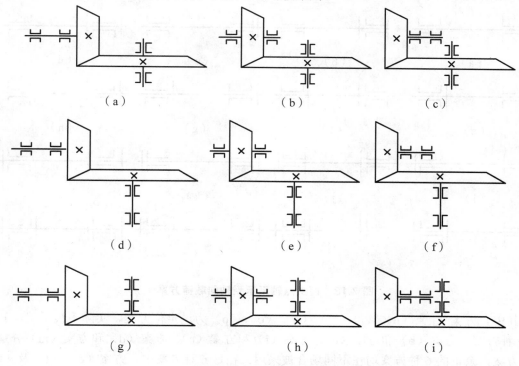

**图 7.11　锥齿轮传动轴系**

轴上的每个支点除承受径向载荷外，还可能同时承受单向或双向轴向载荷，每个支点承受轴向载荷的方式有4种可能，如图7.12所示。

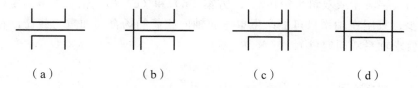

**图 7.12　单一支点承受轴向载荷情况**

在单个支点的4种受力情况中，每一种情况都可以通过多种不同类型的轴承或轴承组合实现，如情况（a）为承受纯径向载荷的支点，可以选用圆柱滚子轴承、滚针轴承、深沟球轴承、调心球轴承或调心滚子轴承。对于情况（b）和（c），可以选用向心推力轴承，如圆锥滚子轴承或角接触球轴承，当轴向力较小时可以选用深沟球轴承、调心球轴承或调心滚子轴承等向心轴承，也可以采用向心轴承与承受轴向载荷的推力轴承（如推力球轴承、推力滚子轴承）的组合。对于情况（d），可以采用一对向心推力轴承面对面或背对背组合使用，可以使用专门型号的双列向心推力轴承，当轴向载荷较小时可以采用有一定轴向承载能力的向心轴承，如深沟球轴承、调心球轴承或调心滚子轴承，也可以采用向心轴承与承受双向轴向载荷的推力轴承的组合，当转速较高时也可以选用具有较高极限转速的深沟球轴承取代双向推力轴承使用。

将轴系中两个支点的这 4 种情况进行组合，可得到两支点轴系承受轴向载荷情况的 16 种方案，如图 7.13 所示。

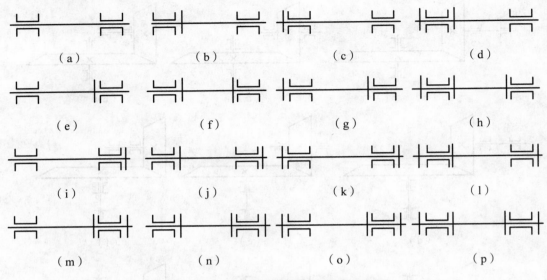

（a）　　　　　　　（b）　　　　　　　（c）　　　　　　　（d）

（e）　　　　　　　（f）　　　　　　　（g）　　　　　　　（h）

（i）　　　　　　　（j）　　　　　　　（k）　　　　　　　（l）

（m）　　　　　　　（n）　　　　　　　（o）　　　　　　　（p）

**图 7.13　两支点轴系承受轴向载荷方案**

其中，方案（g）、（h）、（j）、（l）、（n）、（o）、（p）为过定位方案，实际不被采用，其余的 9 种方案中方案（b）和方案（e）、方案（i）和方案（c）、方案（d）和方案（m）分别为对称方案，余下的 6 种方案均在不同场合被采用。在这 6 种方案中，方案（d）、（f）及（k）使轴系在两个方向上实现完全定位，在结构设计中应用最普遍，方案（d）称为单支点双向固定结构，方案（f）和方案（k）称为双支点单向固定结构。方案（a）使轴系在两个方向上都不定位，称为两端游动轴系结构，这种轴系结构适用于轴系可以通过传动件实现双向轴向定位的场合（如人字齿轮或双斜齿轮传动）；方案（b）和（c）都使轴系单方向定位，这种轴系结构应用较少，只用在轴系只可能产生单方向轴向载荷的场合（如重力载荷，在这种应用场合中通常也要求轴系双向定位）。

## 7.2.4　材料的变异

机械设计中可以选择的材料种类众多，不同的材料具有不同的性能，不同的材料对应不同的加工工艺，结构设计中既要根据功能的要求合理地选择适当的材料，又要根据材料的种类确定适当的加工工艺，并根据加工工艺的要求确定适当的结构，只有通过适当的结构设计才能使所选择的材料最充分地发挥优势。

设计者要做到正确地选择结构材料就必须充分地了解所选材料的力学性能、加工性能、使用成本等信息。

例如，在弹性联轴器的设计中需要选择弹性元件的材料，由于所选弹性元件材料的不同，使得联轴器的结构变化很大，对联轴器的工作性能也有很大的影响。可选作弹性元件的材料有金属、橡胶、尼龙、胶木等。金属材料具有较高的强度和寿命，所以常用在要求承载能力大的场合；橡胶材料的弹性变形范围大，变形曲线呈非线性，可用简单的形状实现大变形量、综合可移性要求，但是橡胶材料的强度差、寿命短，常用在承载能力要求较小的场合。由于弹性元件的寿命短，使用中需多次更换，在结构设计中应为更换弹性元件提供可能和方便，为更换弹性元件留有必要的操作空间，使更换弹性元件所必须拆卸、移动的零件尽量少。在结构设计中应根据所选弹性元件材料的不同而采用不同的结构设计原则，图 7.14 表示了使用不同弹性元件材料的常用弹性联轴器的结构。

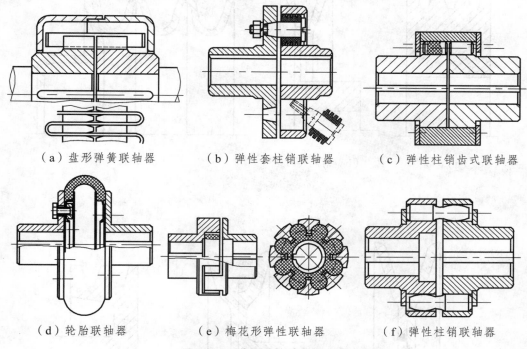

（a）盘形弹簧联轴器　　　　（b）弹性套柱销联轴器　　　　（c）弹性柱销齿式联轴器

（d）轮胎联轴器　　　　　（e）梅花形弹性联轴器　　　　（f）弹性柱销联轴器

**图 7.14　弹性联轴器结构方案**

结构设计中应根据所选材料的特性及其所对应的加工工艺遵循不同的设计原则。

钢材受拉和受压时的力学特性基本相同，因此，钢梁结构多为对称结构。铸铁材料的抗压强度远大于抗拉强度，因此，承受弯矩的铸铁结构截面多为非对称形状，以使承载时最大压应力大于最大拉应力，图 7.15 为两种铸铁支架的结构图。图中方案（b）的最大压应力大于最大拉应力，符合铸铁材料的强度特点，是较好的结构方案。另外，塑料结构的强度较差，螺纹联接件产生的装配力很容易使塑料零件损坏。

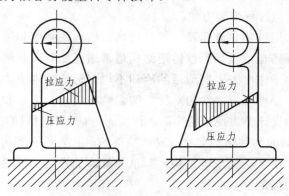

**图 7.15　两种铸铁支架的结构**

　　根据零件的结构，采用不同的制造工艺，会影响零件和产品的制造成本、质量及性能，这就是制造工艺的变换。V 形带轮采用不同的制造工艺时，其不同的结构设计方案如图 7.16 所示。

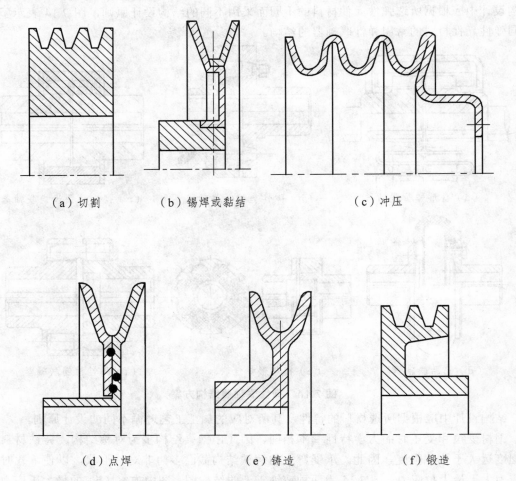

（a）切割　　　　（b）锡焊或黏结　　　　　　　（c）冲压

（d）点焊　　　　　　（e）铸造　　　　　　　（f）锻造

**图 7.16　采用不同工艺的带轮结构**

　　设计的结果要通过制造和装配实现，结构设计中如果能根据所选材料的工艺特点合理地确定结构形式则会为制造过程带来方便。

　　钢结构设计中通常通过加大截面尺寸的方法增大结构的强度和刚度，但是铸造结构中如果壁厚过大则很难保证铸造质量，所以铸造结构通常通过加肋板和隔板的方法加强结构的刚度和强度。塑料材料由于刚度差，铸造后的冷却不均匀造成的内应力极易引起结构翘曲，所以塑料结构的肋板应与壁厚相近并均匀对称。陶瓷结构的模具成本和烧结工艺成本远大于材料成本，所以陶瓷结构设计中为使结构简单，通常不考虑节省材料的原则。

　　图 7.17 是棘轮传动的 9 种结构形状，棘爪头部的形状要适应棘齿的结构形状，棘爪的头部形状有尖底、平底、滚子、叉形等结构。棘爪与棘齿的数量、位置应满足工作要求，棘爪有双棘爪、单棘爪；棘齿的位置应满足工作要求，有棘齿布置在棘轮圆周上的，也有布置在棘轮端面上的。

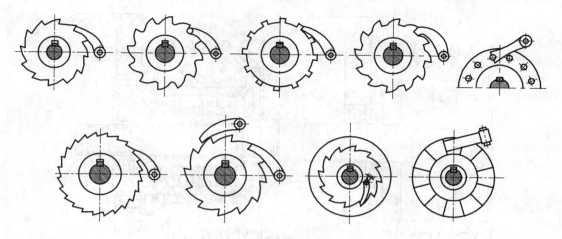

图 7.17 棘轮结构元素的变异

# 7.3 提高性能的设计

机械产品的性能不但与原理设计有关，而且与结构设计的质量有关，结构设计的质量好坏甚至会影响产品功能的实现。下面分别分析为提高结构的强度、刚度、精度、工艺性等方面性能常采用的设计方法和设计原则，通过这些分析可以对结构的创新设计提供可供借鉴的思路。

## 7.3.1 提高强度和刚度的设计

强度和刚度是结构设计的基本问题，通过正确的结构设计可以减小单位载荷所引起的材料应力和变形量，提高结构的承载能力。

强度和刚度都与结构受力有关，在外载荷不变的情况下，降低结构受力是提高强度和刚度的有效措施。

### 1. 载荷分担

载荷引起结构受力，如果多种载荷作用在同一结构上就可能引起局部应力过大。结构设计中应将载荷由多个结构分别承担，这样有利于降低危险结构处的应力，从而提高结构的承载能力，这种方法称为载荷分担。

图 7.18 为一位于轴外伸端的带轮与轴的联接结构。方案（a）所示的结构在将带轮的扭矩传递给轴的同时也将压轴力传递给轴，这将在支点处引起很大的弯矩，并且弯矩所引起的应力为交变应力，弯矩和扭矩同时作用会在轴上引起较大应力。方案（b）所示的结构增加了一个支承套，带轮通过端盖将扭矩传递给轴，通过轴承将压轴力传给支承套，支承套的直径较大，而且所承受的弯曲应力是静应力，通过这种结构使弯矩和扭矩分别由不同零件承担，提高了结构整体的承载能力。

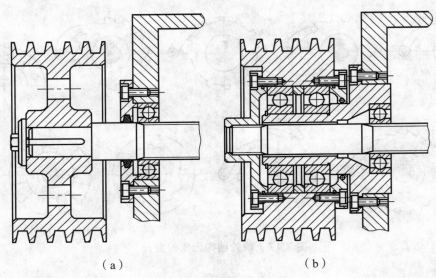

（a）　　　　　　　　　　　（b）

图 7.18　带轮与轴的联接

图 7.19（a）为蜗杆轴系结构，蜗杆传动产生的轴向力较大，使得轴承在承受径向载荷的同时承受较大的轴向载荷，在图（b）所示的结构中增加了专门承受双向轴向载荷的双向推力球轴承，使得各轴承分别发挥各自承载能力的优势。

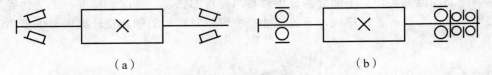

（a）　　　　　　　　　　　（b）

图 7.19　蜗杆轴系结构

## 2. 载荷平衡

在机械传动中有些做功的力必须使其沿传动链传递，有些不做功的力应尽可能使其传递路线变短，如果使其在同一零件内与其他同类载荷构成平衡力系，则其他零件不受这些载荷的影响，有利于提高结构的承载能力。

图 7.20（a）所示的行星齿轮结构中齿轮啮合使中心轮和系杆受力。图 7.20（b）所示的结构中在对称位置布置 3 个行星轮，使行星轮产生的力在中心轮和系杆上合成为力偶，减小了有害力的传播范围，有利于相关结构的设计。

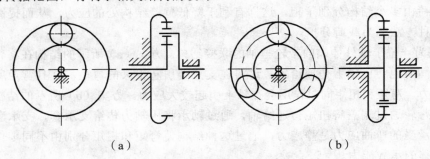

（a）　　　　　　　　　　　（b）

图 7.20　行星轮系结构

#### 3. 减小应力集中

应力集中是影响承受交变应力的结构承载能力的重要因素，结构设计应设法缓解应力集中。在零件的截面形状发生变化处力流会发生变化，如图 7.21 所示，局部力流密度的增加引起应力集中。零件截面形状的变化越突然，应力集中就越严重，结构设计中应尽量避免使结构受力较大处的零件形状突然变化，以减小应力集中对强度的影响。零件受力变形时不同位置的变形阻力（刚度）不相同也会引起应力集中，设计中通过降低应力集中处附近的局部刚度可以有效地降低应力集中。例如，图 7.22（a）所示的过盈配合联接结构在轮毂端部应力集中严重，图 7.22（b）、（c）、（d）所示的结构通过降低轴或轮毂相应部位的局部刚度使应力集中得到有效缓解。

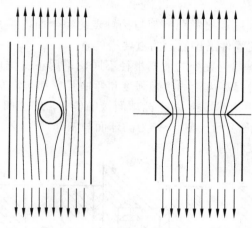

图 7.21 力流变化引起应力集中

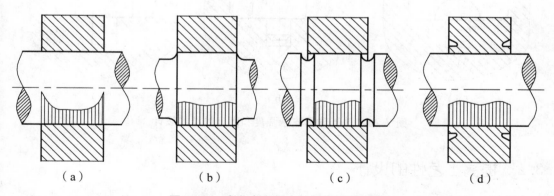

（a） （b） （c） （d）

图 7.22 减小应力集中的过盈联接结构

由于结构定位等功能的需要，在绝大部分结构中不可避免地会出现结构尺寸及形状的变化，这些变化都会引起应力集中，如果多种变化出现在同一结构截面处将引起严重的应力集中，所以结构设计中应尽量避免这种情况。

图 7.23 所示的轴结构中台阶和键槽端部都会引起轴在弯矩作用下的应力集中。图 7.23（a）所示的结构将两个应力集中源设计在同一截面处，加剧了局部的应力集中；图 7.23（b）所示的结构使键槽不加工到轴段根部，避免了应力集中源的集中。

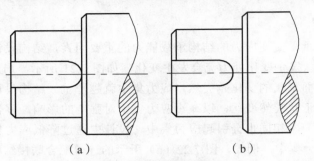

（a） （b）

图 7.23 避免应力集中源的集中

### 4. 减小接触应力

高副接触零件的接触强度和接触刚度都与接触点的综合曲率半径有关，设法增大接触点的综合曲率半径是提高这类零件工作能力的重要措施。

渐开线齿轮在齿面上不同位置处的曲率半径不同，采用正变位可使齿面的工作位置向曲率半径较大的方向移动，对提高齿轮的接触强度和弯曲强度都非常有利。

在图 7.24 所示的结构中，图（a）两个凸球面接触传力，综合曲率半径较小，接触应力较大；图（b）为凸球面与平面接触；图（c）为凸球面与凹球面接触，综合曲率半径依次增大，有利于改善球面支承的强度和刚度。

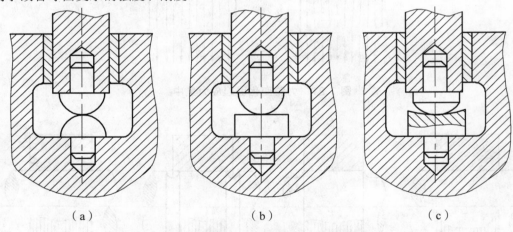

（a） （b） （c）

图 7.24 改善球面支承强度和刚度的结构设计

## 7.3.2 提高工艺性的设计

设计的结果要通过制造、安装、运输等过程实现，机械设备使用过程中还要多次对其进行维修、调整等操作，正确的结构设计应使这些过程可以进行，好的结构设计应使这些过程方便、顺利地进行。

### 1. 方便装卡

大量的零件要经过机械切削加工工艺过程，多数机械切削加工过程首先要对零件进行装卡。结构设计要根据机械切削加工机床的设备特点，为装卡过程提供必要的夹持面，夹持面的形状和位置应使零件在切削力的作用下具有足够的刚度，零件上的被加工面应能够通过尽量少的装卡次数得以完成。如果能够通过一次装卡对零件上的多个相关表面进行加工，这将有效地提高加工效率。

在图 7.25 所示的顶尖结构中，图（a）所示的结构只有两个圆锥表面，用卡盘无法装卡；在图（b）所示的结构中增加了一个圆柱形表面，这个表面在零件工作中不起作用，只是为了实现工艺过程而设置的，这种表面称为工艺表面。

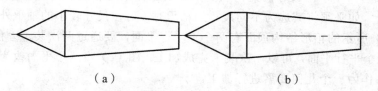

（a）　　　　　　　　　　　　　（b）

图 7.25　顶尖结构

在图 7.26 所示的轴结构中，图（a）将轴上的两个键槽沿周向成 90°布置，这两个键槽必须两次装卡才能完成加工；图（b）所示的结构中将两个键槽布置在同一周向位置，使得可以一次装卡完成加工，方便了装卡，提高了加工效率。

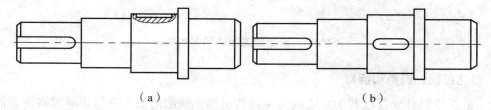

（a）　　　　　　　　　　　　　（b）

图 7.26　减少装卡次数的设计

图 7.27 为立式钻床的床身结构，床身左侧为导轨，需要精加工，床身右侧没有工作表面，不需要切削加工。在图（a）所示的结构中没有可供加工导轨工作表面使用的装卡定位表面；在图（b）所示的结构中虽然设置了装卡定位表面，但是由于表面过小，用它定位装卡加工中不能使零件获得足够的刚度；在图（c）所示的结构中增大了定位面的面积，并在上部增加了工艺脐，作为定位装卡的辅助支撑，由于工艺脐在钻床工作中没有任何作用，通常在加工完成后将其去除。

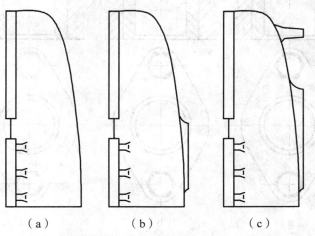

（a）　　　　　（b）　　　　　（c）

图 7.27　工艺脐结构

### 2. 方便加工

切削加工所要形成的几何表面的数量、种类越多，加工所需的工作量就越大。结构设计中尽量减少加工表面的数量和种类是一条重要的设计原则。

例如，齿轮箱中同一轴系两端的轴承受力通常不相等，但是如果将两轴承选为不同的型号，两轴承孔成为两个不同尺寸的几何表面，加工工作量将加大。为此，通常将轴系两端轴承选为相同型号。如必须将其选为不同尺寸的轴承时，可在尺寸较小的轴承外径处加装套杯。

图 7.28（a）所示的箱形结构顶面有两个不平行平面，要通过两次装卡才能完成加工；图（b）将其改为两个平行平面，可以一次装卡完成加工；图（c）将两个平面改为平行而且等高，可以将两个平面作为一个几何要素进行加工。

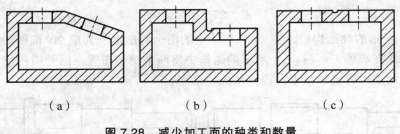

（a）　　　　　　　（b）　　　　　　　（c）

**图 7.28　减少加工面的种类和数量**

### 3. 简化装配、调整和拆卸

加工好的零部件要经过装配才能成为完整的机器，装配的质量直接影响机器设备的运行质量，设计中是否考虑装配过程的需要也直接影响装配工作的难度。

图 7.29（a）所示的滑动轴承右侧有一个与箱体连通的注油孔，如果装配中将滑动轴承的方向装错将会使滑动轴承和与之配合的轴得不到润滑。由于装配中有方向要求，装配人员就

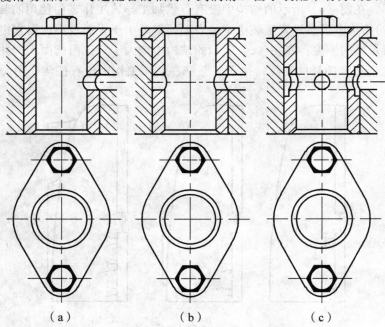

（a）　　　　　　　（b）　　　　　　　（c）

**图 7.29　降低装配难度的结构设计**

必须首先辨别装配方向，然后进行装配，这就增加了装配工作的工作量和难度。如改为图（b）所示的结构，则零件成为对称结构，虽然不会发生装配错误，但是总有一个孔实际并不起润滑作用。如改为图（c）所示的结构，增加环状储油区，则使所有的油孔都能发挥润滑作用。

随着装配过程自动化程度的提高，越来越多的装配工作应用了装配自动线或装配机器人，这些自动化设备具有很高的工作速度，但是对零件上微小差别的分辨能力比人差得多，这就要求设计人员应减少那些具有微小差别的零件种类，可以增加容易识别的明显标志，也可以将相似的零件在可能的情况下消除差别，合并为同一种零件。

例如，图7.30（a）所示的两个圆柱销的外形尺寸完全相同，只是材料及热处理方式不同，这在装配过程中无论是人或是自动化的机器都很难区别，装错的可能性极大。如果改为图（b）所示的结构，使两个零件的外形尺寸有明显的差别，使得错误的装配不能实现，这就避免了发生装配错误的可能性。

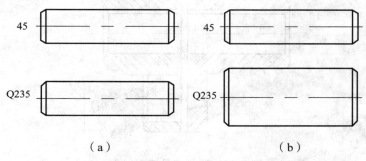

（a）　　　　　　　　　　（b）

图7.30　相似零件具有明显差异

在机械设计中，很多设计参数是依靠调整过程实现的，当对机器进行维修时要破坏某些经过调整的装配关系，维修后需要重新调整这些参数，这就增加了维修工作的难度。结构设计中应减少维修工作中对已有装配关系的破坏，使维修更容易进行。

图7.31（a）所示的轴承座结构的装配关系不独立，更换轴承时不但需要破坏轴承盖与轴承座的装配关系，而且需要破坏轴承座与机体的装配关系。图（b）所示的结构中轴承座与机体的装配关系和轴承盖与轴承座的装配关系互相独立，更换轴承时不需要破坏轴承座与机体的装配关系。

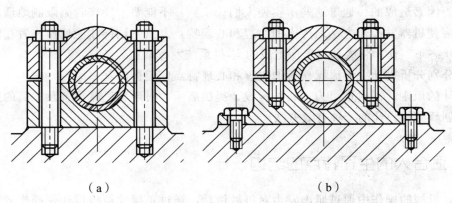

（a）　　　　　　　　　　（b）

图7.31　装配关系独立的结构设计

　　机械设备中的某些零部件由于材料或结构的关系，使用寿命较短，这些零部件在设备的使用周期内需要多次更换，结构设计中要考虑这些易损零件更换的可能性和方便程度。例如，V 带传动中带的设计寿命较短，需要经常更换。V 带是无端带，如果将带轮设置在两固定支点间，则每次更换带时都需要拆卸并移动支点，为此通常将带轮设置在轴的悬臂端。图 7.32 所示的弹性套柱销联轴器的弹性元件由于使用橡胶材料，所以寿命较短，联轴器两端通常联接较大设备，更换弹性元件时很难移动这些设备，结构设计时应为弹性元件的拆卸和装配留有必要的空间。

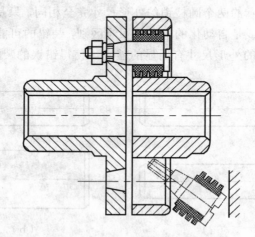

图 7.32　弹性套柱销联轴器

# 7.4　结构的宜人化设计

　　大多数机器设备要由人操作，在早期的机械设计中设计者认为通过选拔和训练可以使人适应任何复杂的机器设备。随着设计和制造水平的提高，机器的复杂程度、工作速度及其对操作人员的知识和技能水平的要求越来越高，人已经很难适应这样的机器，由于操作不当造成的事故越来越多。据统计，在第二次世界大战期间，美国飞机所发生的飞行事故中有 90% 是由于人为因素造成的。通过这些事实使人们认识到，不能要求操作者无限制地适应机器的要求，而应使机器的操作方法适应人的生理和心理特点，只有这样才能使操作者在最佳的生理及心理状态下工作，使人和机器所组成的人-机系统发挥最佳效能。

　　以下分别分析设计中考虑操作者的生理和心理特点应遵循的基本原则，它不但是进行创新结构设计的原则，同时也可为创新结构设计提供启示。对现有机械设备及工具的宜人化改进设计是创新结构设计的一种有效方法。

## 7.4.1　适合人的生理特点的结构设计

　　人在对机械的操作中通过肌肉发力对机械做功，通过正确的结构设计使操作者在操作中不容易疲劳，是使其连续正确操作的前提条件。

### 1. 减少疲劳的设计

人体在操作中靠肌肉的收缩对外做功，做功所需的能量物质（糖和氧）要依靠血液输送到肌肉。如果血液不能输送足够的氧，则糖会在无氧或缺氧状态下进行不完全分解，不但释放出的能量少，而且会产生代谢中间产物——乳酸。乳酸不易排泄，乳酸在肌肉中的积累会引起肌肉疲劳、疼痛、反应迟钝。长期使某些肌肉处于这种工作状态会对肌肉、肌腱、关节及相邻组织造成永久性损害，机械设计应避免使操作者在这样的状态下工作。

当操作人员长时间保持某一种姿势时，身体的某些肌肉长期处于收缩状态，肌肉压迫血管使血液流通受阻，血液不能为肌肉输送足够的氧，肌肉的这种工作状态称为静态肌肉施力状态。设计与操作有关的结构时应考虑操作者的肌肉受力状态，尽量避免使肌肉处于静态肌肉施力状态。表 7.2 所示的几种常用工具改进前的形状因为使某些肌肉处于静态施力状态，不适宜长时间使用，改进后使操作者的手更趋于自然状态，减少或消除了肌肉的静态施力状况，使得长时间使用不易疲劳。例如，曾有人对表 7.2 中所示的两种钳子对操作者造成的疲劳程度做过对比试验。试验中两组各 40 人分别使用两种钳子进行为期 12 周的操作，试验结果是使用直把钳的一组先后有 25 人出现腱鞘炎等症状，而使用弯把钳的一组中只有 4 人出现类似症状，试验结果如图 7.33 所示。

**表 7.2　工具的改进**

| 工具名称 | 改进前 | 改进后 |
|---|---|---|
| 夹　钳 | | |
| 锤　子 | | |
| 手　锯 | | |
| 螺丝刀 | | |
| 键　盘 | | |

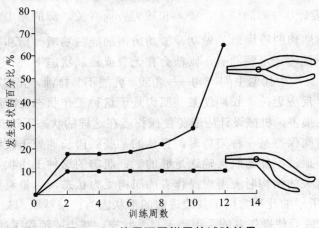

图 7.33　使用不同钳子的试验结果

试验证明，人在静态施力状态下能够持续工作的时间与施力大小有关。当以最大能力施力时，肌肉的供血几乎中断，施力只能持续几秒钟。随着施力的减小能够持续工作的时间加长。当施力大小等于最大施力值的 15% 时血液流通基本正常，施力时间可持续很长而不疲劳，等于最大施力值 15% 的施力称为静态施力极限，试验结果如图 7.34 所示。当某些操作中静态施力状态不可避免时，应限制静态施力值不超过静态施力极限。

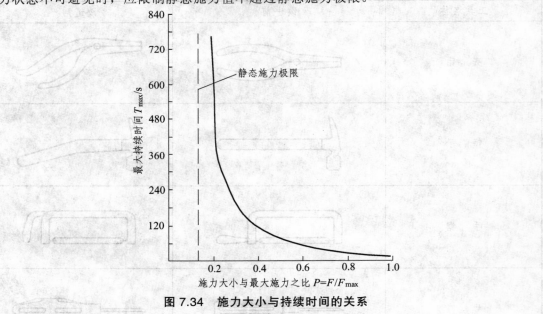

图 7.34　施力大小与持续时间的关系

### 2. 容易发力的设计

操作者在操作机器时需要用力，人在处于不同姿势、向不同方向用力时发力能力差别很大。试验表明人手臂发力能力的一般规律是右手发力大于左手，向下发力大于向上发力，向内发力大于向外发力，拉力大于推力，沿手臂方向大于垂直手臂方向。

人以站立姿势操作时手臂所能施加的操纵力明显大于坐姿，但是长时间站立容易疲劳，站立操作的动作精度比坐姿操作的精度低。

图 7.35 显示了人脚在不同方向上的操纵力分布.脚能提供的操纵力远大于手臂的操纵力，

脚所能产生的最大操纵力与脚的位置、姿势和施力方向有关，脚的施力方向通常为压力。脚不适于作频率高或精度高的操作。

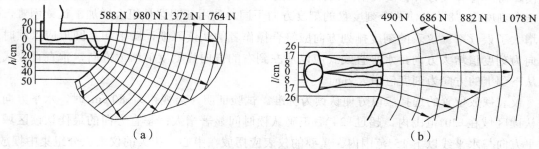

**图 7.35 脚的操纵力分布**

综合以上分析，在设计需要人操作的机器时，首先要选择操作者的操作姿势，一般优先选择坐姿，特别是动作频率高、精度高、动作幅度小的操作，或需要手脚并用的操作。当需要施加较大的操纵力，或需要的操作动作范围较大，或因操作空间狭小，无容膝空间时可以选择立姿。操纵力的施加方向应选择人容易发力的方向，施力的方式应避免使操作者长时间保持一种姿势，当操作者必须以不平衡姿势进行操作时应为操作者设置辅助支撑物。

## 7.4.2 适合人的心理特点的结构设计

对于复杂的机械设备，操作者要根据设备的运行状况随时对其进行调整，操作者对设备工作情况的正确判断是进行正确调整操作的基本条件之一。

### 1. 减少观察错误的设计

在由人和机器组成的系统中，人起着对系统的工作状况进行调节的"调节器"的作用，人的正确调节来源于人对机器工作情况的正确了解和判断，所以在人-机系统设计中使操作者能够及时、正确、全面地了解机器的工作状况是非常重要的。

操作者了解机器的工作情况主要通过机器上设置的各种显示装置（显示器），其中使用最多的是作用于人的视觉的显示器，其中又以显示仪表应用最为广泛。

在显示仪表的设计中应使操作者观察方便，观察后容易正确地理解仪表显示的内容，这要通过正确地选择仪表的显示形式、仪表的刻度分布、仪表的摆放位置以及多个仪表的组合实现。

选择显示器形式主要应依据显示器的功能特点和人的视觉特性。试验表明，人在认读不同形式的显示器时正确认读的概率差别较大，试验结果如表 7.3 所示。

**表 7.3 不同形式刻度盘的误读率比较**

| 刻度盘形式 | 开窗式 | 圆 形 | 半圆形 | 水平直线 | 垂直直线 |
| --- | --- | --- | --- | --- | --- |
| 误读率 | 0.5% | 10.9% | 16.6% | 27.5% | 35.5% |

通常在同一应用场合应选用同一形式的仪表，且同样的刻度排列方向，以减少操作者的认读障碍。曾有人为节省仪表空间设计过如图 7.36 所示的仪表组合，组合中为使两个仪表共用一个刻度值"8"而使两个刻度盘的刻度方向不同，使用证明这种组合增加了认读困难，因而增大了误读率。仪表的刻度排列方向应符合操作者的认读习惯，圆形和半圆形应以顺时针方向为刻度值增大方向，水平直线式应以从左到右的方向为刻度值增大方向，垂直直线式应以从下到上的方向为刻度值增大方向。

仪表摆放位置的选择应以方便认读为标准。试验证明，当视距为 80 cm 时，水平方向最佳认读区域在±20°范围内，超过±24°后正确认读时间显著增大；垂直方向的最佳认读区域为水平方向与水平线以下 15°范围内。重要的仪表应摆放在中心，相关的仪表应分组集中摆放，有固定使用顺序的仪表应按使用顺序摆放。

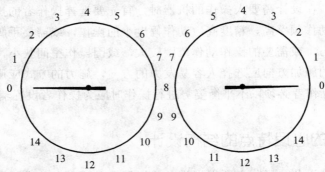

图 7.36　不同刻度方向的刻度盘组合

## 2. 减少操作错误的设计

在了解机器工作状况的前提下，通过操作对机器的工作进行必要的调整，使其在更符合操作者意图的状态下工作。操作者通过控制器对机器进行调整，通过反馈信息了解调整的效果。控制器的设计应使操作者在较少视觉帮助或无视觉帮助下能够迅速准确地分辨出所需的控制器，在正确了解机器工作状况的基础上对机器做出适当的调整。

首先应使操作者分辨出所需的控制器。在机器拥有多个控制器时要使操作者迅速准确地分辨出不同的控制器，就要使不同的控制器的某些属性具有明显的差别。常被用来区别不同控制器的属性有形状、尺寸、位置、质地等，控制器手柄的不同形状常被用来区别不同的控制器。由于触觉的分辨能力差，不易分辨细微差别，所以形状编码应使不同形状差别明显，各种形状不宜过分复杂。

通过控制器的大小来分辨不同的控制器也是一种常用的方法。为能准确地分辨出不同的控制器，应使不同的控制器之间的尺寸差别足够明显。试验表明，旋钮直径差为 12.5 mm、厚度差为 10 mm 时，人能够通过触觉准确地分辨。

通过控制器所在的位置分辨不同控制器的方法是一种非常有效的方法。

控制器的操作应有一定的阻力，操作阻力可以为操作过程提供反馈信息，提高操作过程的稳定性和准确性，并可防止因无意碰撞引起的错误操作。操作阻力的大小应根据控制器的类型、位置、施力方向及使用频率等因素合理选择。

为了减少操作错误，控制器的设计还要考虑与显示器的关系。通常控制器与显示器配合使用，控制器与所对应的显示器的位置关系应使操作者容易辨认。根据控制器与显示器位置一致的原则，控制器与相应的显示器应尽量靠近，并将控制器放置在显示器的下方或右方。控制器的运动方向与相对应的显示器的指针运动方向的关系应符合人的习惯模式，通常旋钮以顺时针方向调整应使仪表向数字增大的方向变化。

# 习　题

1. 结构设计有哪些基本要求？
2. 从制造的角度来看，不同的工艺对结构设计有什么要求？

# 8 创新设计案例分析

创新思维的训练和创造技法的学习只是为创新设计打下了一个良好的基础，如何从生活中产生设计灵感，获取需求进而诞生产品是初学者不易做到的。本章通过对几个创新设计案例的介绍与分析，试图带领读者了解设计者的设计思路，更好地利用所掌握的知识进行发明创造。

以下案例均为本书编者指导学生参加全国三维数字化创新设计大赛和全国机械创新设计大赛的作品，我们把作品的诞生过程全部介绍给读者，希望能给大家带来一些启迪。

## 8.1 GreenBoard 吸尘滑板车

GreenBoard 吸尘滑板车是一款新颖别致的作品，它提倡的是一种人人快乐环保的理念，可以在城市设点（如广场，商业街等）为市民免费提供代步工具，利用其充满趣味的使用方式，吸引大家为城市环卫做出贡献。它使用人力驱动，既节能又可以健身。它巧妙利用了滑板车及其使用者的动能，将制动器转化为吸尘离合器，使之同时具备休闲和吸尘两种工作模式。其外观如图 8.1 所示。

**图 8.1 GreenBoard 吸尘滑板车**

2010 年全国三维数字化创新设计大赛全国总决赛一等奖

指导老师：王霜

团队：西华大学 FREEWILL

团队成员：张宇涵、付非、谢庆、夏中祥

## 8.1.1  设计思路

GreenBoard 吸尘滑板车是为了参加 2010 年全国三维数字化创新设计大赛的全国总决赛阶段比赛而提出的一个创意作品。当时团队已经凭借 8.5 节介绍的 Suwin_I 双能源电动车获得了参加全国总决赛的资格。但因为总决赛赛制要求在 12 小时内完成作品的结构建模、工业设计、模具设计和数控加工编程与仿真，双能源电动车结构过于复杂，只能放弃。团队成员首先按指导教师要求广泛搜集现有各种创意作品，然后一起按头脑风暴法（Brainstorm）充分讨论，在讨论中确定新作品必须满足 3 个要求：零件总数在 30 个左右；符合设计趋势；作品要体现人文关怀。其中，正是第 3 个要求激发了大家的创作灵感，把视野集中在身边辛勤工作的城市清洁工身上。

团队成员首先想到的是城市清洁工在广场上来回走动扫除垃圾的场景，也许为了一个烟头就要手持扫帚等工具走上几十米路程，工作范围广，劳动强度大。于是想到用普通滑板车协助其工作，进而设想能不能进一步降低清洁工的劳动强度，使滑板车能运载清扫工具。最后灵机一动，使滑板车在运载功能基础上自身还具备清洁功能，吸尘滑板车的创意便诞生了。该作品提倡"人人都是清洁工，快乐环保你我他"的理念，不消耗燃料和电能，使人们在健身、娱乐的同时参与环境保护，满足了符合设计趋势、体现人文关怀的要求。图 8.2 显示了设计思路和所采用的创新思维和技法。

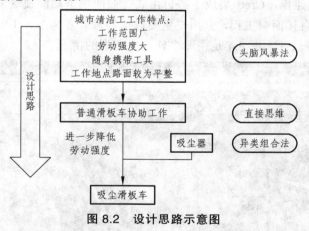

**图 8.2  设计思路示意图**

## 8.1.2  设计过程

为了完整介绍参赛要求和全面展示团队合作的成果，针对该作品将较为系统地介绍工业设计、结构设计建模、模具设计和数控加工 4 个方面的内容。由于篇幅所限，后面的作品将只保留和创新设计最为相关的工业设计和结构设计方面的内容。

### 1. 概念草图设计

概念草图是工业设计者根据产品设计理念，结合产品功能和结构对产品的外观、布局进行设计，使用的手段是数位板和 Photoshop 软件，也就是使用数位板将手绘信号转化为数字信息导入图形处理软件。图 8.3 给出了 GreenBoard 吸尘滑板车的概念草图。

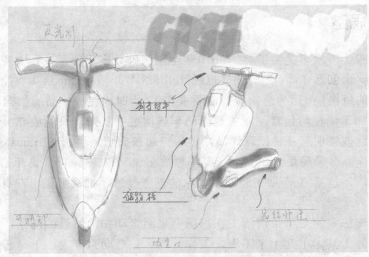

图 8.3　GreenBoard 吸尘滑板车概念草图

## 2. 外观建模

　　概念草图导入计算机后可以作为后续设计的参考，这一参考是在造型软件中完成的。为了美观，往往需要将产品外观设计成复杂曲面的组合形式，可以在 Creo、UG 等软件中进行复杂曲面或实体的造型建模，Creo 集成了"自由式"曲面造型功能使这方面能力更加强大，但由于这些三维 CAD 直接面向工程，其用户主要以结构设计者为主，工业设计常用的还是犀牛（Rhino）、3ds Max 等软件。图 8.4 是在犀牛软件中造型的情况。

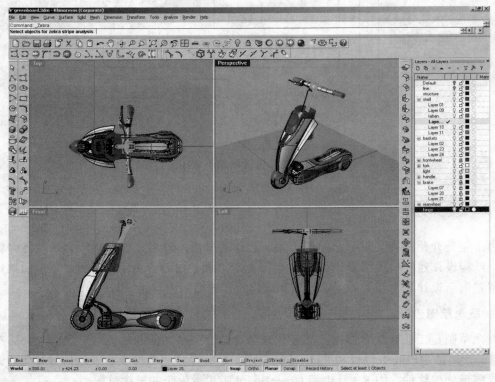

图 8.4　犀牛（Rhino）造型建模

### 3. 结构设计建模

经过逐步分解并细化产品的各个部分，得到如图 8.5 所示的产品结构。该产品的工作原理为：控制把手控制常开式摩擦离合器（也起制动器作用），平时离合器断开，吸尘滑板车就是一辆普通的滑板车。当离合器合上时，人和车的动能作为动力输入驱动离合器从动端的大齿轮，通过齿轮传动和皮带轮传动实现二级减速，驱使气泵旋转，实现吸尘功能。

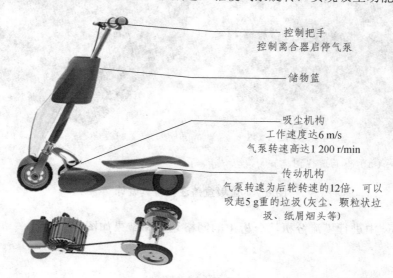

图 8.5　产品结构及其工作原理

吸尘滑板车具有可拆卸的储物篮及防护罩，使用抽屉式垃圾盒，便于倾倒垃圾。其他结构如图 8.6 所示。

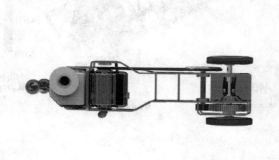

（a）仰视图　　　　　　　　　　　　　（b）模型轴测图

图 8.6　Pro/E 结构设计建模

### 4. 模具设计

选择垃圾盒盖作为模具设计的零件，该零件采用 ABS 材料，壁厚为 2 mm，管道接口和卡槽出口设置抽芯以方便脱模（拔模角为 1°）。图 8.7 为注塑模透视图和型腔图。

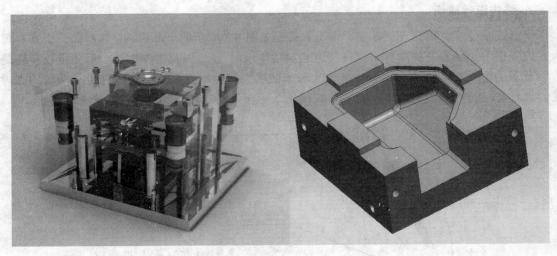

（a）模具透视图　　　　　　　　　　（b）型腔

**图 8.7　垃圾盒盖注塑模具设计**

在 Moldflow 中进行模流分析，分析中的网格划分和结果如图 8.8 所示。

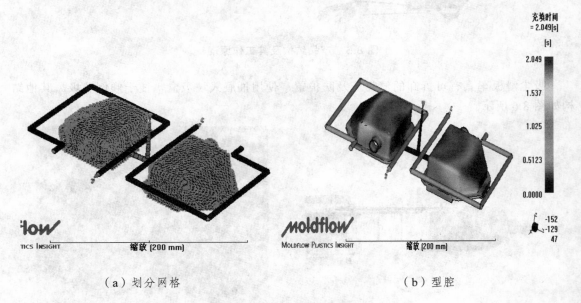

（a）划分网格　　　　　　　　　　（b）型腔

**图 8.8　Moldflow 模流分析**

### 5. 数控加工

在 UG 软件中以垃圾盒盖的型腔零件为例进行数控加工仿真，完成工艺规划、NC 助理分析、创建刀具、加工参数设置、生成 G 代码和机床集成加工仿真等工作。图 8.9 是机床集成加工仿真的界面。

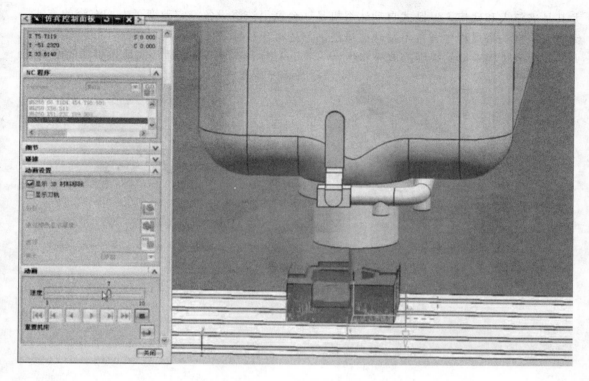

图 8.9　UG 加工仿真

### 6. 小　结

从本例中可以看出，创新可以是需求驱动的，也可以是理念引导的，一个好的产品需要在考虑经济效益的同时考虑社会效益。随着社会的进步和人类文明程度的提高，社会效益显得越来越重要，有些经济效益好但却对人、环境有害的产品已经不能投入生产。在社会效益里面，以人为本、节能减排、环境保护、资源循环利用、可持续发展等都是设计时需要参考的理念或技术。

产品的开发是一个全流程的并行工程，工业设计、结构设计、模具设计、生产加工等各环节的工作人员需要团结合作，及时沟通。团队精神、协调能力在整个产品开发过程中非常重要，需要大家引起重视。

在产品开发的各阶段都有相应的基本技能和手段的要求，如查阅资料的能力、分析与决策能力、设计知识掌握能力、计算能力、建模和工程图绘制能力、软件分析与仿真能力等，需要掌握先进的设计手段，如前面提到的犀牛、Creo、UG 等设计软件。单独一个人要掌握所有的这些知识和技能不太现实，所以团队协作就成为必然。

## 8.2　卧式自动沐浴机

传统的沐浴方式是个人独自完成的，而个人的清洁主要是靠手掌、洗浴用品对身体的揉搓运动和水流的冲刷。由于人体的生理结构，人体背部的清洁一直是个人难以很好完成的，尤其是老年人和残疾人。卧式自动沐浴机是一台家用洗浴设备。它改变了人们洗浴的方式，针对人们在洗浴过程中背部不易洗或难洗的问题提出了解决方案，同时增加了按摩功能，让人们在洗浴过程中得到很好的放松和休息，满足人们不断追求对舒适和高质量生活的要求。

（a）外观效果图　　　　　　　　　　（b）透视图

**图 8.10　卧式自动沐浴机**

2010 年全国三维数字化创新设计大赛全国总决赛一等奖

指导老师：廖敏

团队：西华大学　卓越

团队成员：高春剑、唐平、徐利伟、王兴国

## 8.2.1　设计思路

　　沐浴机的设计思路一开始是来源于一个本科生毕业设计的题目，该教师在思考新一届毕业设计题目时，从一篇小说中感受到空巢老人生活自理不便，甚至危险，而中国是老龄化速度最快的国家之一，2001 年至 2020 年是快速老龄化阶段，平均每年增加 596 万老年人口，到 2020 年，老龄化水平将达到 17.17%。因此，想为需要长期照顾的人群（如高龄人群和残疾人）设计一些产品。于是从身边发生的一些事例中寻找灵感和切入点，关于老年人洗澡时跌倒受伤甚至瘫痪的例子吸引了他的注意。能不能不用站着洗澡呢？这样便提出了"坐式自动沐浴机"的设计题目。该题目设计完成后因新颖别致、充满人文关怀、产品结构和零件适宜参赛等特点被选中参加全国 3D 大赛。最后根据需要，参赛指导教师和学生团队将坐式沐浴机改为卧式沐浴机，对作品进行进一步完善后参加四川赛区比赛获特等奖，然后被推荐参加全国总决赛，获一等奖。

　　自动沐浴机对老年人和肢体残疾人，特别是上肢残疾人的洗浴特别有用。首先，人坐卧姿势洗浴，非常自然、舒适；其次，背部有洗浴按摩机构协助用户完成自动洗浴。同时，在洗浴过程中，有高压水按摩冲洗、腰部红外线照射、脚底按摩等清洗动作。采用橡胶凸起颗粒受按摩机构挤压产生的位移微变对背部肌肤摩擦而达到清洗和按摩的功能；高压水按摩冲洗采用水泵增加水的压力来实现。

## 8.2.2　设计过程

### 1. 概念草图设计

浴缸融合了中国传统的医学养生理念，寓意体现了健康生活的核心概念，用流动圆润的曲线来传达轻松惬意的生活观念。造型设计参考花生形态，开关按钮部分的形态设计源于花生未成熟的形态变形。整体造型体现了亲近自然的生态感，优美的曲线来传达轻松的时尚感觉，将现代的都市生活与大自然完美结合，意在传达一种将自身融入自然、放慢脚步、静静聆听、体味美好大自然的心情。花生形态的沐浴机外壳外形圆润饱满，没有棱角，从使用的角度来看安全、舒适，体现了以人为本的设计理念。此外，沐浴机整体外形曲面顺滑，没有特殊凹凸结构，降低了模具设计难度和加工成本，体现了面向制造的设计思想。图 8.11 是浴缸外观及使用状态的手绘草图。

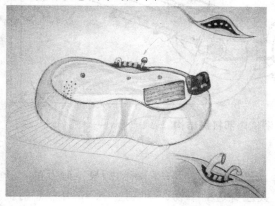
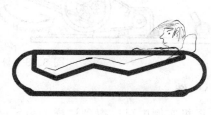

图 8.11  浴缸手绘外观

### 2. 功能原理设计

根据功能要求，卧式沐浴机的工作原理为：人体躺卧洗澡时，红外线对腰部进行红外线照射，促进血液循环。背部清洗片的结构有几种，可以更换，便于清洗和安装，构成材料为橡胶。曲柄主要实现清洗按摩架的上下移动。整个背部清洗机构的工作原理为：当人卧在背部清洗片上，背部对清洗片的压力使尼龙底料压在清洗按摩架上，清洗凸起颗粒也变形紧贴在背部，同时由电机传来的运动使清洗按摩架做旋转运动的同时上下运动，使背部清洗片变形，凸起颗粒摆动揉搓肌肤，起到按摩和清洗的双重效果。

浴缸的设计应使使用者洗浴时的姿势最自然。浴缸的外观尺寸结合了人机工程学的人体尺寸参数，从人体的头部、颈部、背部，以及人体最舒适的躺卧姿势角度，均符合人体的尺寸参数，内部曲线设计符合人机工程学人体背部尺寸参数。图 8.12 是卧式自动沐浴机的结构和外观功能树。

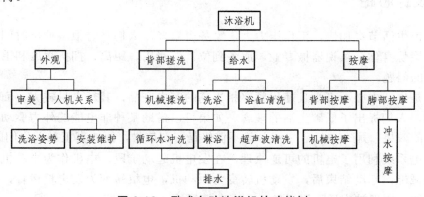

图 8.12  卧式自动沐浴机的功能树

### 3. 结构设计

电机、传动部件和执行部件是沐浴机的核心部件，通过结构设计得到如图 8.13 所示的沐浴机内部机械结构。

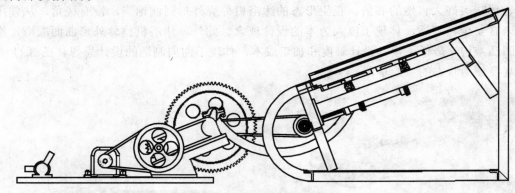

**图 8.13　沐浴机内部机械结构**

### 4. 小　结

从沐浴机实例中可以得到这样的启示：自己的生活实践是创新的源泉；触发的设计灵感可能是看似和设计无关的一些活动。所以，关注身边的事物、认真思考、充分联想对提高创新能力、加强创新实践是很有益处的。用我国著名教育家陶行知先生的话来说就是："处处是创造之地，天天是创造之时，人人是创造之人"。

# 8.3　"绿旋风"健身洗衣机

"绿旋风"健身洗衣机巧妙地将健身器的连续回转运动和洗衣机的转动联系起来，利用健身时消耗的能量驱动洗衣机缸筒，设计了自动正反转洗衣控制机构，可以自动定时正反转，实现了洗衣、健身两不误，同时节约能源，使劳动充满趣味，是一款很好的创新作品。作品名称突出了节能和旋转的特点。作品效果图如图 8.14 所示。

## 8.3.1　设计思路

现代都市生活节奏加快，工作压力大，家务事繁多，人们平时很难抽出时间锻炼身体。在健身场所锻炼身体，虽说器械专业，服务到位，但费用、距离、拥挤程度和卫生情况却成为不可忽视的问题。

洗衣机是生活中必不可少且使用频率相当高的家电产品，其耗电量较大。而当今社会倡导节能环保，人们提出了低碳生活的理念。如果可以借助某种非电能的外力驱动洗衣机工作并达到同样的效果，那么"低碳生活"就不仅仅是一句口号，而能真正融入我们的生活。

起动发电系统利用了电机的可逆原理，在发电机起动阶段，电机作为电动机运行，将电能转化为机械能，起动结束后，发动机转变为原动机，电机转变为发电机运行，将机械能转换为电能。这一原理被广泛运用于航天、汽车等领域。

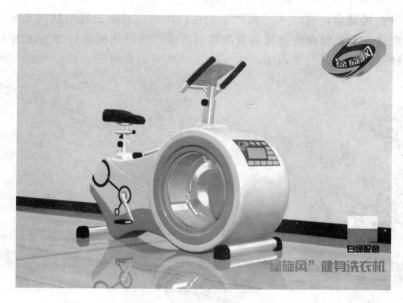

图 8.14 "绿旋风"健身洗衣机

2011 全国三维数字化创新设计大赛工业与工程组全国总决赛二等奖

指导老师：喻俊馨

团队：西华大学 绿旋风

学生队员：刘润、黄少杰、王志扬、杨勇

把上述 3 种设备结合起来，就可以得到健身洗衣机的创意，如图 8.15 所示。

图 8.15 健身洗衣机创作思路

## 8.3.2 设计过程

### 1. 概念草图设计

在健身器材中能提供连续回转运动的器材适合作为健身洗衣机的原动机原型。经过分析，自行车式的健身器最适合，它冲击、振动小，运转均匀，其阻尼轮形状大小和洗衣机缸筒接近，易于实现变体。于是健身洗衣机的概念原型由此产生。在图 8.16 所示的草图左侧的诸多方案中选择一种进行细化，其主视图、俯视图和轴测图如右侧所示。

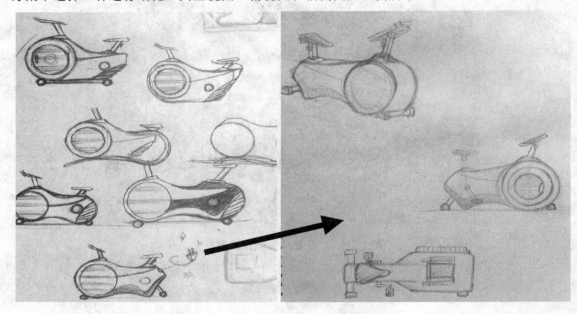

图 8.16　健身洗衣机概念草图

### 2. 机构设计

从概念设计可知，健身洗衣机是从自行车式健身器变体而来，其布局形式为前面是洗衣机滚筒，后面是撑脚，滚筒上方为显示屏，滚筒和座位中间有扶手。动力由脚踏板将人力输入，靠链传动将动力传递到后续环节。

为了实现洗衣机滚筒的正反转，设计了一套正反转控制机构，机构由牙嵌离合器、齿轮机构、惰轮、蜗杆蜗轮、凸轮机构和球铰连杆机构组成，如图 8.17 所示。其工作过程为：第一级链传动的从动轮在轴 I 上，带动其连续回转，轴 I 右端蜗杆带动蜗轮旋转，蜗轮上侧面有

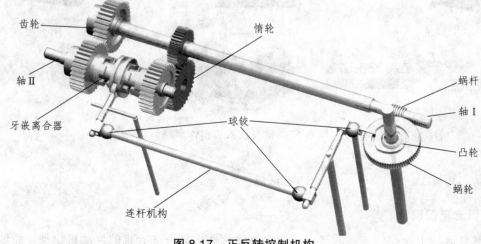

图 8.17　正反转控制机构

凹槽起凸轮作用。凸轮传动件驱动连杆机构控制牙嵌离合器在轴Ⅱ上左右滑动，由于惰轮的存在，离合器和左右侧齿轮嵌合时转速相反，如蜗轮齿数为 60，则轴Ⅰ上的齿轮每 30 转换向一次。

最后利用 UG 软件做人体模型使用仿真，如图 8.18 所示。可以看出产品的尺度大小、布局是合理的。

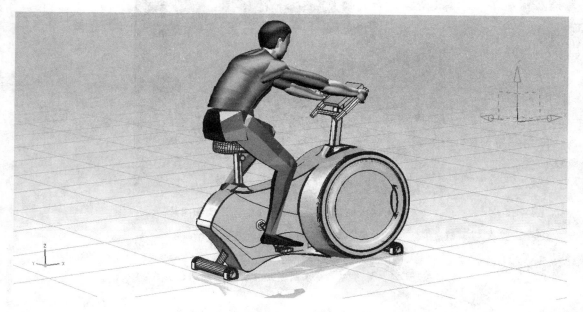

**图 8.18　UG 人体模型仿真**

## 8.4　循环往复式静电除尘套件

循环往复式静电除尘套件是参加第六届全国大学生机械创新设计大赛的作品，该比赛是经教育部高等教育司批准，由全国大学生机械创新设计组委会、教育部高等学校机械基础课程教学指导委员会主办，全国机械原理教学研究会、全国机械设计教学研究会、金工研究会等承办，定位于面向大学生的群众性科技活动。每届大赛以某几类机械产品的创新设计与制作为载体进行竞赛活动。目的在于引导高等学校在教学中注重培养大学生的创新设计能力、综合设计能力和协作精神；加强学生动手能力的培养和工程实践的训练；吸引、鼓励广大学生踊跃参加课外科技活动，为优秀人才脱颖而出创造条件。第六届机械创新设计大赛的主题是"幻·梦课堂"，主要内容为"教室用设备和教具的设计与制作"。

学生们可根据对日常课堂教学情况的观察，或根据对未来若干年后课堂教学环境和状态的设想，设计并制作出能够使课堂教学更加丰富、更具吸引力的机械装置。

循环往复式静电除尘套件解决了粉尘飞扬问题，并且实现了黑板的自动轻便运动，在黑板运动的同时完成擦黑板的动作，节省了时间，减轻了教师上课的负担，是一种集黑板运动、擦拭黑板和粉尘收集于一体的机电一体化教具。本产品（见图 8.19）已申请实用新型专利，名称为：一种能循环往复且带有静电除尘装置的黑板。

**图 8.19　循环往复式静电除尘套件实物照片**

第六届全国机械创新设计大赛参赛作品

指导老师：周利平、喻俊馨

设计者：胡力文、姜东明、李育丞、赵瀚钊、罗成

## 8.4.1　设计思路

现在学校中使用的固定式黑板受教师身高限制无法做得太高，导致前墙壁的有效利用面积较小，教师在上课时需要不停地擦黑板，以增加讲解内容，擦拭黑板既费力又费时。同时，擦黑板时的粉笔灰到处飞扬，污染环境，且吸入过多的粉笔粉尘对教师和同学的身体会有潜在的伤害。

根据对普通黑板的分析，本作品拟采用两块黑板代替传统的一块黑板，增大了墙壁的利用高度；两层黑板可以上下移动切换，这种结构在较大的教室里面已经采用。如何实现自动擦黑板和除尘呢？擦黑板的动作是由黑板刷向黑板施加正压力同时两者之间产生相对运动来实现的。因为黑板已经可以进行上下移动，只需要将黑板刷固定在适当位置即可实现相对运动。接下来就是黑板刷向黑板施加正压力的问题，最常见的就是通过电磁铁通电产生磁力来实现，这就要求黑板基体要使用金属材料。黑板刷究竟处于什么位置才适宜呢？从使用角度考虑，老师和学生都不希望有一个黑板刷始终挡在黑板前面，所以放在前后两层黑板中间是比较好的选择，但这样布置又产生了新的问题：如何擦拭位于前方的黑板？

能否把位于前方的位置换到后方进行擦拭呢？结合链传动或皮带传动的特点，可将黑板安装在两侧的链条中间，黑板上方两侧各伸出一根销轴和对应位置链节装配到一起。这样可以使黑板随着链条的运动上下运动，当黑板高度小于链轮中心距时，前面的黑板就可以随着链条运动切换到后面，同时后方被擦干净的黑板也会切换到前方。

除尘的问题已经有现成的解法，我们可以采用静电除尘装置在擦黑板的同时收集粉尘，减少粉尘污染。整个设计思路如图 8.20 所示。

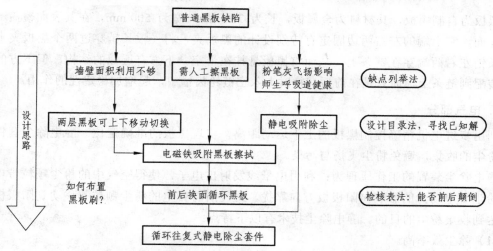

图 8.20   循环往复式静电除尘套件设计思路

## 8.4.2  设计过程

### 1. 机械部分

普通的教室黑板只能通过链条和滑轮实现上下移动，而不能前后交换。静电循环套件的机构采用闭合的链条，同时将两块黑板悬挂在链条的两个相对位置。其结构简图如图 8.21 所示。利用链轮、链条的同步运动，使用链轮和钢槽连接来为两块黑板导向，使黑板平稳地实现上下循环及自动换面移动。

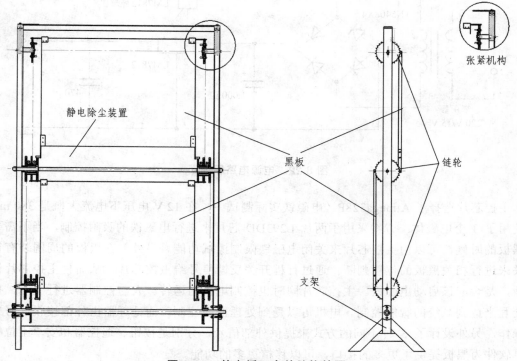

图 8.21   静电循环套件结构简图

黑板为自制黑板，其材料为金属板，长为 700 mm，宽为 500 mm，在其表面覆盖一层黑板书写面。它上端的左右两边固定有特别设计的黑板夹，将一根长销穿过两个黑板夹上的小孔，长销左右两端穿在链条上，从而将黑板悬挂在半空。下方有近似的结构，但下方的长销没有装配到链条上，而只是在前后切换时卡入空链轮齿槽中，起增加稳定性的作用。

### 2. 电气部分

利用步进电机精确控制黑板的上下运动距离，实现黑板的准确定位。静电除尘套件进行粉笔粉尘的收集，避免粉尘飞扬与污染。

静电除尘装置的工作原理为：利用电晕线发射出电子，使得空气中的粉尘颗粒带电，带电的粉尘受电场力的影响向阳极板方向靠拢，最终所有带电的粉尘颗粒都移动到阳极板上，从而达到收集粉尘的目的。静电除尘技术有以下特点：

（1）除尘效率高。

（2）能够除去的粒子粒径范围较宽。

（3）结构简单，气流速度低，压力损失小。

（4）能量消耗比其他类型除尘器低。

（5）静音效果非常好。

由于整个系统中存在电控部分，电源是其中重要的元件，系统中的小电机和电磁铁的电压为 12 V，控制芯片的电压为 5 V 左右，所以系统中，电源部分需要为电路提供两种不同的电压。交流 220 V 需要转为直流 12 V 以及直流 5 V。其原理图如图 8.22 所示。

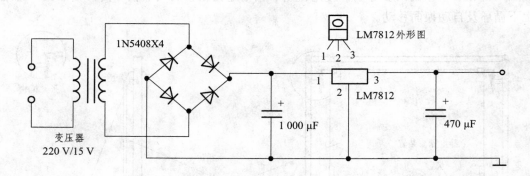

**图 8.22  电源电路原理图**

主控芯片选择了 Atmega328P。电磁铁实际测试中，在 12 V 电压下电流大概是 380 mA，并使用了 3 个电磁体。方案采用了两片 L293DD 芯片来进行电磁铁的吸附控制，当不需要擦拭黑板的时候，可以由主控芯片来关闭电磁铁限制擦拭功能。另外，在黑板的周围装有行程开关来进行相关黑板的位置判断，通过行程开关反馈信号给主控芯片，从而使主控芯片做出判断，是否应该启动电磁铁。主控芯片同时也控制电机的运转。人与控制器进行交互，拟通过交互来达到系统的智能控制。电机可以受到处理器的控制，而处理器由外部接收信号来决定操作，另外设计了 3 种不同的方式来提供外部信号，分别是按钮、遥控器和安卓上位机。安卓软件为黑板提供了更多的接口，可以移植更多的功能。

## 8.5　SuWin_I 双能源电动车

　　SuWin_I 是一辆富有动感的电动概念车，以太阳能和风能作为发电能源，采用大容量锂电池作为蓄电池保证单次行驶的里程，新型大功率轮毂电机提供动力，如图 8.23 所示。SuWin_I 有 3 种充电蓄能方式：第一种为传统的插座式充电方式，能在固定的有充电插座的地方进行充电；第二种是太阳能充电方式，由壳体和风动叶片上的太阳能片或涂层利用光电作用达到充电的目的，适合在白天行进和停泊时进行全程充电以达到节约能源的目的；第三种是风能充电方式，由后面的叶片利用风力使小型发电机转动产生电能进行充电，适合夜间和光照不强停泊情况下的全天候充电。

**图 8.23　SuWin_I 双能源电动车**

2010 年全国三维数字化创新设计大赛四川赛区一等奖

指导老师：王霜

团队：西华大学 FREEWILL

团队成员：张宇涵、付非、谢庆、夏中祥

　　该车采用水平全角度的风扇结构，可以在水平方向进行 360° 旋转以始终对准风向，最大限度地利用风能。风力发电后将电能存储在锂电池中。风力发电机叶片在行走或者风力不足的情况可以收起以减少风阻。

## 8.5.1　设计思路

　　SuWin_I 双能源电动车的创意首先来自于应用清洁能源、倡导低碳生活、减少温室气体排放、应对石油资源日益枯竭困境的想法。这一想法是由学生自己提出的，并经老师同意作为其毕业设计题目。该车利用风能及太阳能发电，实现双能源电力驱动，蓄电池提供稳定电能，并在需要时充电，同时采用了新型轮毂电机（见图 8.24）后轮驱动，为了最大程度利用风

**图 8.24　轮毂电机**

力，采用 360°转位风扇自动对正风向。从作品名称就可以体会到其双能源的特点，SuWin 是"Sun（太阳）"和"Wind（风）"的变形组合。

## 8.5.2 设计过程

### 1. 概念草图设计

车体的设计是概念车设计的重点，由于双能源车是一个未来概念的车型，其外形需要具有一定的科幻感，整车布局需要符合其功能和乘坐需要。

方案一提出采用 2 个风扇的设计。整体外壳大气，极富侵略性。

方案二采用 3 轮形式，由于是单人座椅，所以节省了空间，后部采用单个风扇。

方案三贴合了本设计的主题，简单圆滑的外形有利于在增大空间的同时减小风阻，采用居中单个风扇以不破坏太多行驶稳定性，如图 8.25 所示。

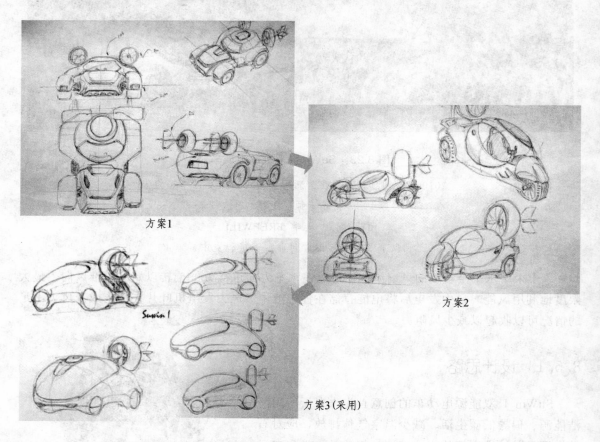

方案1

方案2

方案3(采用)

**图 8.25　概念草图设计**

图 8.26 显示了在犀牛软件中进行外观建模的过程，从左侧两个视图可以看到手绘概念草图在建模中的辅助作用。

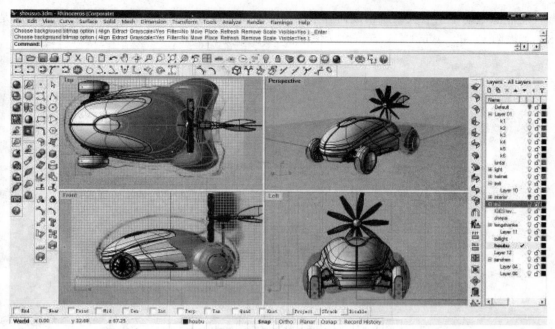

图 8.26　犀牛建模界面

## 2. 概念性系统划分

在电动车概念外观的基础上进行系统划分，其各部分布局如图 8.27 所示。

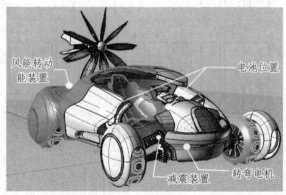

图 8.27　概念性系统划分

双能源电动车由五大系统构成，各系统构成如图 8.28 所示。

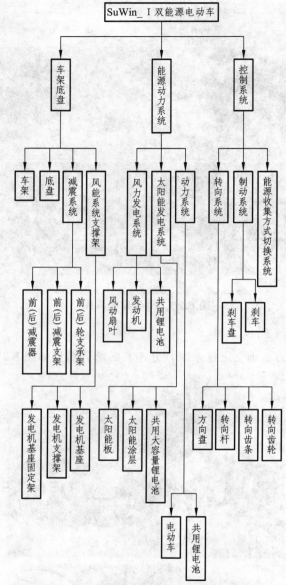

图 8.28　双能源电动车的系统构成

（1）车架及减震系统：保证车辆的稳定性及行驶安全性。

（2）太阳能发电系统：太阳能发电。

（3）风力发电系统：风能发电。

（4）动力系统：将电能转化成动能使车辆运行。

（5）操作控制系统：行驶、驻车控制和能源切换控制等。

## 3. 结构设计

针对电动车的组成进行结构设计，其底盘上的悬挂系统、转向系统、制动系统都可以借鉴汽车的成熟结构，风力发电部分需要设计专用齿轮箱和换向装置，座位采用桶式包裹座椅，方向舵可伸缩以方便驾驶员进出。部分结构渲染图如图 8.29 所示。

图 8.29 电动车结构设计

### 4. 数值风洞的模拟测试

CFX 是通用计算流体软件。它提供了丰富的湍流、燃烧、辐射和多相流模型。CFX4 能模拟多种多相流现象，包括有自由表面的流动、连续相和弥散相的混合、气体喷射、沉降、喷雾等。针对双能源电动车外壳模型做流体分析结果如图 8.30 所示，结果显示车身气动性良好。

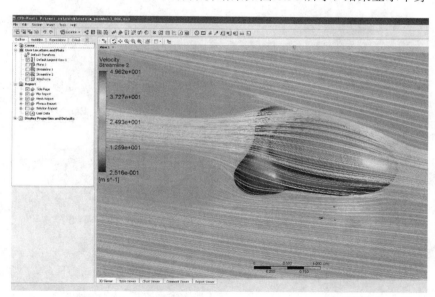

图 8.30 数值风洞的模拟测试：CFX 模拟的汽车外流场

## 习 题

1. 你知道你家里面的老年人是怎样生活的吗？他们和年轻人相比生理上有哪些不同？你常用的产品适合他们吗？为什么？

2. 缺点列举法和希望点列举法都是创新技法，针对一件物品（如电灯开关）列举它的缺点和希望点（即希望它能达到的功能），根据所列出的缺点和希望点提出部分新产品方案。

3. 查阅资料了解一件家用电器或办公用品是怎么设计、制造的？该行业常用的软件是什么？用到哪些材料？不同材料的加工方式怎样？思考一下所有的零件自己做还是有的零件可以找专业厂外协？和其他厂合作时需要注意哪些问题？

4. 设计新产品一般需要先进行可行性论证，这一论证的目的和意义是什么？它应该包括哪些内容？

# 9 发明问题解决理论 TRIZ

## 9.1 TRIZ 理论简介

TRIZ（俄语：теории решения изобретательских задач，缩写为"ТРИЗ"，翻译为"解决发明家任务的理论"，英语可读为 Teoriya Resheniya Izobreatatelskikh Zadatch，缩写为 TRIZ。

英文说法：Theory of Inventive Problem Solving，TIPS，即"发明问题的解决理论"）是苏联发明家根里奇·阿奇舒勒（Genrich. S. Altshuller）（见图 9.1）从 1946 年开始领导数十家研究机构、大学、企业组成 TRIZ 研究团体，通过对世界高水平发明专利（累计 250 万件）的几十年分析研究，基于辩证唯物主义和系统论思想，提出的有关发明问题的基本理论。它的基本理论和方法包括：总论（基本规则、矛盾分析理论、发明的等级）；技术进化论；解决技术问题的 39 个通用工程参数及 40 个发明原理；物场分析与转换原理及 76 个标准解法；发明问题的解题程序（算子）；物理效应库等。TRIZ 创建了一个由解决技术问题，实现创新开发的各种方法、算法组成的综合理论体系。

图 9.1 Genrich. S. Altshuller

TRIZ 利用创新的规律使创新走出了盲目的、高成本的试错和灵光一现式的偶然。相对于传统的创新方法，如试错法、头脑风暴法等，TRIZ 理论具有鲜明的特点和优势。它成功地揭示了创造发明的内在规律和原理，着力于澄清和强调系统中存在的矛盾，而不是逃避矛盾，其目标是完全解决矛盾，获得最终的理想解，而不是采取折衷或者妥协的做法，并且它是基于技术的发展演化规律研究整个设计与开发过程，而不再是随机的行为。TRIZ 理论大大加快了人们创造发明的进程。它能够帮助人们系统地分析问题情境，快速发现问题本质或矛盾；它能够准确确定问题探索方向，不会错过各种可能；而且它能够帮助人们突破思维障碍，打破思维定式，以新的视觉分析问题，进行逻辑性和非逻辑性的系统思维，根据技术的进化规律预测未来发展趋势，大大加快人们创造发明的进程并生产出高质量的创新产品。经过多年的发展，TRIZ 理论已经成为基于知识的、面向人的、解决发明问题的系统化方法学。

TRIZ 几乎可以被用在产品全生命周期的各个阶段，它与开发高质量产品、获得高效益、扩大市场、产品创新、产品失效分析、保护自主知识产权以及研发下一代产品等都有十分密切的联系。TRIZ 主要包括以下内容：

### 1. 产品进化理论

TRIZ 中的产品进化理论将产品进化设计过程分为 4 个阶段：婴儿期、成长期、成熟期和退出期。处于前两个阶段的产品，企业应加大投入，尽快使其进入成熟期，以便企业获得最大的效益；处于成熟期的产品，企业应对其替代技术进行研究，使产品取得新的替代技术，以应对未来的市场竞争；处于退出期的产品使企业利润急剧下降，应尽快淘汰。这些可以为企业产品规划提供具体的、科学的支持。

产品进化理论还研究产品进化模式、进化定律与进化路线。沿着这些路线设计者可较快地取得设计中的突破。

### 2. 分　析

分析是 TRIZ 的工具之一，包括产品的功能分析、理想解的确定、可用资源分析和冲突区域的确定。分析是解决问题的一个重要阶段。

功能分析的目的是从完成功能的角度而不是从技术的角度分析系统、子系统和部件。该过程包括裁剪，即研究每一个功能是否必要，如果必要，系统的其他元件是否可以完成其功能。设计中的重要突破、成本和复杂程度的显著降低往往是功能分析及裁剪的结果。

假如在分析阶段问题的解已经找到，可以移到实现阶段。假如问题的解没有找到，而该问题的解需要最大限度地创新，则基于知识的 3 种工具原理、预测和效应等都可以采用。在很多的 TRIZ 应用实例中，3 种工具要同时采用。

### 3. 冲突解决原理

冲突是 TRIZ 理论中的重要概念，当对产品或系统进行改进时，产品或系统某方面的性能得到改进，而其他相关零部件可能会受到影响，结果可能会使产品或系统的另一些性能下降，这时设计就出现了冲突。TRIZ 理论认为，产品创新的标志是解决或移走设计中的冲突，发明问题的核心是发现并解决冲突，未克服冲突的设计并不是创新设计。图 9.2 是冲突分类树，其中的物理冲突和技术冲突是 TRIZ 研究的重点。

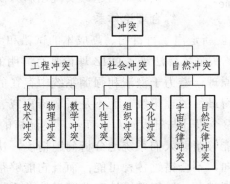

图 9.2　冲突分类树

原理是获得冲突解应遵循的一般规律。TRIZ 主要研究技术与物理两种冲突。技术冲突是指传统设计中所说的折衷，即由于系统本身某一部分的影响，所需要的状态不能达到。物理冲突是指一个物体有相反的需求。TRIZ 引导设计者挑选能解决特定冲突的原理，其前提是要按标准参数确定冲突，然后利用 40 条发明创造原理解决冲突。

### 4. 物质-场分析

阿奇舒勒对发明问题解决原理的贡献之一是提出了功能的物质-场描述方法与模型。其原理为：所有的功能可以分解为两种物质和一种场，即一种功能由两种物质及一种场的三元件组成。产品是功能的一种实现，因此，可用物质-场分析产品的功能，这种分析方法是 TRIZ 的工具之一。

物质-场分析模型如图 9.3 所示。

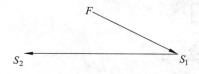

**图 9.3　物质–场分析模型**

图中，$S_1$ 及 $S_2$ 为物质；$F$ 为场。物质 $S_1$ 可以是被控粒子、材料、物质或过程；物质 $S_2$ 是被控 $S_1$ 的工具或物体；场 $F$ 是用于 $S_1$ 与 $S_2$ 之间的相互作用的能量，如机械能、液压能和电磁能。图 9.3 可解释为：能量 $F$ 作用于工具 $S_2$，使 $S_2$ 变换为 $S_1$。

依据该模型，阿奇舒勒提出了 76 种标准解，并分为如下 5 类：

① 改变和仅少量改变已有系统：13 种标准解。

② 改变已有系统：23 种标准解。

③ 系统传递：6 种标准解。

④ 检查与测量：17 种标准解。

⑤ 简化与改善策略：17 种标准解。

由已有系统的特定问题，将标准解变为特定解即为新概念。

### 5. 效　应

效应指应用本领域特别是其他领域的有关定律解决设计中的问题。如采用数学、化学、生物和电子等领域中的原理解决机械设计中的创新问题。

### 6. ARIZ 解决发明问题的程序

TRIZ 认为，一个问题解决的困难程度取决于对该问题的描述或程式化方法，描述得越清楚，问题的解就越容易找到。在 TRIZ 中，发明问题求解的过程是对问题不断的描述，不断的程式化的过程。经过这一过程，初始问题最根本的冲突被清楚地暴露出来，能否求解已很清楚，如果已有的知识能用于该问题则有解，如果已有的知识不能解决该问题则无解，需等待自然科学或技术的进一步发展。该过程是靠 ARIZ（Algorithm for Inventive-Problem Solving）算法实现的。

ARIZ 称为解决发明问题的程序，是 TRIZ 的一种主要工具，是解决发明问题的完整算法，该算法逻辑过程逐渐将初始问题程式化。该算法特别强调冲突与理想解的程式化，一方面技术系统向理想解的方向进化；另一方面，如果一个技术问题存在冲突需要克服，该问题就变成一个创新问题。

在 ARIZ 中，冲突的消除有强大的效应知识库支持。效应知识库包括物理的、化学的、几何的等效应。作为一种规则，经过分析效应的应用后问题仍无解，则认为初始问题定义有误，需对问题进行更一般化的定义。

应用 ARIZ 取得成功的关键在于没有理解问题的本质前，要不断地对问题进行细化，直到确定了物理冲突。该过程及物理冲突的求解已有软件支持。

图 9.4 给出了应用 TRIZ 理论解题的一般流程。其中，关于发明原理、矛盾矩阵等内容在后面小节中有详细讲解。可以发现，TRIZ 是一个庞大的理论和方法体系，解题的前处理即对问题的分析过程非常重要，解题过程中需要对现有效应、原理、标准解进行有效应用。

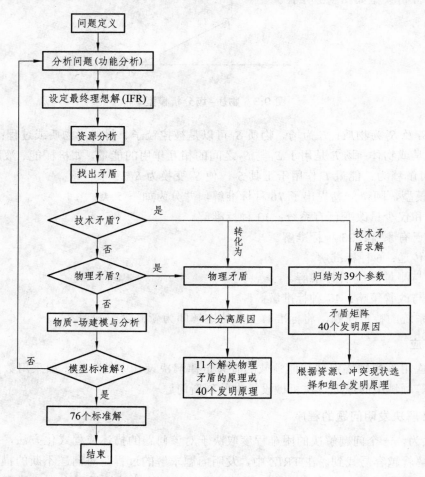

**图 9.4　TRIZ 解题流程**

# 9.2　TRIZ 理论的诞生和发展

发明创造通常被视为灵感爆发的结果，一项发明创造或创新的完成可能要经历漫长的探索，经历千百次的失败。1946 年，苏联海军专利部专利审查员阿奇舒勒在研究了大量的世界范围内的专利之后，依赖人类发明活动的结果，提出了不同的发明办法，即发明是从对问题的分析以找出矛盾产生的。研究了 20 万项专利之后，阿奇舒勒得出结论：有 1 500 种技术矛盾可以通过运用基本原理而相对容易地解决。他说："你可以等待 100 年获得顿悟，也可以利用这些原理用 15 分钟解决问题。"

1956 年，阿奇舒勒和沙佩罗合写的文章《发明创造心理学》在《心理学问题》杂志上发表。文章中首次公布了 ARIZ（发明问题解决算法）。ARIZ 最初仅有几个部分，采用循序渐进的方法对问题进行分析，目的是揭示、列出并解决各种矛盾。对研究创造性心理过程的科学家来说，这篇文章无疑是一枚重磅炸弹。直到那时，苏联和其他国家的心理学家还都在认为，发明是由偶然顿悟产生的，来源于突然产生的思想火花。

1969 年，阿奇舒勒出版了他的新作《发明大全》。在这本书中，他给读者提供了 40 个创新原理——第一套解决复杂问题的完整法则，从而奠定了 TRIZ 的地位。

1966—1970 年，阿奇舒勒相继提出了 39 个工程参数和矛盾矩阵、分离原理、效应原理。

1973 年，阿奇舒勒将发明问题的求解付诸实践进行分析。他分析归纳出 39 个工程参数，辨别出 1 250 多种技术矛盾，并归纳了 40 个发明原理，创建了矛盾矩阵表。1975 年，他颁布了发明问题求解标准。

1979 年，阿奇舒勒发表了《创造是一门精密的科学》，论述了物质-场分析模型和 76 个标准解。

1985 年，他完成了发明问题解决算法 ARIZ-85，ARIZ 已经扩大至 60 多个步骤，TRIZ 理论的创建达到了顶峰。TRIZ 理论的法则、原理、工具主要形成于 1946—1985 年，是阿奇舒勒亲自或直接指导他人开发的，人们称之为经典 TRIZ 理论。之后，阿奇舒勒转向研究其他创新领域而不是技术领域，从而结束了经典 TRIZ 理论时代。

1986 年，阿奇舒勒提出了《ARIZ 发明问题解决算法》，使 TRIZ 形成了一套完整的理论体系。

TRIZ 在诞生之初是对西方国家保密的，因为摩尔多瓦当时是苏联的加盟共和国之一，其首都基希讷乌（Chisinau/Kishinev）建立了 TRIZ 学校，对 TRIZ 理论和方法进行研究，推动了 TRIZ 的发展。

1989 年，国际 TRIZ 协会在彼得罗扎沃茨克建立，阿奇舒勒担任了首届主席。之后，随着苏联解体，从事 TRIZ 方法研究的人员移居到美国等西方国家，TRIZ 理论系统地传入西方，在美、欧、日、韩等世界各地得到了广泛研究与应用，特别是美国还成立了 TRIZ 研究小组等机构，并在密歇根州继续进行研究。TRIZ 传入美国后，很快受到学术界和企业界的关注，得到了广泛深入的应用和发展，并对世界产品开发领域产生了重要的影响。TRIZ 理论开始走向世界，开启了后经典 TRIZ 理论阶段。

1999 年，美国阿奇舒勒 TRIZ 研究院和欧洲 TRIZ 协会相继成立。欧洲以瑞典皇家工科大学（KTH）为中心，集中十几家企业开始了实施利用 TRIZ 进行创造性设计的研究计划；日本从 1996 年开始不断有杂志介绍 TRIZ 的理论方法及应用实例；以色列也成立了相应的研发机构；美国也有诸多大学相继进行了 TRIZ 技术研究。有关 TRIZ 的研究咨询机构相继成立，TRIZ 理论和方法在众多跨国公司得以迅速推广。

20 世纪 80 年代中期，我国的个别科研人员在研究专利时已经了解到了 TRIZ 理论；在 1997 年前后，我国少数学者在参加国际会议的时候再次接触了 TRIZ，并自发予以研究，在某些专业开设了小范围的 TRIZ 选修课。河北工业大学、黑龙江科技学院、东北林业大学、四川大学、西南交通大学等成为较早进行 TRIZ 理论和方法研究与宣传的机构，已经形成博士生、硕士生、本科生创新方法研究培养体系，开设了《TRIZ 理论和方法》系列课程。目前，开展创新方法研究与教学工作的学校还有清华大学、北京航空航天大学、北京理工大学、北京化工大学、浙江大学、武汉大学、西安交通大学、天津大学、东华大学、电子科技大学、中国石油大学、郑州大学、山东建筑大学、哈尔滨理工大学、哈尔滨工程大学等。

20 世纪 90 年代中期以来，美国供应商协会（ASI）一直致力于把 TRIZ 理论与 QFD 方法、Taguchi 方法推荐给世界 500 强企业。

在俄罗斯，TRIZ 理论的培训已扩展到小学生、中学生和大学生。另外，Kowalick 博士在加利福尼亚北部教中学生 TRIZ，中学生正在改变他们思考问题的方法。他们的创造力迅速提高，能用相对容易的方法处理比较难的问题，一些小学生也受到了训练。美国的 Leonardo da Vinci 研究院正在研制应用在小学和中学的 TRIZ 教学手册。

图 9.5 显示了 TRIZ 理论的发展历程。

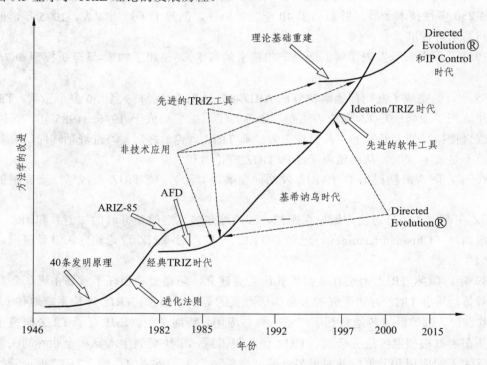

图 9.5　TRIZ 和 I-TRIZ 的发展历程

## 9.3　TRIZ 的应用

经过半个多世纪的发展，TRIZ 理论和方法已经发展成为一套解决新产品开发实际问题的成熟理论和方法体系，并经过实践检验，为众多知名企业和研发机构取得了重大经济效益和社会效益。TRIZ 在韩国的三星、美国的福特和波音、中国的中兴通讯、芬兰的诺基亚、德国的西门子等 500 多家知名企业中得到了广泛应用，不仅取得了重大的经济效益，而且极大地提高了企业的自主创新能力。

韩国三星是应用 TRIZ 理论并获得极大成功的典型企业。1995 年，三星开始引入 TRIZ 理论指导技术创新活动，并在微电子及微电子设备生产企业、显示器生产企业、家用电器生产企业、机械工具与装备企业、玻璃和塑胶产品企业等核心层大力推广和全面应用 TRIZ 理论解决技术和产品创新问题，为三星带来了丰硕的创新成果，节约了大量的创新成本。2003 年，三星电子应用 TRIZ 理论进行的 67 个研发项目中产生了 52 项专利技术，并且节约了 1.5 亿美元。2004 年，三星的发明专利数达到 1 604 项，超过了 Intel，进入世界前六大专利企业排名榜，领先于日本的索尼、日立、东芝和富士通等竞争对手。实践证明，企业应用 TRIZ 理论进行技术创新能够提高 60%～70%的新产品开发效率，增加 80%～100% 的专利数量并提高专利质量，缩短 50% 的产品上市时间，从而达到提高企业自主创新能力和取得市场竞争优势的目的。

Ford Motor 公司遇到了推力轴承在大负荷时出现偏移的问题，通过应用 TRIZ 理论，产生 28 个新概念（问题的解决方案），其中一个非常吸引人的新概念是：利用小热膨胀系数的材料制造这种轴承，克服上述问题，最后很好地解决了推力轴承在大负荷时出现偏移的问题。

Chrysler Motors 公司 1999 年应用 TRIZ 理论解决企业生产过程中遇到的技术冲突或矛盾，共获利 1.5 亿美元。

Rockwell Automotive 公司针对某型号汽车的制动系统应用 TRIZ 理论进行了创新设计，通过 TRIZ 理论的应用，制动系统发生了重要的变化，系统由原来的 12 个零件缩减为 4 个，成本减少 50%，而制动系统的功能没有变化。

2001 年，美国波音公司邀俄罗斯的 TRIZ 专家，对其 450 名工程师进行了为期 2 周的培训，取得了 767 空中加油机研发的关键技术突破，从而战胜空中客车公司，赢得 15 亿美元空中加油机的订单。

2004 年，UT 斯达康通讯有限公司利用以 TRIZ 理论为核心的计算机辅助创新平台 Pro/Innovator 解决了机顶盒天线连接问题和电磁兼容问题，缩短了新产品研发周期，节省了大量的研发经费。

2005 年，中兴通讯公司与亿维讯公司合作，对来自研发一线的 25 名技术骨干进行了为期 5 周的 TRIZ 理论与方法培训，在培训期间有 21 个技术项目取得了突破性进展，6 个项目已经申请相关专利。

TRIZ 理论不仅可以广泛应用于工程技术领域，而且已逐步向其他领域渗透和扩展。TRIZ 理论应用范围越来越广，由原来擅长的工程技术领域分别向自然科学、社会科学、管理科学、生物科学等领域发展。现在已总结出 40 条发明创造原理在工业、建筑、微电子、化学、生物学、社会学、医疗、食品、商业、教育应用的实例，用于指导解决各领域的问题。

例如，在 1995—1996 年摩尔多瓦总统竞选的过程中，其中两个总统候选人就聘请了 TRIZ 专家作为自己的竞选顾问，并把 TRIZ 理论应用到具体的竞选事宜中，取得了非常好的效果。两人中一位总统候选人成功登上总统宝座，另一位也通过总统竞选提高了自己在国内外的知名度。

2003 年，"非典型肺炎"肆虐中国及其他多国家。其中，新加坡的 TRIZ 研究人员就利用 40 条发明创造原理，提出了防止"非典型肺炎"的一系列方法，其中许多措施被新加坡政府采纳，并用于实际工作中，收到了非常好的效果。

目前，TRIZ 被认为是可以帮助人们挖掘和开发自己的创造潜能、最全面系统地论述发明创造和实现技术创新的新理论，被欧美等国的专家认为是"超级发明术"。一些创造学专家甚至认为，阿奇舒勒所创建的 TRIZ 理论是发明了发明与创新的方法，是 20 世纪最伟大的发明。

## 9.4 TRIZ 的未来发展趋势

TRIZ 理论目前及今后的发展趋势主要集中在 TRIZ 本身的完善和进一步拓展研究两个方面，具体体现在以下几个方面：

① TRIZ 理论是前人知识的总结，如何把它进一步完善，使其逐步从"婴儿期"向"成长期"、"成熟期"进化成为各界关注的焦点和研究的主要内容之一。

② 如何合理有效地推广应用 TRIZ 理论解决技术冲突和矛盾，使其受益面更广。

③ TRIZ 理论的进一步软件化，并且开发出有针对性的、适合特殊领域、满足特殊用途的系列化软件系统。

④ 进一步拓展 TRIZ 理论的内涵，尤其是把信息技术、生命技术、社会科学等方面的原理和方法纳入到 TRIZ 理论中。

⑤ 将 TRIZ 理论与其他一些新技术有机集成，从而发挥更大的作用。TRIZ 理论主要是解决设计中如何做的问题（How），对设计中做什么的问题（What）未能给出合适的方法。大量的工程实例表明，TRIZ 的出发点是借助于经验发现设计中的冲突，冲突发现的过程也是通过对问题的定性描述来完成的。其他的设计理论，特别是 QFD（即质量功能布置）恰恰能解决做什么的问题。所以，将两者有机地结合，发挥各自的优势，将更有助于产品创新。TRIZ 与 QFD 都未给出具体的参数设计方法，稳健设计则特别适合于详细设计阶段的参数设计。将 QFD、TRIZ 和稳健设计集成，能形成从产品定义、概念设计到详细设计的强有力支持工具。因此，三者的有机集成已成为设计领域的重要研究方向。

## 9.5 发明的级别

通过分析专利发现，各个国家不同的发明专利内部蕴含的科学知识、技术水平都有很大的区别和差异。以往，在没有分清这些发明专利的具体内容时，很难区分出不同发明专利的知识含量、技术水平、应用范围、重要性、对人类的贡献大小等问题。因此，TRIZ 把发明专利依据其对科学的贡献程度、技术的应用范围及为社会带来的经济效益等情况，划分一定的等级加以区别，以便更好地推广应用。TRIZ 理论将发明专利或发明创造分为以下 5 个等级（水平）。

第 1 级：常规解。不解决系统中的任何冲突，仅仅是量的变化，而无质的变化；只需在几个明显的解中选取；只用到一个公司内技术人员的知识。例如，为更好地保温，将塑钢窗加厚；用承载量更大的重型卡车替代轻型卡车，以实现运输成本的降低等。大约 32% 的专利属于这一类。

第 2 级：系统变化。冲突在相近的系统已经解决，相近或相似解决冲突的方法用于解决当前系统的冲突；对象本质上发生了变化；从几十个可能的解中选取（反复尝试几十次），用到的是所在行业的知识。例如，在焊接装置上增加一个灭火器；斧头的空心手柄等。大约 45% 的专利属于这一类。

第 3 级：跨行业的解。系统冲突在一个学科范围内解决（如机械工程、化学工程等），系统的某个要素可以完全改变，其他要素也可能部分地发生变化；对象发生本质上的变化；在几百个可能的解中选取；用到了行业外的知识。例如，汽车上用自动变速箱代替手动变速箱；计算机使用鼠标；电钻上安装离合器等。大约 19% 的专利属于这一类。

第 4 级：跨学科的解。问题的解必须在科学领域而不是在技术领域寻找（当前的技术领域还没有解），并且解往往存在于那些较少应用的物理、化学效应和现象中；系统冲突可以被交叉学科的方法解决。例如，第一台内燃机的出现；集成电路的发明；充气轮胎的发明；记忆合金管接头的发明等。大约 4% 的专利属于这一类。

第 5 级：发现。基于新的科学发现的解，往往意味着突破当前科学的限制，依靠新的科学知识，解决发明问题。这一类问题的解决主要是依据自然规律的新发现或科学的新发现。如计算机、形状记忆合金、蒸汽机、激光、晶体管等的首次发现。具有先导性质的突破性发明，一般是一个新的工程学科的产生。从上百万个可能的解中选取（尝试上百万次），往往是新发现刚出现即被应用。大约 0.3% 的专利属于这一类。

原理解的分级是 TRIZ 的基本概念，按照该概念，第 1 级属于设计中常规问题的解，不属于创新；第 2～5 级属于发明问题的解，其标志是问题求解过程中至少解决了 1 个冲突。

实际上，发明创造的级别越高，获得该发明专利时所需的知识就越多，这些知识所处的领域就越宽，搜索有用知识的时间就越长。同时，随着社会的发展、科技水平的提高，发明创造的等级随时间的变化不断降低，原来最初的最高级别的发明创造逐渐成为人们熟悉和了解的知识。发明创造的等级划分及知识领域如表 9.1 所示。

表 9.1　发明的分级

| 等级 | 原理解等级 | 系统变化 | 可选择解数量 | 基于的知识 | 原理解中所占比例/% |
|---|---|---|---|---|---|
| 1 | 常规解 | 折衷、量变 | 几个 | 设计者的专业知识 | 32 |
| 2 | 系统变化 | 部分质变 | 几十个 | 行业中的知识 | 45 |
| 3 | 跨行业的解 | 系统根本质变 | 几百个 | 跨行业的知识 | 19 |
| 4 | 跨学科的解 | 创造了新系统 | 成千上万个 | 多学科(较少应用的效应、现象) | 4 |
| 5 | 发现 | 新发现 | 几百万个 | 新知识 | 0.3 |

由表 9.1 可以发现，95% 的发明专利是利用了行业内的知识；只有少于 5% 的发明专利是利用了行业外的及整个社会的知识。因此，如果企业遇到技术冲突或问题，可以先在行业内寻找答案；若不可能，再向行业外拓展，寻找解决方法。若想实现创新，尤其是重大的发明创造，就要充分挖掘和利用行业外的知识，正所谓"创新设计所依据的科学原理往往属于其他领域"。

平时人们遇到的绝大多数发明都属于第 1、2 和 3 级。虽然高等级发明对于推动技术文明进步具有重大意义，但这一级的发明数量相当稀少。而较低等级的发明则起到不断完善技术的作用。对于第 1 级发明，阿奇舒勒认为不算是创新。而对于第 5 级发明，他认为如果一个人在旧的系统还没有完全失去发展希望时就选择一个完全新的技术系统，则成功之路和被社会接受的道路是艰难和漫长的。因此，发明几种在原来基础上的改进系统是更好的策略。他建议将这两个等级排除在外，TRIZ 理论工具对于其他 3 个等级的发明作用更大。一般来说，等级 2、3 称为"革新（Innovative）"，等级 4 被称为"创新（Inventive）"。

## 9.6  技术系统的进化原则

通过对专利的研究，阿奇舒勒总结了技术系统进化的 8 种模式。这些模式可以使我们知道技术系统未来的趋势，从而找对创新的方向。技术系统进化的 8 种模式（八条原则）如下：

### 9.6.1  技术系统的 S 形进化法则

阿奇苏勒通过对大量的发明专利的分析，发现产品的进化规律曲线呈 S 形。每个技术系统的进化都是按照生物进化的模式进行的，一般经历以下 4 个阶段：诞生期、成长期、成熟期及衰退期，每个阶段都会呈现出不同的特点。产品的进化过程是依靠设计者来推进的，如果没有引入新的技术，它将停留在当前的技术水平上，而新技术的引入将推动产品的进化。也可以认为 S 曲线是一条产品技术成熟度预测曲线。如图 9.6 所示，S 曲线描述了一个技术系统的完整生命周期，图中的横轴代表时间，纵轴代表技术系统的某个重要的性能参数（39 个工程参数）。S 形曲线描述的是一个技术系统中诸项性能参数的发展变化规律。如飞机这个技术系统，飞行速度、可靠性就是其重要性能参数，性能参数随时间的延续呈 S 形曲线。

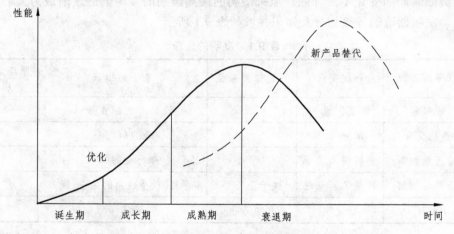

图 9.6  产品进化 S 曲线

#### 1. 技术系统的诞生期

当有一个新需求、而且满足这个需求有意义的两个条件同时出现时，一个新的技术系统就会诞生。新的技术系统一定会以一个更高水平的发明结果来呈现。处于诞生期的系统尽管能够提供新的功能，但该阶段的系统明显处于初级阶段，存在着效率低、可靠性差或一些尚未解决的问题。由于人们对它的未来比较难以把握，而且风险较大，因此，只有少数眼光独到者才会进行投资，处于此阶段的系统所能获得的人力、物力上的投入是非常有限的。

处于诞生期的系统所呈现的特征是，性能的完善非常缓慢，产生的专利级别很高，但专利数量较少，经济收益为负。

#### 2. 技术系统的成长期（快速发展期）

进入发展期的技术系统，系统中原来存在的各种问题逐步得到解决，效率和产品可靠性得到较大程度的提升，其价值开始获得社会的广泛认可，发展潜力也开始显现，从而吸引了大量的人力、财力。大量资金的投入会推进技术系统的高速发展。

处于第二阶段的系统，性能得到迅速提升，此阶段产生的专利级别开始下降，但专利数量出现上升。系统在此阶段的经济收益快速上升并凸现出来，这时候投资者会蜂拥而至，促进技术系统的快速完善。

#### 3. 技术系统的成熟期

在获得大量资源的情况下，系统从成长期会快速进入第三阶段——成熟期，这一时期技术系统已经趋于完善，所进行的大部分工作只是系统的局部改进和完善。

处于成熟期的系统，性能水平达到最佳。这时仍会产生大量的专利，但专利级别会更低，此时需要警惕垃圾专利的大量产生，以有效使用专利费用。处于此阶段的产品已进入大批量生产，并获得巨额的财务收益，此时需要知道系统将很快进入下一个阶段——衰退期，需要着手布局下一代的产品，制定相应的企业发展战略，以保证本代产品淡出市场时，有新的产品来承担企业发展的重担；否则，企业将面临较大的风险，业绩会出现大幅回落。

#### 4. 技术系统的衰退期

成熟期后系统面临的是衰退期。此时，技术系统已经达到极限，不会再有新的突破，该系统因不再有需求的支撑而面临市场的淘汰。处于第四阶段的系统，其性能参数、专利等级、专利数量、经济收益 4 方面均呈现快速的下降趋势。

当一个技术系统进化至完成上述 4 个阶段以后，必然会出现一个新的技术系统来替代它，如此不断地替代，就形成了 S 形曲线族。

## 9.6.2 提高理想度法则

技术系统向增加其理想化水平的方向进化。最理想的技术系统应该是，并不存在物理实体，也不消耗任何资源，但是却能够实现所有必要的功能，即物理实体趋于零，功能无穷大，简单地说，就是"既要马儿跑，又要马儿不吃草"。技术系统的理想度法则包括以下 4 方面的含义。

（1）一个系统在实现功能的同时，必然有两方面的作用：有用作用和有害作用。

（2）理想度是指有用作用和有害作用的比值。

（3）系统改进的一般方向是最大化理想度比值。

（4）在建立和选择发明解法的同时，需要努力提升理想度水平。

也就是说，任何技术系统，在其生命周期之中，是沿着提高其理想度、向最理想系统的方向进化的，提高理想度法则代表着所有技术系统进化法则的最终方向。理想化是推动系统进化的主要动力。例如，手机的进化过程，第一部手机诞生于 1973 年，重 800 克，功能仅为电话通信；现代手机重仅数十克，功能超过 100 种，包括通话、上网、闹钟、游戏、音乐、录音、照相等。每个系统在执行职能的同时会产生有用效应和有害效应。

一般系统改进的方向是将理想度的比率最大化，通过创建并选择发明解决方案来努力提升理想度。有两种方法可以提高系统的理想度：一是增加有用职能的数量或大小；二是减少有害职能的成本、数量和大小。

### 9.6.3 子系统的不均衡进化法则

技术系统由多个实现各自功能的子系统（元件）组成，各子系统的进化存在着不均衡。

（1）每个子系统都是沿着自己的 S 曲线进化的。

（2）不同的子系统将依据自己的时间进度进化。

（3）不同的子系统在不同的时间点到达自己的极限，这将导致子系统间矛盾的出现。

（4）系统中最先到达其极限的子系统将抑制整个系统的进化，系统的进化水平取决于此子系统。

（5）需要考虑系统的持续改进来消除矛盾。

掌握了子系统的不均衡进化法则，可以帮助我们及时发现并改进系统中最不理想的子系统，从而加快整个系统的进化速度。

### 9.6.4 动态性和可控性进化法则

动态性和可控性进化法则如下：

（1）增加系统的动态性，以更大的柔性和可移动性来获得功能的实现。

（2）增加系统的动态性要求增加可控性。

增加系统的动态性和可控性的路径很多，下面从 4 方面进行陈述。

**1. 向移动性增强的方向转化的路径**

本路径的技术进化过程为：固定的系统→可移动的系统→随意移动的系统。如电话的进化：固定电话→子母机→手机。

**2. 增加自由度的路径**

本路径的技术进化过程为：无动态的系统→结构上的系统可变性→微观级别的系统可变性，即刚性体→单铰链→多铰链→柔性体→气体/液体→场。如手机的进化：直板机→翻盖机；门锁的进化：挂锁→链条锁→密码锁→指纹锁。

**3. 增加可控性的路径**

本路径的技术进化过程为：无控制的系统→直接控制→间接控制→反馈控制→自我调节控制的系统。如城市路灯，为增加其控制，经历了以下进化路径：专人开关→定时控制→感光控制→光度分级调节控制。

**4. 改变稳定度的路径**

本路径的技术进化过程为：静态固定的系统→有多个固定状态的系统→动态固定系统→多变系统。

### 9.6.5 增加集成度再进行简化法则

技术系统趋向于首先向集成度增加的方向，紧接着再进行简化。如先集成系统功能的数量和质量，然后用更简单的系统提供相同或更好的性能来进行替代。

**1. 增加集成度的路径**

本路径的技术进化阶段为：创建功能中心→附加或辅助子系统加入→通过分割向超系统转化或向复杂系统的转化来加强易于分解的程度。

**2. 简化路径**

本路径反映了下面的技术进化阶段：

（1）通过选择实现辅助功能的最简单途径来进行初级简化。

（2）通过组合实现相同或相近功能的元件来进行部分简化。

（3）通过应用自然现象或"智能"物替代专用设备来进行整体的简化。

**3. 单-双-多路径**

本路径的技术进化阶段为：单系统→双系统→多系统。

双系统包括：

（1）单功能双系统：有同类双系统和轮换双系统，如双叶片风扇和双头铅笔。

（2）多功能双系统：有同类双系统和相反双系统，如双色圆珠笔和带橡皮擦的铅笔。

（3）局部简化双系统：如具有长、短双焦距的相机。

（4）完整简化的双系统：新的单系统。

多系统包括：

（1）单功能多系统：有同类多系统和轮换多系统。

（2）多功能多系统：有同类多系统和相反多系统。

（3）局部简化多系统。

（4）完整简化的多系统：新的单系统。

**4. 子系统分离路径**

当技术系统进化到极限时，实现某项功能的子系统会从系统中剥离出来，进入超系统，这样在此子系统功能得到加强的同时，也简化了原来的系统。如空中加油机就是从飞机中分离出来的子系统。

# 9.6.6　子系统协调性进化法则

在技术系统的进化中，子系统的匹配和不匹配交替出现，以改善性能或补偿不理想的作用。也就是说，技术系统的进化是沿着使各个子系统相互之间更协调的方向发展，系统的各个部件在保持协调的前提下，充分发挥各自的功能。

**1. 匹配和不匹配元件的路径**

本路径的技术进化阶段为：不匹配元件的系统→匹配元件的系统→失谐元件的系统→动态匹配失谐系统。

**2. 调节的匹配和不匹配的路径**

本路径的技术进化阶段为：最小匹配/不匹配的系统→强制匹配/不匹配的系统→缓冲匹配/不匹配的系统→自匹配/自不匹配的系统。

### 3. 工具与工件匹配的路径

本路径的技术进化阶段为：点作用→线作用→面作用→体作用。

### 4. 匹配制造过程中加工动作节拍的路径

本路径的技术进化阶段如下：

（1）工序中输送和加工动作的不协调。

（2）工序中输送和加工动作的协调，速度的匹配。

（3）工序中输送和加工动作的协调，速度的轮流匹配。

（4）将加工动作与输送动作独立开来。

## 9.6.7　向微观级和场的应用进化法则

技术系统趋向于从宏观系统向微观系统转化，在转化过程中，使用不同的能量场来获得更佳的性能或控制性。

### 1. 向微观级转化的路径

本路径的技术进化阶段如下：

（1）宏观级的系统。

（2）通常形状的多系统平面圆或薄片、条或杆、球体或球。

（3）来自高度分离成分的多系统（如粉末、颗粒等）→次分子系统（如泡沫、凝胶体等）→化学相互作用下的分子系统、原子系统转化。

（4）具有场的系统。

### 2. 向具有高效场的路径转化

本路径的技术进化阶段为：应用机械交互作用→应用热交互作用→应用分子交互作用→应用化学交互作用→应用电子交互作用→应用磁交互作用→应用电磁交互作用和辐射。

### 3. 向增加场效率的路径转化

本路径的技术进化阶段为：应用直接的场→应用有反方向的场→应用有相反方向的场的合成→应用交替场/振动/共振/驻波等→应用脉冲场→应用带梯度的场→应用不同场的组合作用。

### 4. 向系统分割的路径转化

本路径的技术进化阶段为：固体或连续物体→有局部内势垒的物体→有完整势垒的物体→有部分间隔分割的物体→有长而窄连接的物体→用场连接零件的物体→零件间用结构连接的物体→零件间用程序连接的物体→零件间没有连接的物体。

## 9.6.8　减少人工介入的进化法则

系统的发展用来实现那些枯燥的功能，以解放人们去完成更具有智力性的工作。

**1. 减少人工介入的一般路径**

本路径的技术进化阶段为：包含人工动作→代替人工但仍保留人工动作→用机器动作完全代替人工动作。

**2. 在同一水平上减少人工介入的路径**

本路径的技术进化阶段为：包含人工动作→用执行机构代替人工→用能量传输机构代替人工→用能量源代替人工。

**3. 不同水平间减少人工介入的路径**

本路径的技术进化阶段为：包含人工动作→用执行机构代替人工→在控制水平上代替人工→在决策水平上代替人工。

# 9.7　39 个技术参数和 40 个发明原理

在对专利研究的过程中，阿奇舒勒发现，仅有 39 项工程参数在彼此相对改善和恶化，而这些专利都是在不同的领域上解决这些工程参数的冲突与矛盾。这些矛盾不断地出现，又不断地被解决。由此他总结出了解决冲突和矛盾的 40 个创新原理。之后，将这些冲突与矛盾解决原理组成一个由 39 个改善参数与 39 个恶化参数构成的矩阵，矩阵的横轴表示希望得到改善的参数，纵轴表示某技术特性改善引起恶化的参数，横纵轴各参数交叉处的数字表示用来解决系统矛盾时所使用创新原理的编号，这就是著名的技术矛盾矩阵或冲突解决矩阵。问题解决者可以根据系统中产生矛盾的两个工程参数从矩阵表中直接查找化解该矛盾的发明原理。

## 9.7.1　39 个技术参数

下面给出 39 个工程参数的名称及意义。

（1）运动物体的质量：在重力场中运动物体所受到的重力。如运动物体作用于其支撑或悬挂装置上的力。

（2）静止物体的质量：在重力场中静止物体所受到的重力。如静止物体作用于其支撑或悬挂装置上的力。

（3）运动物体的长度：运动物体的任意线性尺寸，不一定是最长的，都认为是其长度。

（4）静止物体的长度：静止物体的任意线性尺寸，不一定是最长的，都认为是其长度。

（5）运动物体的面积：运动物体内部或外部所具有的表面或部分表面的面积。

（6）静止物体的面积：静止物体内部或外部所具有的表面或部分表面的面积。

（7）运动物体的体积：运动物体所占的空间体积。

（8）静止物体的体积：静止物体所占的空间体积。

（9）速度：物体的运动速度，过程或活动与时间之比。

（10）力：两个系统之间的相互作用。对于牛顿力学，力等于质量与加速度之积；在 TRIZ 中，力是试图改变物质状态的任何作用。

（11）应力与压力：单位面积上的力。

（12）形状：物体外部轮廓或系统的外貌。

（13）结构的稳定性：系统的完整性及系统组成部分之间的关系。磨损、化学分解及拆卸都可降低稳定性。

（14）强度：物体抵抗外力作用使之变化的能力。

（15）运动物体的作用时间：运动物体完成规定动作的时间、服务期。两次误动作之间的时间也是作用时间的一种度量。

（16）静止物体的作用时间：静止物体完成规定动作的时间、服务期。两次误动作之间的时间也是作用时间的一种度量。

（17）温度：物体或系统所处的热状态，包括其他热参数，如影响改变温度变化速度的热容量。

（18）光照度：单位面积上的光通量，系统的光照特性，如亮度，光线质量。

（19）运动物体的能量：能量是物体做功的一种度量。在经典力学中，能量等于力与距离的乘积。能量也包括电能、热能及核能等。

（20）静止物体的能量：能量是物体做功的一种度量。在经典力学中，能量等于力与距离的乘积。能量也包括电能、热能及核能等。

（21）功率：单位时间内所做的功，即利用能量的速度。

（22）能量损失：做无用功的能量。为了减少能量损失，需要不同的技术来改善能量的利用。

（23）物质损失：部分或全部、永久或临时的材料、部件或子系统等物质的损失。

（24）信息损失：部分或全部、永久或临时的数据损失。

（25）时间损失：一项活动所延续的时间间隔。改进时间的损失指减少一项活动所花费的时间。

（26）物质或事物的数量：材料、部件及子系统等的数量，它们可以被部分或全部、临时或永久地被改变。

（27）可靠性：系统在规定的方法及状态下完成规定功能的能力。

（28）测试精度：系统特征的实测值与实际值之间的误差。减少误差将提高测试精度。

（29）制造精度：系统或物质的实际性能与所需性能之间的误差。

（30）物体外部有害因素作用的敏感性：物体对受外部或环境中的有害因素作用的敏感程度。

（31）物体产生的有害因素：有害因素将降低物体或系统的效应，或完成功能的质量。这些有害因素是由物体或系统操作的一部分产生的。

（32）可制造性：物体或系统制造过程中简单、方便的程度。

（33）可操作性：要完成操作应需要较小的操作者、较少的步骤以及使用尽可能简单的工具。一个操作的产出要尽可能多。

（34）可维修性：对于系统可能出现失误所进行的维修要时间短、方便和简单。

（35）适应性及多用性：物体和系统响应外部变化的能力，或应用于不同条件下的能力。

（36）装置的复杂性：系统中元件数目及多样性，如果用户也是系统中的元素，将增加系统的复杂性。掌握系统的难易程度是其复杂性的一种度量。

（37）监控与测试的困难程度：如果一个系统复杂、成本高、需要较长的时间建造及使用，或部件与部件之间关系复杂，都使得系统的监控与测试困难。测试精度高，增加了测试成本，也是测试难度的一种标志。

（38）自动化程度：系统或物体在无人操作的情况下完成任务的能力。自动化程度的最低级别是完全人工操作的；最高级别是机器能自动感知所需的操作、自动编程和对操作自动监控；中等级别是需要人工编程、人工观察正在进行的操作，改变正在进行的操作及重新编程。

（39）生产率：单位时间内所完成的功能或操作数。

为了应用方便，上述 39 个通用工程参数可分为如下 3 类。

（1）通用物理及几何参数：No. 1～12，No. 17～18，No. 21。

（2）通用技术负向参数：No. 15～16，No. 19～20，No. 22～26，No. 30～31。

（3）通用技术正向参数：No. 13～14，No. 27～29，No. 32～39。

负向参数（Negative Parameters）是指这些参数变大时，使系统或子系统的性能变差。如子系统为完成特定的功能所消耗的能量（No. 19～20）越大，则设计越不合理。

正向参数（Positive Parameters）是指这些参数变大时，使系统或子系统的性能变好。如子系统可制造性（No.32）指标越高，子系统制造成本就越低。

## 9.7.2　40 条发明原理

在对全世界专利进行分析研究的基础上，TRIZ 理论提出了 40 条发明创造原理，如附表 2 所示。实践证明，这些原理对于指导设计人员的发明创造、创新具有非常重要的作用。下面将对各条发明创造原理进行详细介绍。

（1）分割原理：

① 把一个物体分成几个部分。

② 将物体分成容易组装及拆卸的部分。

③ 增加物体相互独立部分的程度。

（2）抽出原理：

① 从物体中抽出产生紊乱的部分或属性。

② 从物体中抽出必要的部分或属性。

（3）部分改变原理：

① 将物体的均一构成或外部环境及作用改为不均一。

② 让物体的不同部分各具不同功能。

③ 让物体的各部分处于各自动作的最佳状态。

（4）对称性原理：

① 改变左右对称的形状为非对称。

② 已经是非对称的物体，增强其非对称性。

（5）组合原理：

① 将同质或做相近作业的物体组合。

② 将相同性质的作业在同一时间组合。

（6）多面性、多功能原理：使物体具有复合功能以代替多个物体的功能。

（7）嵌套构成原理：把一物体嵌入另一物体，然后再嵌入另一物体中。

（8）配重、平衡重原理：

① 通过对某一物体的质量进行调节，提高与其他物体质量的平衡。

② 通过空气动力学特性、流体力学特性的相互作用调节物体的质量。

（9）事先反作用原理：

① 事先预置反作用。

② 对受拉伸力作用的物体，事先设置反拉伸力。

（10）动作预置原理：

① 预置必要的动作、机能。

② 在适当时机、方便的位置加入所需动作和机能。

（11）事先对策预防原理：通过事先预防对策，补足物体的低可靠性。

（12）等位性原理：改变物体的动作、作业状况，使物体不需要经常提升或下降。

（13）逆问题原理：

① 用相反的动作代替要求指定的动作。

② 让物体的可动部分不动，不动部分可动。

（14）回转、椭圆性原理：

① 将直线、平面变成弯曲的形状，将立方体变成椭圆体。

② 使用滚筒、球状、螺旋状。

③ 改直线运动为回转运动，使用离心力。

（15）动态性原理：

① 自动调节物体，使其在各动作阶段的性能最佳。

② 将物体分割成既可变位又可相互配合的数个构成要素。

③ 使不动的物体可动或相互交换。

（16）过渡的动作原理：所期望的效果难以 100%实现时，在可以实现的程度上加大动作幅度，使问题简化。

（17）一维变多维原理：

① 将做一维直线运动的物体变成二维平面运动。

② 单层构造的物体变为多层构造。

③ 将物体倾斜或侧向放置。

（18）振动原理：

① 使物体振动。

② 已振动的物体，提高振动频率。

③ 使用共振。

④ 用压电振动代替机械振动。

⑤ 超声波振动和电磁场共用。

（19）周期性动作原理：

① 将连续动作改为周期性动作。

② 已经是周期性的动作，改变其频率。

③ 在脉冲中再加入周期性。

（20）有用动作持续原理：持续物体的有用动作，停止空闲或中间性的动作。

（21）超高速作业原理：将危险或有害的作业在超高速下运行。

（22）变害为益原理：

① 利用有害的因素，得到有益的结果。

② 将有害的要素相结合变为有益要素。

③ 增大有害动作的幅度直至有害性消失。

（23）反馈原理：

① 引入反馈。

② 已引入反馈时，将反馈反方向进行。

（24）中介原理：

① 使用中介物实现所需动作。

② 把一物体与另一容易去除物体暂时结合在一起。

（25）自助机能原理：

① 让物体具有自补充、自修复功能。

② 灵活运用剩余的材料及能量。

（26）代用品原理：

① 用简单、廉价的代用品代替复杂、高价、易损、难以使用的物体。

② 按一定比例扩大或缩小图像，用复印图、图像代替实物。

（27）用便宜、寿命短的物体代替高价耐久的物体原理：用大量便宜的物体取代高价耐久的物体实现同样的功能。

（28）机械系统的代替原理：

① 用光学系统、听觉系统、嗅觉系统取代机械系统。

② 使用与物体相互作用的电场、磁场、电磁场。

③ 场的取代：

a. 可变场与恒定场相取代。

b. 固定场与随时间变化的可动场相取代。

c. 随机场与恒定场相取代。

④ 场与强磁粒子组合使用。

（29）空压机构、液压机构原理：将物体的固体部分用气体或流体代替，利用气压、油压、水压产生缓冲机能。

（30）可挠性膜片或薄膜原理：

① 使用有可挠性的膜片或薄膜构造改变已有的构造。

② 使用可挠性的膜片或薄膜，使物体与环境隔离。

（31）使用多孔性材料原理：

① 使物体变为多孔性或加入具有多孔性的物体。

② 已使用了多孔性物体，事先在多孔里添加所需物质。

（32）改变颜色原理：

① 改变物体或其周围的颜色。

② 改变难以看清物体或过程的透明度；

③ 在难以看清物体或过程中使用有色添加剂。

（33）同质性原理：把主要物体及与其相互作用的其他物体用同一材料或特性相近的材料做成。

（34）零部件的废弃或再生原理：

① 废弃或改造机能已完成或没有作用的零部件。

② 迅速补充消耗或减少的部分。

（35）物体的物理或化学状态的变化原理：改变物体的凝聚状态、密度分布、可挠度、湿度等。

（36）相变化原理：利用物质相变化时产生的效果。

（37）热膨胀原理：

① 使用热膨胀或热收缩材料。

② 组合使用不同热膨胀系数的材料。

（38）使用强力氧化剂原理：

① 将通常的空气与浓缩空气相取代。

② 将浓缩空气与氧气相取代。

③ 将空气或氧气中物体用电离放射线处理。

④ 使用离子化氧气。

（39）不活性环境原理：

① 通常的环境被不活性环境相取代。

② 使用真空环境。

（40）复合材料原理：均质材料与复合材料相取代。

上述 40 条发明原理起着工具集的作用，对发明家来说，该工具集是理想中的"发明工厂"。应用该工具集的简单方法从中选择规则，可以对问题提出求解的思路或线索。当然，这种方法效率不高，冲突解决矩阵提供了更好的方法。

# 9.8　冲突解决矩阵

TRIZ 理论用 39 个工程参数（见附表 1）描述了设计问题的问题空间，而 40 条发明原理（见附表 2）则描述了设计问题的解空间。为了得到问题的解，需建立问题空间与解空间之间的映射关系，这个映射关系就是冲突解决矩阵或冲突矩阵。冲突解决矩阵是 TRIZ 的创始人阿奇舒勒构建的。其中，纵轴上的元素表示希望得到改善的技术参数，横轴上的元素表示某技术参数改善时会恶化的技术参数，横纵轴交叉处的数字表示用来解决系统矛盾时所使用的创新原理的编号。矩阵所提供的创新原理既可单独采用，也可组合应用。该矩阵将描述技术冲突的 39 个通用工程参数与 40 条发明创造原理建立了对应关系，很好地解决了设计过程中选择发明原理的难题。

表 9.2 为冲突矩阵局部示意。矩阵的行和列分别为 39 个变好（改善）和变坏（恶化）的工程参数，矩阵元素 $X_{ij}$ 为第 $i$ 个变好的工程参数和第 $j$ 个变坏的工程参数所构成的技术冲突所对应的发明原理。其中 $X_{ij}$ 与 $X_{ji}$ 相同，$X_{ii}$ 为空。冲突解决矩阵为 40 行 40 列的一个矩阵，其中第一行或第一列为按顺序排列的 39 个描述冲突的通用工程参数序号。表 9.2 为该表的局部，完整的表格读者可以参阅有关文献。除了第一行与第一列以外，其余 39 行 39 列形成一个矩阵，矩阵元素中或空、或有几个数字，这些数字表示 40 条发明原理中推荐采用的原理序

号。矩阵中的列所代表的工程参数是需改善的一方，行所描述的工程参数为冲突中可能引起恶化的一方。

**表 9.2　冲突解决矩阵**

| | No.1 | No.2 | No.3 | … | No.39 |
|---|---|---|---|---|---|
| No.1 | | | 15，8，29，34 | | 35，3，24，37 |
| No.2 | | | | | 1，28，15，35 |
| No.3 | 8，15，28，34 | | | ⋮ | 14，4，28，29 |
| ⋮ | | | | | |
| No.39 | 35，26，24，37 | 28，27，15，3 | 28，27，15，3 | | |

TRIZ 的冲突理论似乎是产品创新的灵丹妙药，实际上在应用该理论之前的前处理与应用后的后处理仍然是关键所在。

当针对具体问题确认了一个技术冲突后，要用该问题所处的技术领域中的特定术语描述该冲突。然后，要将冲突的描述翻译成一般术语，由这些一般术语选择通用工程参数。由通用工程参数在冲突解决矩阵中选择可用的解决原理。一旦某一或某几个发明创造原理被选定后，必须根据特定的问题将发明创造原理转化并产生一个特定的解。对于复杂的问题一条原理是不够的，原理的作用是使原系统向着改进的方向发展。在改进过程中，对问题的深入思考、创造性和经验都是必需的。

可把应用技术冲突解决问题的步骤具体化为以下 12 步：

（1）定义待设计系统的名称。

（2）确定待设计系统的主要功能。

（3）列出待设计系统的关键子系统、各种辅助功能。

（4）对待设计系统的操作进行描述。

（5）确定待设计系统应改善的特性、应该消除的特性。

（6）将涉及的参数要按通用的 39 个工程参数重新描述。

（7）对技术冲突进行描述：如果某一工程参数要得到改善，将导致哪些参数恶化？

（8）对技术冲突进行另一种描述：假如降低参数恶化的程度，要改善参数将被削弱，或另一恶化参数将被加强。

（9）在冲突矩阵中由冲突双方确定相应的矩阵元素。

（10）由上述元素确定可用的发明原理。

（11）确定的原理应用于设计者的问题中。

（12）评价并完善概念设计及后续设计。

通常所选定的发明原理多于 1 个，这说明前人已用这几个原理解决了一些类似的、特定的技术冲突。这些原理仅仅表明解的可能方向，即应用这些原理过滤掉了很多不太可能的解的方向，尽可能将所选定的每条原理都用到待设计过程中去，不要拒绝采用推荐的任何原理。假如所用可能的解都不满足要求，那么要对冲突重新定义并求解。

# 9.9　经典案例：波音 737 飞机引擎改进

在历史上著名的波音 737 飞机的引擎改进设计中，设计人员遇到了一个技术难题：引擎的改进需要增大整流罩的面积以使其吸入更多的空气，即需要增大整流罩的直径；但整流罩直径的增大将使它的下边缘与地面的距离变小，从而会使飞机在跑道上行驶时产生危险。这样，在"发动机的功率"和"整流罩与地面的距离"之间就产生了技术上的矛盾。

此案例中选择两个技术参数为"功率"（希望得到改善的参数）和"物质的量"（恶化的参数）。对照技术矛盾解决矩阵，两个参数交叉处的创新原理为 4 号（不对称原理）、34 号（零部件的废弃或再生）和 19 号（周期性动作）。分析软件所推荐的 3 个创新原理以及相关的实例，显然 34 号"零部件的废弃或再生"和 19 号"周期性动作"创新原理对本方案的改进意义不大，因此，单独采用 4 号不对称原理。解决方案为：将整流罩由规则的圆形改为不规则的扁圆形，这样在增大发动机功率的时候就不会导致整流罩与地面的距离过小，从而消除了矛盾，如图 9.7 所示。

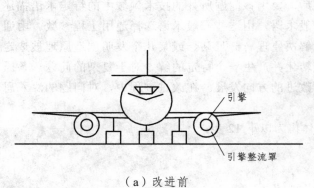
（a）改进前

（b）改进后

图 9.7　波音 737 飞机引擎整流罩的改进

# 9.10　计算机辅助创新软件简介

计算机辅助创新 CAI（Computer Aided Innovation）是新产品开发中的一项关键基础技术，是以近年来在欧美国家迅速发展的发明问题解决理论 TRIZ 研究为基础，结合本体论、现代设计方法学、计算机软件技术等多领域科学知识，综合而成的创新技术。它以分析解决产品创新和工艺创新中遇到的各种矛盾为出发点，基于问题求解理论和已有的知识总结，辅助企业在产品设计和工艺设计中进行功能创新和原理创新，可极大地提高企业技术创新的能力和效率。

CAI 软件起源于苏联，首先由苏联科学家 Dr Valery Tsurikov 于 1980 年末开发，Dr Valery Tsurikov 给他的 CAI 软件命名为"发明机器"，但当时的"发明机器"软件运行非常困难，它仅仅是发明问题解决理论 TRIZ 应用的简单电子化。由于 TRIZ 理论自身使用门槛高，致使其传播推广速度受到阻滞。

苏联解体后，Dr Valery Tsurikov 移居美国，创办了"发明机器公司"。1995 年，发明机器公司获得了成功，与摩托罗拉签订了 300 万美元的合同。1996 年，日本三菱公司花 1 800 万美元购买了该公司的程序方案。1997 年命名为"最佳技术"的发明机器软件问世，使全世界充分认识到 TRIZ 和 CAI 软件的重要性。紧接着在美国、以色列、比利时等国家相继出现了一批 CAI 软件公司。现代的 CAI 技术是"创新理论+创新技术+IT 技术"的结晶，它使 TRIZ 理论不再只是专家们才能使用的创新工具，降低 TRIZ 理论门槛的同时也加速了 TRIZ 理论的传播应用。目前，我国市场上比较有影响的 CAI 品牌有美国亿维讯集团推出的旗舰 CAI 产品——Pro/Innovator；Invention Machine 公司的 Goldfire Innovator、Tech/Optimizer 和 Knowledgis；以及 Ideation International 公司的 Innovation Workbench（IWB）；还有河北工业大学檀润华教授等人在 TRIZ 理论研究基础上，研制的计算机辅助产品创新软件 InventionTool 等。

## 习　题

1. TRIZ 理论包含哪些内容？
2. 如何应用 TRIZ 理论解决技术问题？
3. 从 TRIZ 理论的学习中你能体会到发明创造是具备一定规律的吗？

# 10 专利撰写与申报

设计的实质在于创造，在学习了如何进行发明创造的相关理论、方法和手段后，本章就知识产权的概念和专利申报基本知识进行介绍，借此提高对知识产权保护的意识和能力。

## 10.1 知识产权与专利申报

知识产权（Intellectual Property）是指对智力劳动成果所享有的占有、使用、处分和收益的权利。知识产权是一种无形财产权，它与房屋、汽车等有形财产一样，都受到国家法律的保护，都具有价值和使用价值。有些重大专利、驰名商标或作品的价值要远远高于房屋、汽车等有形财产。知识产权通常分为两部分，即"工业产权"和"版权"。根据 1967 年在斯德哥尔摩签订的《建立世界知识产权组织公约》的规定，知识产权包括对下列各项知识财产的权利：文学、艺术和科学作品；表演艺术家的表演及唱片和广播节目；人类一切活动领域的发明；科学发现；工业品外观设计；商标、服务标记以及商业名称和标志；制止不正当竞争以及在工业、科学、文学或艺术领域内由于智力活动而产生的一切其他权利。总之，知识产权涉及人类一切智力创造的成果。

为了保护智力劳动成果，促进发明创新，早在一百多年前，国际上已开始建立保护知识产权制度。1883 年在巴黎签署了《保护工业产权巴黎公约》，1886 年在瑞士伯尔尼签署了《保护文学艺术作品伯尔尼公约》（the Berne Convention for the Protection of Literary and Artistic Works），1891 年在马德里签署了《商标国际注册马德里协定》。此外，还先后签署了《工业品外观设计国际保存海牙协定》（1925 年）、《商标注册用商品和服务国际分类尼斯协定》（1957 年）、《保护原产地名称及其国际注册里斯本协定》（1958 年）、《专利合作条约》（1970 年）、《关于集成电路的知识产权条约》（1989 年），等等。

为了促进全世界对知识产权的保护，加强各国和各知识产权组织间的合作，"国际保护工业产权联盟"和"国际保护文学作品联盟"的 51 个成员国于 1967 年 7 月 14 日在瑞典首都斯德哥尔摩共同缔约建立了"世界知识产权组织"。该组织于 1974 年 12 月成为联合国 16 个专门机构之一。

20 世纪 80 年代，中国开始逐步建立知识产权制度。1883 年 3 月，实行了商标法；1985 年 4 月实行了专利法；1990 年 9 月又颁布了著作权法，并于 1991 年 6 月 1 日起开始实施。中国于 1980 年加入了世界知识产权组织，1985 年参加了《保护工业产权巴黎公约》。1990 年 12 月，中国知识产权研究会成立。1992 年 1 月 17 日，中美两国政府签署了《关于保护知识产权备忘录》。至 1994 年 5 月，中国已经加入了《商标国际注册马德里协定》、《专利合作条约》、《保护文学艺术作品伯尔尼公约》、《世界版权公约》等保护知识产权的主要国际公约。

2000 年 10 月，世界知识产权组织第 35 届成员大会系列会议讨论了中国和阿尔及利亚于 1999 年在世界知识产权组织成员国大会上共同提出的关于建立"世界知识产权日"的提案，决定从 2001 年起将每年的 4 月 26 日定为"世界知识产权日"。

《中华人民共和国民法通则》中规定了 6 种知识产权类型，即著作权、专利权、商标权、发现权、发明权和其他科技成果权，并规定了知识产权的民法保护制度。《中华人民共和国刑法》以八条的篇幅，确定了知识产权犯罪的有关内容，从而确定了中国知识产权的刑法保护制度。此外，《中华人民共和国专利法》、《商标法》、《著作权法》、《发明奖励条例》等单行法和行政法规也都对相关的知识产权作了规定。

从法律上讲，知识产权具有 3 种特征：

（1）地域性，即除签有国际公约或双边、多边协定外，依一国法律取得的权利只能在该国境内有效，受该国法律保护，对其他国家和地区其专利权是不被确认与保护的。如果专利权人希望在其他国家享有专利权，那么，必须依照其他国家的法律另行提出专利申请。除非加入国际条约及双边协定另有规定之外，任何国家都不承认其他国家或者国际性知识产权机构所授予的专利权。

（2）专有性，指除权利人同意或法律规定外，权利人以外的任何人不得享有或使用该项权利。这表明除非通过"强制许可"、"合理使用"或者"征用"等法律程序，否则权利人独占或垄断的专有权利受到严格保护他人不得侵犯。

（3）时间性，即法律对各项权利的保护，都规定有一定的有效期，期满后则权利自动终止。各国法律对保护期限的长短可能一致，也可能不完全相同，只有参加国际协定或进行国际申请时，才对某项权利有统一的保护期限。我国《专利法》规定：发明专利权的期限为 20 年，实用新型和外观设计专利权的期限为 10 年，均自申请日起计算。著作权持续到作者逝世后至少 50 年，而商标则可无限期保护。

此外，还有一种特殊的知识产权，如商业秘密。企业可以认定任何信息为"商业秘密"，禁止能够接触这些机密的人将秘密泄露出去，一般是通过合约的形式来达到这种目的。只要接触到这些秘密的人在获取这些机密前签署合约或同意保密，他们就必须守约。商业秘密的好处是没有时限，而且任何东西都可被认定为商业秘密。例如，可口可乐的配方就属商业秘密，100 多年来外界都无法获知可口可乐的全部成分。

进行创新设计，一方面要将自己创新设计的成果通过法律加以保护；另一方面又要防止有意无意侵犯到他人的创造发明。为了保护发明创造，鼓励发明创造，有利于发明创造的推广应用，促进科学技术进步和创新，适应国家经济建设的需要，国家于 1984 年制定了《中华人民共和国专利法》，后又经过 1992 年、2000 年和 2008 年 3 次修正，于 2008 年颁布了《中华人民共和国专利法》，用法律的形式规定了授予专利权的条件，专利的申请、审查和批准程序，专利权的期限、终止和无效，专利实施的强制许可，专利权的保护等内容。

申请专利既可以保护自己的发明成果，防止科研成果流失，同时也有利于科技进步和经济发展。人们可以通过申请专利的方式占据新技术及其产品的市场空间，通过生产销售专利产品、转让专利技术、专利入股等方式获得相应的经济利益。

近年来，我国专利申请量呈现出迅猛增长的态势，至 2010 年 11 月底，我国受理的国内申请人专利申请量已达到 585.2 万件，国内申请人专利授权量为 331.9 万件，国外申请人在华专利申请量为 102.7 万件，世界知识产权组织（WIPO）发布的《2012 年世界知识产权指标》

报告显示，中国国内外发明专利申请总数超过 52 万件，成为全世界发明专利申请数量第一大国。从专利的技术领域来看，所有领域都显示增长趋势，其中电气、机械、设备、能源、数字通信、计算机技术、测量仪器和制药方面的专利申请量在 2010 年排在前列。从来自中国国家知识产权局的数据显示，在过去 10 年间，我国受理的专利申请一直呈持续较快增长态势，年均增幅超过 20%。专利申请量从一个角度说明了中国创新型国家建设取得的成效。

专利申请的原旨是增加企业竞争力和盈利能力。专利数量是衡量创新能力的一项重要指标，但只是从一个方面体现了创新活动的产出。分析过去 10 年我国科技创新政策环境的演化历程，不难发现，专利申请量的快速增长，固然受到市场需求的拉动，而更为重要的则是得益于知识产权保护和科技绩效评价激励政策的推动。市场驱动的创新活动所产生的专利数量，要远远少于受科技创新导向政策推动下新增的专利数量。

2013 年初，汤森路透（Thomson Reuters）发布了 2012 年全球创新力企业（机构）评价结果。此次评价中，专利因素也是评价指标体系的重要组成。但专利因素绩效的评定，主要基于专利申请成功率、专利申请的全球性、专利影响力、创新专利数 4 项指标的考量。其中，专利申请成功率体现各公司过去 3 年中专利申请数与获批专利数的比例；专利影响力则主要通过统计过去 5 年中各公司专利被引用数量来加以评价；专利全球性指标主要分析各公司本国专利数量和海外专利数量的比重。

2012 年汤森路透评价结果显示，美国以 47 家企业位居榜首，日本以 25 家企业排名第二。虽然中国企业专利数量领先，但专利质量和影响力不足，与 2011 年的评价结果一致，2012 年中国仍无一家企业入列。评价结果一定程度上揭示了中国企业专利数量与质量不匹配的问题。与排名前十位的企业（3M 公司、ABB 集团、AMD 公司、空中客车公司、阿尔卡特-朗讯、爱尔康公司、阿法拉伐公司、亚德诺半导体技术公司、苹果公司、美国应用材料公司）相比较，中国企业海外专利申请获批比重过低，专利被引用次数较少，在"专利申请的全球性"和"专利影响力"指标方面处于明显劣势。

综合对中国专利数量和企业专利质量的分析，可以得出，中国企业的创新能力仍有待大幅度提升；中国企业在"走出去"时，应更加重视发挥技术优势，力争更多地依赖技术转化来开拓市场，为此要高度重视海外专利的申请。我国在国外的专利申请水平仍然较低，但呈稳步增长趋势。目前，我国只有 5.6% 的发明通过在国外提交全球专利申请实现了保护，远不及美国和日本。美国在国外保护其 48.8% 的国内专利，而日本则在全球范围内保护其 38.7% 的专利。

创新是经济社会可持续发展的基石，专利数量的提升体现了中国科技创新政策正在发挥积极的导向作用，而企业专利质量的不足，显示了我国创新激励政策体系仍有诸多有待完善之处。"专利申请的全球性不足"则揭示了在中国企业加快"走出去"过程中，尚未实现由资源输出向技术输出的转变，总体仍处于国际产业链分工的末端位置。

# 10.2　专利的种类

根据《中华人民共和国专利法》，按专利权的客体也就是专利法保护的对象来分，专利可分为发明（Patent）、实用新型（Utility model）和外观设计（Industry design）3 种类型。其中，发明是指对产品、方法或者其改进所提出的新的技术方案；实用新型是指对产品的形状、构造或者其结合所提出的适于实用的新的技术方案；外观设计是指对产品的形状、图案或者其结合以及色彩与形状、图案的结合所做出的富有美感并适于工业应用的新设计。

按专利申请权来分，专利可分为职务发明创造和非职务发明创造。执行本单位的任务或者主要是利用本单位的物质技术条件所完成的发明创造为职务发明创造。职务发明创造申请专利的权利属于该单位；申请被批准后，该单位为专利权人。非职务发明创造，申请专利的权利属于发明人或者设计人；申请被批准后，该发明人或者设计人为专利权人。对发明人或者设计人的非职务发明创造专利申请，任何单位或者个人不得压制。

专利法第六条所称，执行本单位的任务所完成的职务发明创造是指在本职工作中作出的发明创造；履行本单位交付的本职工作之外的任务所作出的发明创造；退休、调离原单位后或者劳动、人事关系终止后 1 年内作出的，与其在原单位承担的本职工作或者原单位分配的任务有关的发明创造。

专利法第六条所称本单位，包括临时工作单位；专利法第六条所称本单位的物质技术条件，是指本单位的资金、设备、零部件、原材料或者不对外公开的技术资料等。

专利法所称发明人或者设计人，是指对发明创造的实质性特点作出创造性贡献的人。在完成发明创造过程中，只负责组织工作的人、为物质技术条件的利用提供方便的人或者从事其他辅助工作的人，不是发明人或者设计人。

## 10.3　授予专利权的条件

申请发明和实用新型专利的发明创造应当具备新颖性、创造性和实用性。

### 10.3.1　新颖性

新颖性是指该发明或者实用新型不属于现有技术；也没有任何单位或者个人就同样的发明或者实用新型在申请日以前向国务院专利行政部门提出过申请，并记载在申请日以后公布的专利申请文件或者公告的专利文件中。发明或者实用新型专利申请是否具备新颖性，只有在其具备实用性后才予以考虑。

根据专利法第二十二条第五款的规定，现有技术是指申请日以前在国内外为公众所知的技术。现有技术包括在申请日（有优先权的，指优先权日）以前在国内外出版物上公开发表、在国内外公开使用或者以其他方式为公众所知的技术。现有技术应当是在申请日以前公众能够得知的技术内容。换句话说，现有技术应当在申请日以前处于能够为公众获得的状态，并包含有能够使公众从中得知实质性技术知识的内容。应当注意，处于保密状态的技术内容不属于现有技术。所谓保密状态，不仅包括受保密规定或协议约束的情形，还包括社会观念或者商业习惯上被认为应当承担保密义务的情形，即默契保密的情形。然而，如果负有保密义务的人违反规定、协议或者默契泄露秘密，导致技术内容公开，使公众能够得知这些技术，这些技术也就构成了现有技术的一部分。

《专利法》规定，申请专利的发明创造在申请日以前六个月内，有下列情形之一的，不丧失新颖性。

（1）在中国政府主办或者承认的国际展览会上首次展出的。

依据《实施细则》，中国政府承认的国际展览会，是指国际展览会公约规定的在国际展览局注册或者由其认可的国际展览会。

（2）在规定的学术会议或者技术会议上首次发表的。

《实施细则》所称学术会议或者技术会议，是指国务院有关主管部门或者全国性学术团体组织召开的学术会议或者技术会议。

（3）他人未经申请人同意而泄露其内容的。

例如，由于谈判、技术转让、寻找技术试验及其他目的，将发明创造内容告知第三人，该第三人不遵守明示或默示保密信约，将该发明创造内容泄露出来；单位职工未经授权在新产品上市前将有关新技术泄露给他人或第三人用欺骗或间谍手段得到该内容而泄露。

## 10.3.2　创造性

创造性是指与现有技术相比，该发明具有突出的实质性特点和显著的进步，该实用新型具有实质性特点和进步。一件发明专利申请是否具备创造性，只有在该发明具备新颖性的条件下才予以考虑。创造性是发明专利和实用新型专利的主要区别。

发明有突出的实质性特点，是指对所属技术领域的技术人员来说，发明相对于现有技术是非显而易见的。如果发明是所属技术领域的技术人员在现有技术的基础上仅仅通过合乎逻辑的分析、推理或者有限的试验可以得到的，则该发明是显而易见的，也就不具备突出的实质性特点。

发明有显著的进步，是指发明与现有技术相比能够产生有益的技术效果。例如，发明克服了现有技术中存在的缺点和不足，或者为解决某一技术问题提供了一种不同构思的技术方案，或者代表某种新的技术发展趋势。在评价发明是否具有显著的进步时，主要应当考虑发明是否具有有益的技术效果。以下情况，通常应当认为发明具有有益的技术效果，具有显著的进步。

（1）发明与现有技术相比具有更好的技术效果，如质量改善、产量提高、节约能源、防治环境污染等。

（2）发明提供了一种技术构思不同的技术方案，其技术效果能够基本上达到现有技术的水平。

（3）发明代表某种新技术的发展趋势。

（4）尽管发明在某些方面有负面效果，但在其他方面具有明显积极的技术效果。

不管发明者在创立发明的过程中是历尽艰辛，还是唾手而得，都不应当影响对该发明创造性的评价。绝大多数发明是发明者创造性劳动的结晶，是长期科学研究或者生产实践的总结。但是，也有一部分发明是偶然做出的。

**例1：**汽车轮胎具有很好的强度和耐磨性能，它曾经是由于一名工匠在准备黑色橡胶配料时，把决定加入3%的炭黑错用为30%而造成的。事实证明，加入30%炭黑生产出来的橡胶具有原先不曾预料到的高强度和耐磨性能，尽管它是由于操作者偶然的疏忽而造成的，但不影响该发明具备创造性。

## 10.3.3 实用性

实用性是指该发明或者实用新型能够制造或者使用，并且能够产生积极效果。发明或者实用新型专利申请是否具备实用性，应当在新颖性和创造性审查之前首先进行判断。

授予专利权的发明或者实用新型，必须是能够解决技术问题，并且能够应用的发明或者实用新型。换句话说，如果申请的是一种产品（包括发明和实用新型），那么该产品必须在产业中能够制造，并且能够解决技术问题；如果申请的是一种方法（仅限发明），那么这种方法必须在产业中能够使用，并且能够解决技术问题。只有满足上述条件的产品或者方法，专利申请才可能被授予专利权。

所谓产业，它包括工业、农业、林业、水产业、畜牧业、交通运输业、文化体育、生活用品和医疗器械等行业。

在产业上能够制造或者使用的技术方案，是指符合自然规律、具有技术特征的任何可实施的技术方案。这些方案并不一定意味着使用机器设备，或者制造一种物品，还可以包括例如驱雾的方法，或者将能量由一种形式转换成另一种形式的方法。

能够产生积极效果，是指发明或者实用新型专利申请在提出申请之日，其产生的经济、技术和社会的效果是所属技术领域的技术人员可以预料到的。这些效果应当是积极的和有益的。

专利法第二十二条第四款所说的"能够制造或者使用"，是指发明或者实用新型的技术方案具有在产业中被制造或使用的可能性。满足实用性要求的技术方案不能违背自然规律并且应当具有再现性。因不能制造或者使用而不具备实用性是由技术方案本身固有的缺陷引起的，与说明书公开的程度无关。

以下不具备实用性要求：

（1）无再现性。

再现性是指所属技术领域的技术人员，根据公开的技术内容，能够重复实施专利申请中为解决技术问题所采用的技术方案。这种重复实施不得依赖任何随机的因素，并且实施结果应该是相同的。但是，申请发明或者实用新型专利的产品的成品率低与不具有再现性是有本质区别的。前者是能够重复实施，只是由于实施过程中未能确保某些技术条件（如环境洁净度、温度等）而导致成品率低；后者则是在确保发明或者实用新型专利申请所需全部技术条件下，所属技术领域的技术人员仍不可能重复实现该技术方案所要求达到的结果。

（2）违背自然规律。

具有实用性的发明或者实用新型专利申请应当符合自然规律。违背自然规律的发明或者实用新型专利申请是不能实施的，因此不具备实用性。那些违背能量守恒定律的发明或者实用新型专利申请的主题，如永动机，必然是不具备实用性的。

（3）利用独一无二的自然条件的产品。

具备实用性的发明或者实用新型专利申请不得是由自然条件限定的独一无二的产品。利用特定的自然条件建造的自始至终都是不可移动的唯一产品不具备实用性。应当注意的是，不能因为上述利用独一无二的自然条件的产品不具备实用性，而认为其构件本身也不具备实用性。

（4）人体或者动物体的非治疗目的的外科手术方法。

外科手术方法包括治疗目的和非治疗目的的手术方法。以治疗为目的的外科手术方法属于不授予专利权的客体；非治疗目的的外科手术方法，由于是以有生命的人或者动物为实施对象，无法在产业上使用，因此不具备实用性。例如，为美容而实施的外科手术方法；采用外科手术从活牛身体上摘取牛黄的方法；为辅助诊断而采用的外科手术方法；实施冠状造影之前采用的外科手术方法等。

（5）测量人体或者动物体在极限情况下的生理参数的方法。

测量人体或动物体在极限情况下的生理参数需要将被测对象置于极限环境中，这会对人或动物的生命构成威胁，不同的人或动物个体可以耐受的极限条件是不同的，需要有经验的测试人员根据被测对象的情况来确定其耐受的极限条件，因此，这类方法无法在产业上使用，不具备实用性。

（6）无积极效果。

具备实用性的发明或者实用新型专利申请的技术方案应当能够产生预期的积极效果。明显无益、脱离社会需要的发明或者实用新型专利申请的技术方案不具备实用性。

## 10.3.4　外观设计专利授予条件

授予专利权的外观设计，应当不属于现有设计；也没有任何单位或者个人就同样的外观设计在申请日以前向国务院专利行政部门提出过申请，并记载在申请日以后公告的专利文件中。

授予专利权的外观设计与现有设计或者现有设计特征的组合相比，应当具有明显区别。

授予专利权的外观设计不得与他人在申请日以前已经取得的合法权利相冲突。

## 10.3.5　不授予专利权的情况

对下列各项，不授予专利权：

（1）科学发现。

（2）智力活动的规则和方法。

（3）疾病的诊断和治疗方法。

（4）动物和植物品种。

（5）用原子核变换方法获得的物质。

（6）对平面印刷品的图案，色彩或者二者的结合作出的主要起标识作用的设计。

动物和植物品种的生产方法可以授予专利权。

# 10.4　专利申报

专利的申请与保护都是通过国家法律法规所规定的方式进行的，专利文件由于具有法律效力，它的撰写要求非常严格。在申请专利时申请人可以自行填写和撰写申请文件，也可以委托专利代理机构代为办理。尽管委托专利代理是非强制性的，但是考虑到精心撰写申请文件的重要性，以及审批程序的法律严谨性，对经验不多的申请人来说，委托专利代理是值得提倡的。委托专利代理机构办理专利事务，首先要填写书面委托书，用以确定委托事项和委托权限，《专利代理条例》中规定的专利代理业务范围很广，不仅仅是申请专利、请求撤销专利权和专利权宣告无效，还包括文献检索、专利许可、专利权的转让、专利纠纷、专利诉讼等。所以委托人委托专利代理机构办理专利事务时，应当制定详细的委托书，而绝不要以"全权委托"这一模糊概念来概括委托事项和权限，而应逐项写明；否则常会出现委托双方对委托事项的误解而使双方受损，更为严重的还可能造成权利的丧失，给委托人的利益造成无法挽救的损失。

申请发明或者实用新型专利的申请文件应当包括：专利请求书、说明书（说明书有附图的，应当提交说明书附图）、权利要求书、摘要、摘要附图（必要时），各一式两份。申请外观设计专利的，申请文件应当包括：外观设计专利请求书、图片或者照片，各一式两份。要求保护色彩的，还应当提交彩色图片或者照片一式两份。提交图片的，两份均应为图片，提交照片的，两份均应为照片，不得将图片或照片混用。如对图片或照片需要说明的，应当提交外观设计简要说明，一式两份。委托专利代理机构申请的需要提供有专利权人签章的委托代理协议。

## 10.4.1　专利文件的准备和提交

向专利局申请专利或办理其他手续的，可以将申请文件或其他文件直接递交或寄交给专利局受理处或上述任何一个专利局代办处，发明或者实用新型专利申请文件应按下列顺序排列：请求书、说明书摘要、摘要附图、权利要求书、说明书、说明书附图和其他文件。外观设计专利申请文件应按照请求书、图片或照片、简要说明顺序排列。申请文件各部分都应当分别用阿拉伯数字顺序编号。在提交文件时应注意下列事项：

（1）向专利局提交申请文件或办理各种手续。

以书面形式申请专利的，应当向国务院专利行政部门提交申请文件，一式两份。

以国务院专利行政部门规定的其他形式申请专利的，应当符合规定的要求。

申请人委托专利代理机构向国务院专利行政部门申请专利和办理其他专利事务的，应当同时提交委托书，写明委托权限。

申请人有 2 人以上且未委托专利代理机构的，除请求书中另有声明的外，以请求书中指明的第一申请人为代表人。

申请文件的纸张质量应相当于复印机用纸的质量。纸面不得有无用的文字、记号、框、线等。各种文件一律采用 A4 尺寸（210 mm×297 mm）的纸张。纸张应当纵向使用，只使用一面。文字应当自左向右排列，纸张左边和上边应各留 25 mm 的空白，右边和下边应当各留 15 mm 的空白，以便于出版和审查时使用。申请文件各部分的第一页应当使用国家知识产权局统一制定的表格，申请文件均应一式两份，手续性文件可以一式一份；表格可以从网上下载，网址是 www.sipo.gov.cn，也可以到国家知识产权局受理大厅索取或以信函方式索取（信函寄至：国家知识产权局专利局初审及流程管理部发文处）。申请文件各部分一律使用汉字。外国人名、地名和科技术语如没有统一中文译文，应当在中文后的括号内注明英文或原文。申请人提供的附件或证明是外文的，应当附有中文译文，申请文件包括请求书在内，都应当用宋体、仿宋体或楷体打字或印刷，字迹呈黑色，字高应当在 3.5～4.5 mm，行距应当在 2.5～

3.5 mm。要求提交一式两份文件的，其中一份为原件，另一份应采用复印件，并保证两份文件内容一致。申请文件中有图的，应当用墨水和绘图工具绘制，或者用绘图软件绘制，线条应当均匀清晰，不得涂改，不得使用工程蓝图。

（2）申请的件数。

一件发明或者实用新型的新专利申请文件应当限于一项发明或者实用新型。属于一个总的发明构思的两项以上的发明或者实用新型，可以作为一件申请提出。一件外观设计专利申请应当限于一种产品所使用的一项外观设计。用于同一类别并且成套出售或者使用的产品两项以上的外观设计，可以作为一件申请提出。

（3）底稿留存。

向专利局提交的各种文件申请人都应当留存底稿，以保证申请审批过程中文件填写的一致性，并可以此作为答复审查意见时的参照。

（4）邮寄方式。

申请文件是邮寄的，应当用挂号信函。无法用挂号信邮寄的，可以用特快专递邮寄，不得用包裹邮寄申请文件。挂号信函上除写明专利局或者专利局代办处的详细地址（包括邮政编码）外，还应当标有"申请文件"及"国家知识产权局专利局受理处收"或"国家知识产权局专利局 XX 代办处收"的字样。申请文件最好不要通过快递公司递交，通过快递公司递交申请文件，以专利局受理处以及各专利局代办处实际收到日为申请日。一封挂号信函内应当只装同一件申请的文件。邮寄后，申请人应当妥善保管好挂号收据存根。

（5）专利局在受理专利申请时不接收样品、样本或模型。

在审查程序中，申请人应审查员要求提交样品或模型时，若在专利局受理窗口当面提交，应当出示审查意见通知书；邮寄的应当在邮件上写明"应审查员 XXX（姓名）要求提交模型"的字样。

（6）及时通知变更情况。

申请人或专利权人的地址有变动，应及时向专利局提出著录项目变更；申请人与专利事务所解除代理关系，还应到专利局办理变更手续。

## 10.4.2  权利要求书的撰写

权利要求书应当说明发明或者实用新型的技术特征，清楚、简要地表述请求保护的范围。权利要求书应当以说明书为依据，说明发明或实用新型的技术特征，限定专利申请的保护范围。在专利权授予后，权利要求书是确定发明或者实用新型专利权范围的根据，也是判断他人是否侵权的根据，有直接的法律效力。权利要求分为独立权利要求和从属权利要求。独立权利要求应当从整体上反映发明或者实用新型的主要技术内容，它是记载构成发明或者实用新型的必要技术特征的权利要求。从属权利要求是引用一项或多项权利要求的权利要求，它是一种包括另一项（或几项）权利要求的全部技术特征，又含有进一步加以限制的技术特征的权利要求。进行权利要求的撰写必须十分严格、准确、具有高度的法律保护和技术方面的技巧。权利要求书有几项权利要求的，应当用阿拉伯数字顺序编号。权利要求书中使用的科技术语应当与说明书中使用的科技术语一致，可以有化学式或者数学式，但是不得有插图。除绝对必要外，不得使用"如说明书……部分所述"或者"如图……所示"的用语。权利要求中的技术特征可以引用说明书附图中相应的标记，该标记应当放在相应的技术特征后并置于括号内，便于理解权利要求，附图标记不得解释为对权利要求的限制。权利要求书使用规范的语言，如"所述的 XXXXXX，其特征在于"，同一个权利请求项中间不得使用句号，一般是通过下载与所申报的专利相近的已授权专利作为范本进行撰写。

## 10.4.3　说明书的撰写

专利法第二十六条第三款规定，说明书应当对发明或者实用新型作出清楚、完整的说明，以所属技术领域的技术人员能够实现为准。发明或者实用新型专利申请的说明书应当写明发明或者实用新型的名称，该名称应当与请求书中的名称一致。说明书应当包括下列内容：

（1）技术领域。

写明要求保护的技术方案所属的技术领域。

（2）背景技术。

写明对发明或者实用新型的理解、检索、审查有用的背景技术，有可能的，并引证反映这些背景技术的文件。

（3）发明内容。

写明发明或者实用新型所要解决的技术问题以及解决其技术问题而采用的技术方案，并对照现有技术写明发明或者实用新型的有益效果。

（4）附图说明。

说明书有附图的，对各幅附图作简略说明。

（5）具体实施方式。

详细写明申请人认为实现发明或者实用新型的优选方式；必要时，举例说明；有附图的，对照附图。

发明或者实用新型说明书应当用词规范、语句清楚，并不得使用"如权利要求……所述的"一类的引用语，也不得使用商业性宣传用语。

发明专利申请包含一个或者多个核苷酸或者氨基酸序列的，说明书应当包括符合国务院专利行政部门规定的序列表。申请人应当将该序列表作为说明书的一个单独部分提交，并按照国务院专利行政部门的规定提交该序列表的计算机可读形式的副本。

## 10.4.4　说明书附图的绘制

根据中华人民共和国知识产权局 2010 年修订的专利《审查指南》规定，说明书附图应当用制图工具和黑色墨水绘制，线条应当均匀清晰、足够深，并不得着色和涂改。

剖面图中的剖面线不得妨碍附图标记线和主线条的清楚识别。

几幅附图可以绘制在一张图纸上。一幅总体图可以绘制在几张图纸上，但应保证每一张纸上的图都是独立的，而且当全部图样组合起来构成一幅完整总体图时又不互相影响其清晰程度。附图的周围不得有框线。

附图总数在两幅以上的，应当使用阿拉伯数字顺序编号，并在编号前冠以"图"字，如图 1、图 2 等，并且对图示的内容作简要说明。在零部件较多的情况下，允许用列表的方式对附图中具体零部件名称列表说明。

附图不止一幅的，应当对所有附图作出图面说明。

例如，一件发明名称为"燃煤锅炉节能装置"的专利申请，其说明书包括 4 幅附图，这些附图的图面说明如下：

图 1 是燃煤锅炉节能装置的主视图。

图 2 是图 1 所示节能装置的侧视图。

图 3 是图 2 中的 A 向视图。

图 4 是沿图 1 中 B—B 线的剖视图。

附图应当尽量垂直绘制在图纸上，彼此明显地分开。当零件横向尺寸明显大于竖向尺寸必须水平布置时，应当将附图的顶部置于图纸的左边。一页纸上有两幅以上的附图，且有一幅已经水平布置时，该页上其他附图也应当水平布置。

附图标记应当使用阿拉伯数字编号。同一零件出现在不同的图中时应当使用相同的附图标记，一件专利申请的各文件（如说明书及其附图、权利要求书、摘要等）中应当使用同一附图标记表示同一零件，但并不要求每一幅图中的附图标记编号连续。

附图的大小要适当，应当能清晰地分辨出图中的每一个细节，并适合于用照相制版、静电复印、缩微等方式大量复制。

同一附图中应当采用相同比例绘制，为使其中某一组成部分清楚显示，可以另外增加一幅局部放大图。附图中除必要的词语外，不应当含有其他注释。

附图中的词语应当使用中文，必要时，可以在其后的括号里注明原文。

流程图、框图应当视为附图，并应当在其框内给出必要的文字和符号。特殊情况下，可以使用照片贴在图纸上作为附图。例如，在显示金相结构或者组织细胞时。

## 10.4.5　说明书摘要的撰写

根据《专利法实施细则》，说明书摘要应当写明发明或者实用新型专利申请所公开内容的概要，即写明发明或者实用新型的名称和所属技术领域，并清楚地反映所要解决的技术问题、解决该问题的技术方案的要点以及主要用途。

说明书摘要可以包含最能说明发明的化学式；有附图的专利申请，还应当提供一幅最能说明该发明或者实用新型技术特征的附图。附图的大小及清晰度应当保证在该图缩小到 4 cm×6 cm 时，仍能清晰地分辨出图中的各个细节。

摘要文字部分不得超过 300 个字。摘要中不得使用商业性宣传用语。

## 10.4.6　专利申请及其审查流程

依据专利法，发明专利申请的审批程序包括受理、初审、公布、实审以及授权 5 个阶段。实用新型或者外观设计专利申请在审批中不进行早期公布和实质审查，只有受理、初审和授权 3 个阶段。

发明、实用新型和外观设计专利的申请、审查流程图如图 10.1 所示。

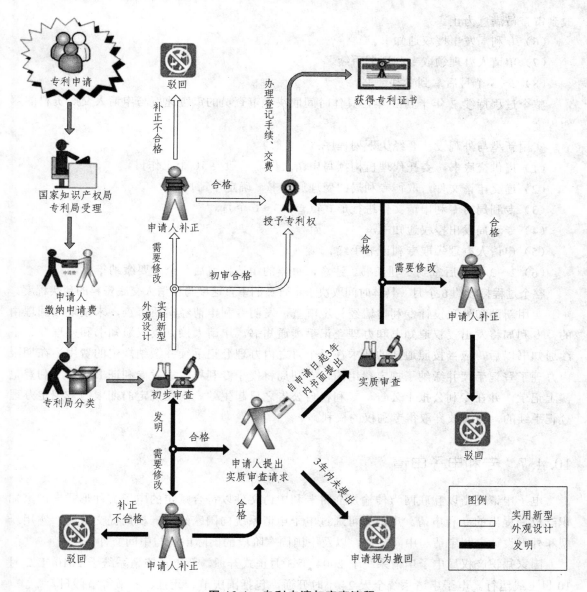

**图 10.1　专利申请与审查流程**

以委托代理机构办理专利申请为例，一个发明专利从申请到授权一般要经历下述程序：

（1）提供交底书，委托代理机构撰写申请文件，一般要 20 天到一个月时间。

（2）递交申请文件，取得专利局的受理通知书，确定申请日，递交文件当日也可以递交提前公开声明及请求实质审查，这样可以加快审查进程。

（3）专利局对专利申请文件进行形式审查，2～3 个月，初审合格后进入公开准备阶段。

（4）专利局公开发明申请文件，6～8 个月。

（5）专利局对发明专利文件进行实质审查，一年半到两年，期间审查员就发明的实质内容，即新颖性、创造性、实用性问题与申请人沟通（委托代理机构的跟代理机构沟通，以确定发明合适的保护范围），来回沟通可能往复数次，申请人可能需要按要求进行补正，直至修改到审查员满意为止。

（6）专利局发出授权通知书。

（7）申请人办理领取专利证书手续。

（8）2～3个月后拿到专利证书。

整个过程持续2年半到3年，具体时间取决于审查员的审查速度与申请人交底资料的翔实程度。

实用新型与外观设计要经历下列程序：

（1）提供交底书，委托代理机构撰写申请文件，一般要10个工作日。

（2）递交申请文件，取得专利局的受理通知书，确定申请日。

（3）专利局对专利申请文件进行形式审查，3～6个月。

（4）专利局发出授权通知书。

（5）申请人办理领取专利证书手续。

（6）2～3个月后拿到专利证书。注意，每年的申请日前后一个月要缴纳年费。

整个过程持续约6个月，具体时间取决于审查员的审查速度与申请人交底资料的翔实程度。

实用新型和外观设计专利申请经初步审查，发明专利申请经实质审查，未发现驳回理由的，专利局将发出授权通知书和办理登记手续通知书。申请人接到授权通知书和办理登记手续通知书以后，应当按照通知的要求在两个月之内办理登记手续并缴纳规定的费用。在期限内办理了登记手续并缴纳了规定费用的，专利局将授予专利权，颁发专利证书，在专利登记簿上记录，并在专利公报上公告，专利权自公告之日起生效。未在规定的期限内按规定办理登记手续的，视为放弃取得专利权的权利。

## 10.4.7　专利电子申请

电子申请是指以互联网为传输媒介将专利申请文件以符合规定的电子文件形式向国家知识产权局提出的专利申请。申请人可通过电子申请系统向国家知识产权局提交发明、实用新型和外观设计专利申请与中间文件，以及中国国家阶段的国际申请与中间文件。

国家知识产权局电子申请系统于2004年3月正式开通，新电子申请系统于2010年2月10日上线运行。电子申请系统全天24小时开通，包括国庆节、元旦、春节等节假日。

使用电子申请步骤如下：

（1）首先办理用户注册手续，获得用户代码和密码。

（2）登录电子申请网站，下载并安装数字证书和客户端软件。

（3）进行客户端和升级程序的网络配置。

（4）制作和编辑电子申请文件。

（5）数字证书签名电子申请文件。

（6）提交电子申请文件。

（7）接收电子回执。

（8）提交申请后，可随时登录电子申请网站查询电子申请相关信息。

（9）通过电子申请系统接收通知书，针对所提交的电子申请提交中间文件。

## 10.4.8 国际申请 PCT 简介

（1）国际申请的含义。

国际申请是指依据《专利合作条约》提出的申请，又称 PCT 申请。PCT 是专利合作条约（Patent Cooperation Treaty）的简称，是专利领域进行合作的一个国际性条约。其产生是为了解决就同一发明向多个国家申请专利时，如何减少申请人和各个专利局的重复劳动，在此背景下，于 1970 年 6 月在华盛顿签订，1978 年 1 月生效，同年 6 月实施。我国于 1994 年 1 月 1 日加入 PCT，同时中国国家知识产权局作为受理局、国际检索单位、国际初步审查单位，接受中国公民、居民、单位提出的国际申请。截止到 2005 年 3 月 1 日，已有 126 个国家加入了该条约。PCT 是在巴黎公约下只对巴黎公约成员国开放的一个特殊协议，并非与巴黎公约竞争，事实上是其补充。

（2）申请专利的途径。

目前，中国的申请人申请多个国家的专利有两种途径。

① 传统的巴黎公约途径：若想获得多个国家的专利，申请人应自优先权日起 12 个月内向多个国家专利局提交申请，并缴纳相应的费用。利用这种途径，申请人可能没有足够的时间去准备文件和筹集费用。

② PCT 途径：自优先权日起 12 个月内直接向中国国家知识产权局提交一份用中文或英文撰写的申请，一旦确定了国际申请日，则该申请在 PCT 的所有成员国自国际申请日起具有正规国家申请的效力。申请人自优先权日起 30 个月内向欲获得专利的多个国家专利局提交申请的译文，并缴纳相应的费用。

（3）国际申请日的效力。

国际申请可以产生国际申请日，国际申请在每个指定国内自国际申请日起具有正规的国家申请的效力。国际申请日就是在每个指定国的实际申请日。

（4）利用 PCT 申请途径的好处。

① 简化提出申请的手续。

申请人可使用自己熟悉的语言（中文或英文）撰写申请文件，并直接递交到中国国家知识产权局专利局。

② 推迟决策时间，准确投入资金。

在国际阶段，申请人会收到一份国际检索报告和一份专利性初步报告。根据这些报告，申请人可初步判断自己的发明是否具有专利性，然后根据需要自优先权日起 30 个月内办理进入多个国家的手续，即提交国际申请的译文和缴纳相应的费用。

③ 完善申请文件。

申请人可根据国际检索报告和专利性初步报告，修改申请文件。

④ 减轻成员国国家局的负担。

（5）国际申请经历的两个阶段。

国际申请要经历国际阶段和国家阶段。国际申请先要进行国际阶段程序的审查，然后进入国家阶段程序审查。申请的提出、国际检索和国际初步审查在国际阶段完成，是否授予专利权的工作在国家阶段由被指定的各个国家局完成。

## 10.5　申报实例

本节以"一种移动连体桌椅"专利的撰写与申报过程,介绍如何写作专利申请文件和进行网上电子申报。申报前申请者需要在国家知识产权网站上进行用户注册,并下载客户端软件安装在本地计算机上。职务发明的申请人是发明人的工作单位,不能进行个人申请。

### 10.5.1　电子申请使用流程简介

#### 1. 办理电子申请用户注册手续

首先,办理注册的方式为当面注册、邮寄注册和网上注册 3 种方式。其中,当面注册包括专利局受理大厅注册和代办处注册。其次,用户注册应具备的材料包括:电子申请用户注册请求书、电子申请用户注册协议和相关证明文件(如加盖公章的代理机构注册证的复印件等)。图 10.2 为电子申请网上注册的入口,填写资料后弹出如图 10.3 所示的消息框,将注册材料通过邮局寄送到"北京市海淀区蓟门桥西土城路 6 号国家知识产权局专利局受理处"(邮编:100088)。

图 10.2　电子申请注册入口

图 10.3　注册消息框

注册材料包括:用户注册请求书(一份)、用户注册协议(一式两份)、用户注册证明文件。

用户注册证明文件:注册请求人是个人的,应当提交由本人签字或者盖章的居民身份证件复印件或者其他身份证明文件。注册请求人是单位的，应当提交加盖单位公章的企业营业执照（企业）或者组织机构证（事业单位）复印件、经办人签字或者盖章的身份证明文件复印件。注册请求人是专利代理机构的，应当提交加盖专利代理机构公章的专利代理机构注册证复印件、经办人签字或者盖章的身份证明文件复印件。

当面注册，委托他人办理注册的，还应提交由经办人签章的身份证明文件复印件一份和注册请求人的代办委托证明一份。

办理注册手续是免费的。用户注册请求书和协议于电子申请网站下载。

**2. 制作电子申请文件前的准备**

首先，下载、安装客户端系统。下载地址为网站首页（http：//www.cponline.gov.cn）上的【工具下载】栏，如图 10.4 所示。

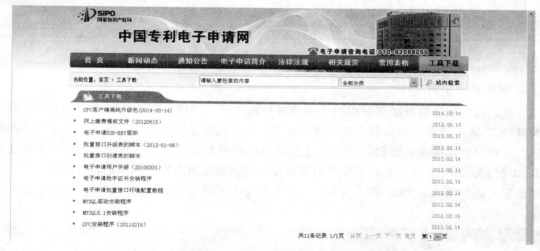

**图 10.4 下载 CPC 安装软件**

下载并安装完成后，还需根据具体环境进行网络设置。其次，下载用户数字证书。下载地址为网站首页的【证书管理】栏，如图 10.5 所示。

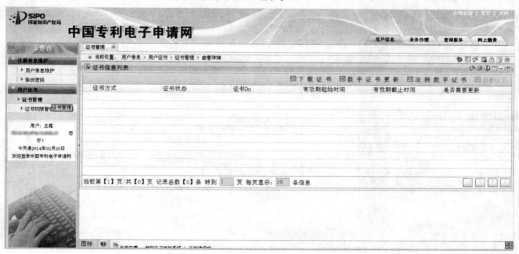

**图 10.5 数字证书下载界面**

安装成功的电子申请客户端如图 10.6 所示。

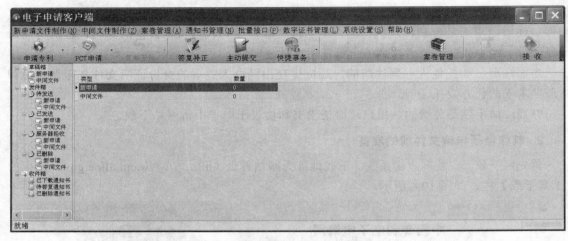

**图 10.6　电子申请客户端界面**

### 3. 制作电子申请文件

首先，用户应了解并学会使用电子申请客户端系统的功能，即电子申请文件制作（客户端编辑器）、案卷管理、通知书管理、数字证书管理、系统设置等功能。其次，使用客户端编辑器，选择表格模版进行编辑，步骤为【选择表格模版】→【填写或修改文件内容】→【保存】，如图 10.7 所示。最后，对于普通的发明专利申请和实用新型专利申请，可以使用客户端编辑器导入部分 Word、PDF 格式的文件。附图为 jpg 或 tif 文件，尺寸不能太大，需要按要求上传。

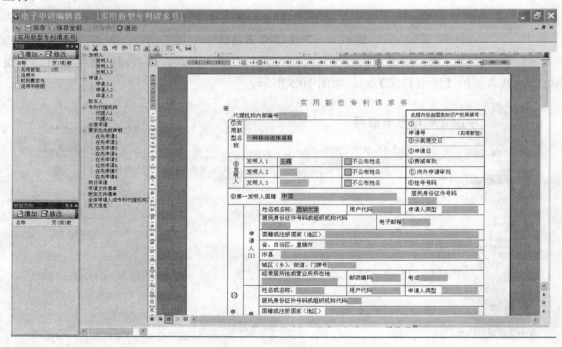

**图 10.7　电子申请客户端编辑界面**

### 4. 提交前检查文件

保存文件后，用户可以使用编辑器重新打开文件进行检查，以确保文件内容完整、准确、图片显示正常。

### 5. 使用数字证书签名

用户在客户端首界面的【签名】项中，选择签名证书并点击【签名】，则成功完成签名操作，文件进入待发送目录。

### 6. 提交文件并接收回执

用户在待发送目录下选择要提交的文件，在客户端首界面上选择【发送】，并点击【开始上传】，则文件提交成功并进入已发送目录。文件提交成功后，用户可以接收并查看回执，回执的内容主要包括接收案件编号、发明创造名称、提交人姓名或名称、国家知识产权局收到时间、国家知识产权局收到文件情况等。

### 7. 接收电子申请通知书

用户在客户端首界面上点击【接收】，选择签名证书并点击【获取列表】，选择要下载的通知书后，点击【开始下载】，即可查看该通知书。

### 8. 提交证明文件

根据专利法及其实施细则、专利审查指南规定的应当以原件形式提交的相关文件，申请人可以只提交原件的电子扫描文件；确因条件限制无法提交电子扫描文件的，可以提交原件。对前一情形，必要时审查员可以要求申请人在指定期限内提交原件。

### 9. 登录网站查询相关信息

首先，可进行提交案件情况查询，包括基本信息、案件提交信息、通知书信息等。其次，可进行电子发文查询，包括申请号、发明创造名称、通知书名称等。

## 10.5.2　专利撰写示例

*注释：示例中中括号（"[　]"）里的内容仅为撰写说明，不属于申请文件的内容。申请文件应使用专利局规定的规格为 297 mm×210 mm（A4）的表格用纸，文字应打字或者印刷，字高应在 3.5 mm 至 4.5 mm 之间，

说　明　书

一种移动连体桌椅

*[实用新型名称应简明、准确地表明实用新型专利请求保护的主题。名称中不应含有非技术性词语，不得使用商标、型号、人名、地名或商品名称等。名称应与请求书中的名称完全一致，不得超过 25 个字，应写在说明书首页正文部分的上方居中位置。]

[依据专利法第二十六条第三款及专利法实施细则第十八条的规定，说明书应对实用新型做出清楚、完整的说明，使所属技术领域的技术人员，不需要创造性的劳动就能够再现实用

新型的技术方案，解决其技术问题，并产生预期的技术效果。说明书应按以下五个部分顺序撰写：所属技术领域；背景技术；发明内容；附图说明；具体实施方式；并在每一部分前面写明标题。]

技术领域

[0001] 本实用新型涉及一种移动连体桌椅。

[所属技术领域：应指出本实用新型技术方案所属或直接应用的技术领域。]

背景技术

[0002] 连体桌椅将座椅和桌板连为一体，使用方便，可用于课堂、会议室和研讨会。但因体积较大，较为沉重而不易搬动，使得调整座位布局时比较费力。需要提供一种能轻松推动且使用时固定可靠的连体桌椅。

[背景技术：是指对实用新型的理解、检索、审查有用的技术，可以引证反映这些背景技术的文件。背景技术是对最接近的现有技术的说明，它是作出实用技术新型技术方案的基础。此外，还要客观地指出背景技术中存在的问题和缺点，引证文献、资料的，应写明其出处。]

发明内容

[发明内容：应包括实用新型所要解决的技术问题、解决其技术问题所采用的技术方案及其有益效果。]

[0003] 本实用新型提供一种移动连体桌椅，该移动连体桌椅不仅能在不承载负荷时被轻松推动，而且能在坐人时和地面产生较大摩擦力，固定位置。

[要解决的技术问题：是指要解决的现有技术中存在的技术问题，应当针对现有技术存在的缺陷或不足，用简明、准确的语言写明实用新型所要解决的技术问题，也可以进一步说明其技术效果，但是不得采用广告式宣传用语。]

[0004] 本实用新型为实现其目的所采用的技术方案是：移动连体桌椅由连体桌椅和 4 个可调节弹簧支撑构件联接组成。可调节弹簧支撑构件由支座、螺纹顶盖、压簧、顶片、钢球和橡胶垫组成，与连体桌椅通过螺钉联接。螺纹顶盖旋转调节压簧顶举力，压簧一端顶在顶盖上，另一端通过顶片顶住钢球，支座钢球端黏接橡胶垫，在坐人时由于负荷较大，压簧产生较大变形，钢球退入支座孔中，橡胶垫和地面接触从而固定桌椅。不坐人时压簧将钢球顶出接触地面，使连体桌椅能轻松滑动。

[技术方案：是申请人对其要解决的技术问题所采取的技术措施的集合。技术措施通常是由技术特征来体现的。技术方案应当清楚、完整地说明实用新型的形状、构造特征，说明技术方案是如何解决技术问题的，必要时应说明技术方案所依据的科学原理。撰写技术方案时，机械产品应描述必要零部件及其整体结构关系；涉及电路的产品，应描述电路的连接关系；机电结合的产品还应写明电路与机械部分的结合关系；涉及分布参数的申请时，应写明元器件的相互位置关系；涉及集成电路时，应清楚公开集成电路的型号、功能等。技术方案不能仅描述原理、动作及各零部件的名称、功能或用途。]

[0005] 较佳地，钢球和顶片、支座间添加润滑脂。

[0006] 较佳地，可调节弹簧支撑构件安装位置，应使橡胶垫底面略低于连体桌椅底面。

[0007] 较佳地，为调节可调节弹簧支撑构件在连体桌椅上的安装位置，支座上的安装孔为竖直方向长圆孔。

[0008] 本实用新型的有益效果是，一旦调节好弹簧顶举力后不用调整结构即可方便切换滑移和固定两种方式，结构简单，能适应不同质量及其分布的连体桌椅，安装方便。

**[有益效果：是实用新型和现有技术相比所具有的优点及积极效果，它是由技术特征直接带来的，或者是由技术特征产生的必然的技术效果。]**

附图说明

[0009] 图 1 是本实用新型的总体布局图。

[0010] 图 2 是本实用新型可调节弹簧支撑构件的剖视图，显示其内部结构。

[0011] 图 3 是图 2 的仰视图，显示本实用新型可调节弹簧支撑构件的底部结构及外观。

[0012] 图中，1—连体桌椅；2—联接螺钉；3—可调节弹簧支撑构件；4—支座；5—螺纹顶盖；6—压簧；7—顶片；8—钢球；9—橡胶垫。

**[附图说明：应写明各附图的图名和图号，对各幅附图作简略说明，必要时可将附图中标号所示零部件名称列出。]**

具体实施方式

[0013] 现在参考附图描述本实用新型的具体实施例。附图中类似的元件标号表示类似的元件。

[0014] 在图 1 所示的实施示例中，所述移动连体桌椅由连体桌椅 1 和 4 个可调节弹簧支撑构件 3 通过螺钉 2 联接组成。可调节弹簧支撑构件由图 2 所示的支座 4、螺纹顶盖 5、压簧 6、顶片 7、钢球 8 和橡胶垫 9 组成。螺纹顶盖 5 和支座 4 顶端螺纹孔配合，拧动时压紧或松开压簧 6，用于调节压簧 6 的顶举力，压簧 6 一端顶在顶盖 5 上，另一端通过顶片 7 顶住钢球 8，支座底端黏接橡胶垫 9。在坐人时由于负荷较大，压簧 6 产生较大变形，钢球 8 退入支座 4 孔中，橡胶垫 9 和地面接触从而固定连体桌椅 1。不坐人时压簧 6 将钢球 8 顶出接触地面，使连体桌椅 1 能轻松滑动。

[0015] 本实用新型利用重力差值使其无需专门操作而方便地实现滑动和固定两种状态的切换。

[0016] 以上实施例对本实用新型进行了详细说明，但所述内容仅为本实用新型的较佳实施例，不能被认为用于限定本实用新型的实施范围。凡依本实用新型申请范围所作的均等变化与改进等，均应归属于本实用新型的专利涵盖范围之内。

**[具体实施方式：是实用新型优选的具体实施例。具体实施方式应当对照附图对实用新型的形状、构造进行说明，实施方式应与技术方案相一致，并且应当对权利要求的技术特征给予详细说明，以支持权利要求。附图中的标号应写在相应的零部件名称之后，使所属技术领域的技术人员能够理解和实现，必要时说明其动作过程或者操作步骤。如果有多个实施例，每个实施例都必须与本实用新型所要解决的技术问题及其有益效果相一致。]**

# 说 明 书 附 图

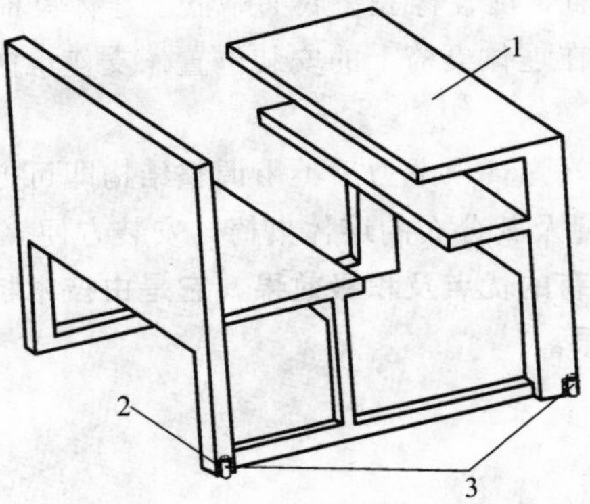

图 1

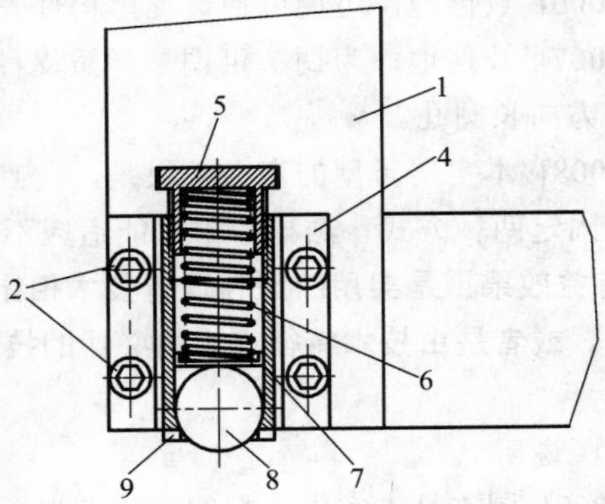

图 2

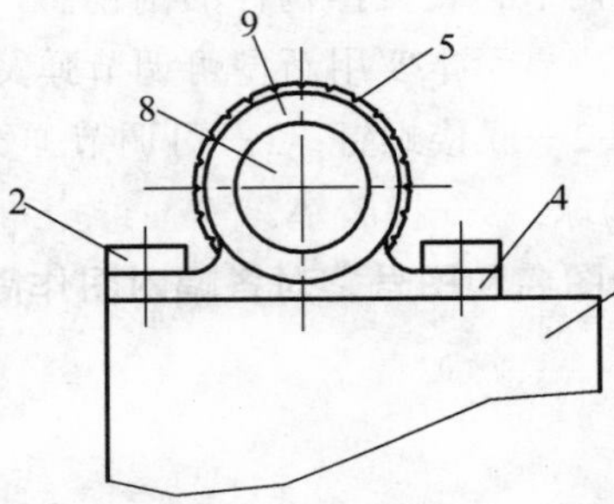

图 3

[说明书附图：应按照专利法实施细则第十九条的规定绘制。每一幅图应当用阿拉伯数字顺序编图号。附图中的标记应当与说明书中所述标记一致。有多幅附图时，各幅图中的同一零部件应使用相同的附图标记。附图中不应当含有中文注释，应使用制图工具按照制图规范绘制，图形线条为黑色，图上不得着色。]

# 权 利 要 求 书

1．一种移动连体桌椅，其特征是：包括连体桌椅 1 和可调节弹簧支撑构件 3 两部分，通过螺钉 2 联接组成。

[一项实用新型应当只有一个独立权利要求。独立权利要求应从整体上反映实用新型的技术方案，记载解决的技术问题的必要技术特征。独立权利要求应包括前序部分和特征部分。前序部分，写明要求保护的实用新型技术方案的主题名称及与其最接近的现有技术共有的必要技术特征。特征部分使用"其特征是"用语，写明实用新型区别于最接近的现有技术的技术特征，即实用新型为解决技术问题所不可缺少的技术特征。]

2．根据权利要求 1 所述的移动连体桌椅，其特征是：所述可调节弹簧支撑构件由支座 4、螺纹顶盖 5、压簧 6、顶片 7、钢球 8 和橡胶垫 9 组成。

3．根据权利要求 1 所述的移动连体桌椅，其特征是：所述可调节弹簧支撑构件螺纹顶盖 5 和支座 4 顶端联接，旋动顶盖可调整弹簧的顶举力。

[从属权利要求（此例中权利要求 2、3 为从属权利要求）应当用附加的技术特征，对所引用的权利要求作进一步的限定。从属权利要求包括引用部分和限定部分。引用部分应写明所引用的权利要求编号及主题名称，该主题名称应与独立权利要求主题名称一致（此例中主题名称为"移动连体桌椅"），限定部分写明实用新型的附加技术特征。从属权利要求应按规定格式撰写，即"根据权利要求（引用的权利要求的编号）所述的（主题名称），其特征是……。"]

[依据专利法第二十六条第四款和专利法实施细则第二十条至第二十三条的规定，权利要求书应当以说明书为依据，说明要求保护的范围。权利要求书应使用与说明书一致或相似语句，从正面简洁、明了地写明要求保护的实用新型的形状、构造特征，如机械产品应描述主要零部件及其整体结构关系；涉及电路的产品，应描述电路的连接关系；机电结合的产品还应写明电路与机械部分的结合关系；涉及分布参数的申请，应写明元器件的相互位置关系；涉及集成电路，应清楚公开集成电路的型号、功能等。权利要求应尽量避免使用功能或者用途来限定实用新型；不得写入方法、用途及不属于实用新型专利保护的内容；应使用确定的技术用语，不得使用技术概念模糊的语句，如"等"、"大约"、"左右"……；不应使用"如说明书……所述"或"如图……所示"等用语；首页正文前不加标题。每一项权利要求应由一句话构成，只允许在该项权利要求的结尾使用句号。权利要求中的技术特征可以引用附图中相应的标记，其标记应置于括号内。]

## 说　明　书　摘　要

一种移动连体桌椅，由连体桌椅和 4 个可调节弹簧支撑构件通过螺钉联接组成。可调节弹簧支撑构件由支座、螺纹顶盖、压簧、顶片、钢球和橡胶垫组成。螺纹顶盖用于调节压簧顶举力，支座底端黏接橡胶垫，在坐人时橡胶垫和地面接触从而固定桌椅。不坐人时压簧将钢球顶出接触地面，使连体桌椅能轻松滑动。该实用新型利用重力差巧妙实现了连体座椅滑移和固定两种状态的切换。

[根据专利法实施细则第二十四条的规定，说明书摘要应写明实用新型的名称、技术方案的要点以及主要用途，尤其是写明实用新型主要的形状、构造特征（机械构造和/或电连接关系）。摘要全文不超过 300 字，不得使用商业性的宣传用语，并提交一幅从说明书附图中选出的附图作摘要附图。]

## 摘　要　附　图

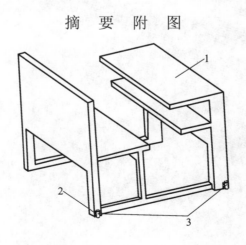

# 习　题

1. 我国专利有哪几种类型？
2. 发明专利和实用新型专利的授权条件有哪些？
3. 在中国已经申报了专利，因公司业务拓展需要在美国设厂生产该专利产品，需要重新在美国申报专利吗？
4. 权利要求在专利中起什么作用？

# 附　录

**附表 1　通用工程参数名称表**

| 序号 | 通用工程参数名称 | 序号 | 通用工程参数名称 |
|---|---|---|---|
| 1 | 运动物体的质量 | 21 | 功率 |
| 2 | 静止物体的质量 | 22 | 能量损失 |
| 3 | 运动物体的长度 | 23 | 物质损失 |
| 4 | 静止物体的长度 | 24 | 信息损失 |
| 5 | 运动物体的面积 | 25 | 时间损失 |
| 6 | 静止物体的面积 | 26 | 物质或事物的数量 |
| 7 | 运动物体的体积 | 27 | 可靠性 |
| 8 | 静止物体的体积 | 28 | 测试精度 |
| 9 | 速度 | 29 | 制造精度 |
| 10 | 力 | 30 | 物体外部有害因素作用的敏感性 |
| 11 | 应力与压力 | 31 | 物体产生的有害因素 |
| 12 | 形状 | 32 | 可制造性 |
| 13 | 结构的稳定性 | 33 | 可操作性 |
| 14 | 强度 | 34 | 可维修性 |
| 15 | 运动物体的作用时间 | 35 | 适应性及多用性 |
| 16 | 静止物体的作用时间 | 36 | 装置的复杂性 |
| 17 | 温度 | 37 | 监控与测试的困难程度 |
| 18 | 光照度 | 38 | 自动化程度 |
| 19 | 运动物体的能量 | 39 | 生产率 |
| 20 | 静止物体的能量 | | |

### 附表 2　发明原理名称表

| 序号 | 发明原理名称 | 序号 | 发明原理名称 |
|---|---|---|---|
| 1 | 分割 | 21 | 紧急行动 |
| 2 | 分离 | 22 | 变有害为有益 |
| 3 | 局部质量 | 23 | 反馈 |
| 4 | 不对称 | 24 | 中介物 |
| 5 | 合并 | 25 | 自服务 |
| 6 | 多用性 | 26 | 复制 |
| 7 | 套装 | 27 | 低成本、不耐用的物体代替昂贵、耐用的物体 |
| 8 | 质量补偿 | 28 | 机械系统的替代 |
| 9 | 预加反作用 | 29 | 气动与液压结构 |
| 10 | 预操作 | 30 | 柔性壳体或薄膜 |
| 11 | 预补偿 | 31 | 多孔材料 |
| 12 | 等势性 | 32 | 改变颜色 |
| 13 | 反向 | 33 | 同质性 |
| 14 | 曲面化 | 34 | 抛弃与修复 |
| 15 | 动态化 | 35 | 参数变化 |
| 16 | 未达到或超过的作用 | 36 | 状态变化 |
| 17 | 维数变化 | 37 | 热膨胀 |
| 18 | 振动 | 38 | 加速强氧化 |
| 19 | 周期性振动 | 39 | 惰性环境 |
| 20 | 有效作用的连续性 | 40 | 复合材料 |

## 附表3　实用新型专利请求书（省略英文信息表）

| 请按照"注意事项"正确填写本表各栏 | | | 此框内容由国家知识产权局填写 |
|---|---|---|---|
| ⑦<br>实用新型名称 | | | ① 申请号　　　（实用新型）<br>② 分案<br>提交日 |
| ⑧<br>发明人 | | | ③ 申请日<br>④ 费减审批<br>⑤ 向外申请审批 |
| ⑨第一发明人国籍　　居民身份证件号码 | | | ⑥ 挂号号码 |
| ⑩<br><br><br>申<br><br>请<br><br>人 | 申请人（1） | 姓名或名称 | 电话 |
| | | 居民身份证件号码或组织机构代码 | 电子邮箱 |
| | | 国籍或注册国家（地区）　　经常居所地或营业所所在地 | |
| | | 邮政编码　　详细地址 | |
| | 申请人（2） | 姓名或名称 | 电话 |
| | | 居民身份证件号码或组织机构代码 | |
| | | 国籍或注册国家（地区）　　经常居所地或营业所所在地 | |
| | | 邮政编码　　详细地址 | |
| | 申请人（3） | 姓名或名称 | 电话 |
| | | 居民身份证件号码或组织机构代码 | |
| | | 国籍或注册国家（地区）　　经常居所地或营业所所在地 | |
| | | 邮政编码　　详细地址 | |
| ⑪<br>联系人 | 姓名 | 电话 | 电子邮箱 |
| | 邮政编码 | 详细地址 | |
| ⑫代表人为非第一署名申请人时声明　　　特声明第____署名申请人为代表人 | | | |

**续附表3**

| ⑬<br>专利代理机构 | 名称 | | | 机构代码 | | |
|---|---|---|---|---|---|---|
| | 代理人<br>（1） | 姓　名 | | 代理人<br>（2） | 姓　名 | |
| | | 执业证号 | | | 执业证号 | |
| | | 电　话 | | | 电　话 | |

| ⑭<br>分案申请 | 原申请号 | | 针对的分<br>案申请号 | | 原申请日　年　月　日 | |
|---|---|---|---|---|---|---|

| ⑮<br>要求优先权声明 | 原受理机构<br>名称 | 在先申请日 | 在先申请号 | ⑯<br>不丧失新颖性<br>宽限期声明 | □已在中国政府主办或承认的国际展览会上首次展出<br><br>□已在规定的学术会议或技术会议上首次发表<br><br>□他人未经申请人同意而泄露其内容 |
|---|---|---|---|---|---|
| | | | | ⑰<br>保密请求 | □本专利申请可能涉及国家重大利益，请求保密处理<br><br>□已提交保密证明材料 |

| ⑱ | □声明本申请人对同样的发明创造在申请本实用新型专利的同日申请了发明专利 |
|---|---|

| ⑲ 申请文件清单 | ⑳ 附加文件清单 |
|---|---|
| 1．请求书　　　　份　　页<br>2．说明书摘要　　份　　页<br>3．摘要附图　　　份　　页<br>4．权利要求书　　份　　页<br>5．说明书　　　　份　　页<br>6．说明书附图　　份　　页<br><br>权利要求的项数　　　　项 | □费用减缓请求书　　　　　份　共　页<br>□费用减缓请求证明　　　　份　共　页<br>□优先权转让证明　　　　　份　共　页<br>□保密证明材料　　　　　　份　共　页<br>□专利代理委托书　　　　　份　共　页<br>总委托书（编号＿＿＿＿＿＿）<br>□在先申请文件副本　　　　份<br>□在先申请文件副本首页译文　份<br>□向外国申请专利保密审查请求书　份　共　页<br>□其他证明文件（名称＿＿＿）份　共　页 |

| ㉑全体申请人或专利代理机构签字或者盖章<br><br><br><br>　　　　　　　　　　年　月　日 | ㉒国家知识产权局审核意见<br><br><br><br>　　　　　　　　　　年　月　日 |
|---|---|

**附表 4　专利费用一览表**

| 国内部分（人民币：元） | 全额 | 个人减缓 | 单位减缓 |
|---|---|---|---|
| （一）申请费 | | | |
| 发明专利 | 900 | 135 | 270 |
| 印刷费 | 50 | 不予减缓 | 不予减缓 |
| 实用新型专利 | 500 | 75 | 150 |
| 外观设计专利 | 500 | 75 | 150 |
| （二）发明专利申请审查费 | 2 500 | 375 | 750 |
| （三）复审费 | | | |
| 发明专利 | 1 000 | 200 | 400 |
| 实用新型专利 | 300 | 60 | 120 |
| 外观设计专利 | 300 | 60 | 120 |
| （四）发明专利申请维持费 | 300 | 60 | 120 |
| （五）著录事项变更手续费 | | | |
| 发明人、申请人、专利权人的变更 | 200 | 不予减缓 | 不予减缓 |
| 专利代理机构、代理人委托关系的变更 | 50 | 不予减缓 | 不予减缓 |
| （六）优先权要求费每项 | 80 | 不予减缓 | 不予减缓 |
| （七）恢复权利请求费 | 1 000 | 不予减缓 | 不予减缓 |
| （八）无效宣告请求费 | | | |
| 发明专利权 | 3 000 | 不予减缓 | 不予减缓 |
| 实用新型专利权 | 1 500 | 不予减缓 | 不予减缓 |
| 外观设计专利权 | 1 500 | 不予减缓 | 不予减缓 |
| （九）强制许可请求费 | | | |
| 发明专利 | 300 | 不予减缓 | 不予减缓 |
| 实用新型专利 | 200 | 不予减缓 | 不予减缓 |
| （十）强制许可使用裁决请求费 | 300 | 不予减缓 | 不予减缓 |
| （十一）专利登记、印刷费、印花税 | | | |
| 发明专利 | 255 | 不予减缓 | 不予减缓 |
| 实用新型专利 | 205 | 不予减缓 | 不予减缓 |
| 外观设计专利 | 205 | 不予减缓 | 不予减缓 |
| （十二）附加费 | | | |
| 第一次延长期限请求费每月 | 300 | 不予减缓 | 不予减缓 |
| 再次延长期限请求费每月 | 2 000 | 不予减缓 | 不予减缓 |
| 权利要求附加费从第 11 项起每项增收 | 150 | 不予减缓 | 不予减缓 |
| 说明书附加费从第 31 页起每页增收 | 50 | 不予减缓 | 不予减缓 |
| 从第 301 页起每页增收 | 100 | 不予减缓 | 不予减缓 |

**续附表 4**

| 国内部分（人民币：元） | | 全额 | 个人减缓 | 单位减缓 |
|---|---|---|---|---|
| （十三）中止费 | | 600 | 不予减缓 | 不予减缓 |
| （十四）实用新型专利检索报告费 | | 2 400 | 不予减缓 | 不予减缓 |
| （十五）年费 | | | | |
| 发明专利 | 1～3 年 | 900 | 135 | 270 |
| | 4～6 年 | 1 200 | 180 | 360 |
| | 7～9 年 | 2 000 | 300 | 600 |
| | 10～12 年 | 4 000 | 600 | 1 200 |
| | 13～15 年 | 6 000 | 900 | 1 800 |
| | 16～20 年 | 8 000 | 1 200 | 2 400 |
| 实用新型 | 1～3 年 | 600 | 90 | 180 |
| | 4～5 年 | 900 | 135 | 270 |
| | 6～8 年 | 1 200 | 180 | 360 |
| | 9～10 年 | 2 000 | 300 | 600 |
| 外观设计 | 1～3 年 | 600 | 90 | 180 |
| | 4～5 年 | 900 | 135 | 270 |
| | 6～8 年 | 1 200 | 180 | 360 |
| | 9～10 年 | 2 000 | 300 | 600 |

# 参考文献

［1］ Karl T. Ulrich，Steven D. Eppinger 著. 产品设计与开发[M]. 3 版. 詹涵菁，译. 北京：高等教育出版社，2005.

［2］ Nam Pyo Suh. 公理设计——发展与应用[M]. 谢友柏，袁小阳，徐华，等，译. 北京：机械工业出版社，2004.

［3］ 陈德志，张翔. 设计方法学的发展与应用[J]. 机电技术，2009.

［4］ 邓家褆，等. 产品概念设计——理论、方法与技术[M]. 北京：机械工业出版社，2002.

［5］ 段铁群. 机械系统设计[M]. 北京：科学出版社，2009.

［6］ 洪燕云，何庆. 创造学[M]. 北京：清华大学出版社，2009.

［7］ 黄纯颖，高志，于晓红，等. 机械创新设计[M]. 北京：高等教育出版社，2000.

［8］ 黄靖远，高志，陈祝林. 机械设计学[M]. 3 版. 北京：机械工业出版社，2007.

［9］ 李瑞琴. 机电一体化系统创新设计[M]. 北京：科学出版社，2005.

［10］ 李思益，任工昌，郑甲红，等. 现代设计方法[M]. 西安：西安电子科技大学出版社，2007.

［11］ 廖林清，王化培，石晓辉，等. 机械设计方法学[M]. 3 版. 重庆：重庆大学出版社，2012.

［12］ 刘美华. 产品设计原理[M]. 北京：北京大学出版社，2008.

［13］ 刘训涛，曹贺，陈国晶. TRIZ 理论及应用[M]. 北京：北京大学出版社，2011.

［14］ 芮延年. 创新学原理及其应用[M]. 北京：高等教育出版社，2007.

［15］ 邵家俊. 质量功能展开[M]. 北京：机械工业出版社，2003.

［16］ 檀润华. 发明问题解决理论[M]. 北京：科学出版社，2004.

［17］ 王凤岐，张连洪，邵宏宇. 现代设计方法[M]. 天津：天津大学出版社，2004.

［18］ 王红梅，赵静. 机械创新设计[M]. 北京：科学出版社，2011.

［19］ 王润孝. 先进制造系统[M]. 西安：西北工业大学出版社，2001.

［20］ 王树才，吴晓. 机械创新设计[M]. 武汉：华中科技大学出版社，2013.

［21］ 王霜，殷国富，何忠秀. 基于 Kano 模型的用户需求指标体系研究[J]. 包装工程，2006.

［22］ 徐光宪. 科研创新的 16 条方法[J]. 新华文摘，2009.

［23］ 于帆，陈嫄. 仿生造型设计[M]. 武汉：华中科技大学出版社，2005.

［24］ 余达淦. 创造学与创造性思维[M]. 北京：原子能出版社，2003.

［25］ 张有忱，张莉彦. 机械创新设计[M]. 北京：清华大学出版社，2011.

［26］ 赵韩，黄康，陈科. 机械系统设计[M]. 北京：高等教育出版社，2005.

［27］ 赵新军. 技术创新理论（TRIZ）及应用[M]. 北京：化学工业出版社，2004.

［28］ 中华人民共和国国家知识产权局. 专利审查指南（2010 年）[M]. 北京：知识产权出版社，2010.

［29］ 朱龙根. 机械系统设计[M]. 2 版. 北京：机械工业出版社，2001.

[30] 邹慧君. 机械系统设计原理[M]. 北京：科学出版社，2003.

[31] 邹慧君，颜鸿森. 机械创新设计理论与方法[M]. 北京：高等教育出版社，2008.

[32] 邹慧君. 机构系统设计与应用创新[M]. 北京：机械工业出版社，2008.

[33] 张平，黄贤涛. 我国高校专利技术转化现状、问题及发展研究[J]. 中国高教研究，2011（12）.